"十二五"国家重点图书出版规划项目

海河流域水循环演变机理与水资源高效利用丛书

城市二元水循环系统演化与安全高效用水机制

陈吉宁　曾思育　杜鹏飞　孙傅　董欣　著

科学出版社

北　京

内 容 简 介

城市水循环既包括降雨、径流等自然循环过程，也包括供水、排水等社会循环过程，具有明显的"自然-社会"二元特性。城市水系统是自然水循环和社会水循环的重要载体和耦合界面，也是人类实现水资源安全、高效和可持续利用的重要调控手段。本书基于城市水循环系统的二元特征，提出了可持续城市水系统理论框架、调控原则和决策支持工具，构建了城市二元水循环系统数值模拟体系，定量研究了城市二元水循环关键过程的演化机制和规律，并提出了海河流域城市安全高效用水的调控机制。

本书可供水文水资源、环境科学与工程、给排水工程、城市规划等领域的科技工作者、管理工作者和相关专业院校师生参考。

图书在版编目(CIP)数据

城市二元水循环系统演化与安全高效用水机制/陈吉宁等著．—北京：科学出版社，2014.10

（海河流域水循环演变机理与水资源高效利用丛书）

"十二五"国家重点图书出版规划项目

ISBN 978-7-03-040939-3

Ⅰ．城… Ⅱ．陈… Ⅲ．①海河-流域-城市用水-水循环系统-研究②海河-流域-城市用水-安全管理-研究　Ⅳ．TU991.31

中国版本图书馆 CIP 数据核字（2014）第 117723 号

责任编辑：李　敏　张　菊／责任校对：张怡君
责任印制：徐晓晨／封面设计：王　浩

科　学　出　版　社 出版
北京东黄城根北街 16 号
邮政编码：100717
http://www.sciencep.com

北京东华虎彩印刷有限公司 印刷
科学出版社发行　各地新华书店经销

*

2014 年 10 月第 一 版　　开本：787×1092　1/16
2017 年 3 月第二次印刷　印张：11 1/2　插页：2
字数：358 000

定价：110.00 元
（如有印装质量问题，我社负责调换）

总　　序

　　流域水循环是水资源形成、演化的客观基础，也是水环境与生态系统演化的主导驱动因子。水资源问题不论其表现形式如何，都可以归结为流域水循环分项过程或其伴生过程演变导致的失衡问题；为解决水资源问题开展的各类水事活动，本质上均是针对流域"自然-社会"二元水循环分项或其伴生过程实施的基于目标导向的人工调控行为。现代环境下，受人类活动和气候变化的综合作用与影响，流域水循环朝着更加剧烈和复杂的方向演变，致使许多国家和地区面临着更加突出的水短缺、水污染和生态退化问题。揭示变化环境下的流域水循环演变机理并发现演变规律，寻找以水资源高效利用为核心的水循环多维均衡调控路径，是解决复杂水资源问题的科学基础，也是当前水文、水资源领域重大的前沿基础科学命题。

　　受人口规模、经济社会发展压力和水资源本底条件的影响，中国是世界上水循环演变最剧烈、水资源问题最突出的国家之一，其中又以海河流域最为严重和典型。海河流域人均径流性水资源居全国十大一级流域之末，流域内人口稠密、生产发达，经济社会需水模数居全国前列，流域水资源衰减问题十分突出，不同行业用水竞争激烈，环境容量与排污量矛盾尖锐，水资源短缺、水环境污染和水生态退化问题极其严重。为建立人类活动干扰下的流域水循环演化基础认知模式，揭示流域水循环及其伴生过程演变机理与规律，从而为流域治水和生态环境保护实践提供基础科技支撑，2006年科学技术部批准设立了国家重点基础研究发展计划（973计划）项目"海河流域水循环演变机理与水资源高效利用"（编号：2006CB403400）。项目下设8个课题，力图建立起人类活动密集缺水区流域二元水循环演化的基础理论，认知流域水循环及其伴生的水化学、水生态过程演化的机理，构建流域水循环及其伴生过程的综合模型系统，揭示流域水资源、水生态与水环境演变的客观规律，继而在科学评价流域资源利用效率的基础上，提出城市和农业水资源高效利用与流域水循环整体调控的标准与模式，为强人类活动严重缺水流域的水循环演变认知与调控奠定科学基础，增强中国缺水地区水安全保障的基础科学支持能力。

　　通过5年的联合攻关，项目取得了6方面的主要成果：一是揭示了强人类活动影响下的流域水循环与水资源演变机理；二是辨析了与水循环伴生的流域水化学与生态过程演化的原理和驱动机制；三是创新形成了流域"自然-社会"二元水循环及其伴生过程的综合模拟与预测技术；四是发现了变化环境下的海河流域水资源与生态环境演化规律；五是明晰了海河流域多尺度城市与农业高效用水的机理与路径；六是构建了海河流域水循环多维临界整体调控理论、阈值与模式。项目在 2010 年顺利通过科学技术部的验收，且在同批验收的资源环境领域 973 计划项目中位居前列。目前该项目的部分成果已获得了多项省部级科技进步奖一等奖。总体来看，在项目实施过程中和项目完成后的近一年时间内，许多成果已经在国家和地方重大治水实践中得到了很好的应用，为流域水资源管理与生态环境治理提供了基础支撑，所蕴藏的生态环境和经济社会效益开始逐步显露；同时项目的实施在促进中国水循环模拟与调控基础研究的发展以及提升中国水科学研究的国际地位等方面也发挥了重要的作用和积极的影响。

本项目部分研究成果已通过科技论文的形式进行了一定程度的传播，为将项目研究成果进行全面、系统和集中展示，项目专家组决定以各个课题为单元，将取得的主要成果集结成为丛书，陆续出版，以更好地实现研究成果和科学知识的社会共享，同时也期望能够得到来自各方的指正和交流。

最后特别要说的是，本项目从设立到实施，得到了科学技术部、水利部等有关部门以及众多不同领域专家的悉心关怀和大力支持，项目所取得的每一点进展、每一项成果与之都是密不可分的，借此机会向给予我们诸多帮助的部门和专家表达最诚挚的感谢。

是为序。

海河 973 计划项目首席科学家
流域水循环模拟与调控国家重点实验室主任
中国工程院院士

2011 年 10 月 10 日

序

　　水是人类赖以生存和发展的必需资源。随着人口增长和社会经济发展，人类对水资源的需求以及对水环境的压力日益增长。2009年联合国教科文组织发布的《世界水发展报告》指出，一方面过去50年全球的水资源开采量增长了2倍，而另一方面目前发展中国家80%以上的污水未经处理直接排入受纳水体，一些发达国家的污水处理水平也不尽如人意。作为世界上最大的发展中国家，我国同样面临着水资源短缺和水环境污染的严峻形势。我国人均水资源量仅相当于世界平均水平的1/4，而部分区域的水资源短缺更加严重。例如，海河流域涉及的北京市、天津市和河北省，近10年的人均水资源量尚不足同期全国平均水平的1/10，三个省（直辖市）的水资源开发利用率长期高于100%。同时，我国水环境恶化、水污染事件频发的趋势尚未得到根本遏制。

　　城市是人类文明发展的重要标志，目前全球以及中国均有一半以上的人口居住在城市区域，这一比例在发展中国家还将快速提高。城市承载的高密度人口和高强度社会经济活动增大了区域性的水资源和水环境压力。以我国海河流域为例，北京、天津等城市的本地水资源供不应求，城市生活和工业取水往往挤占生态环境用水。同时，城市污水收集和处理设施的建设滞后和运行水平低下，也导致受纳水体难以完全达到水功能区的水质目标。此外，全球气候变化引起的干旱、高温、强降雨等极端天气现象，也常给城市水基础设施带来前所未有的冲击。如何实现城市水资源的高效、安全、可持续利用，既是当前国内外学术界的研究热点，也是城市管理者亟须解决的现实难题。

　　清华大学环境学院陈吉宁教授及其团队长期开展城市水系统研究，内容涉及城市给水、污水、雨水、再生水等系统的模拟、规划、设计和运行调控。近些年，该研究团队依托中国水利水电科学研究院王浩院士主持的国家重点基础研究发展计划（973计划）项目"海河流域水循环演变机理与水资源高效利用"中的"城市二元水循环系统演化与安全高效用水机制"课题，从自然属性和社会属性两个维度对城市水系统开展了综合研究，推动了城市水系统研究理论、方法和实践的进展。该课题对基于二元循环的可持续城市水系统理论进行了有益的理论探索，提出了相应的理论框架、概念和方法，并构建了城市二元水循环系统数值模拟体系，还以我国海河流域为案例，揭示了城市二元水循环系统的演化机制和规律，提出了城市二元水循环系统的调控机制，这些成果对我国其他区域城市的水资源利用和管理具有示范和借鉴意义。

　　作为课题重要成果之一，该书全面展示了该课题的研究背景和目的、技术路线、方法和工具、主要结果和结论以及对未来研究的建议等。正如该书的作者所述，随着资源和能源供给、气候变化等问题日益突出，人们对城市水系统的功能要求已经不仅仅局限于改善城市公共卫生条件、保障公众健康、改善水环境质量等，人们还希望能够最大限度地利用城市水系统中的水、碳、氮、磷等资源和能源物质，希望城市水系统能够最大限度地应对气候变化特别是极端气象事件带来的冲击等。该书在应对城市水系统这些新的功能要求方面进行了积极的探索，也奠定了良好的工作基础。希望该书的出版能够为学术界同仁继续深入开展城市水系统研究提供借鉴，为城市管理者推动城市水资源高效、安全、可持续利用提供参考。

2014 年 9 月

前　言

　　人类社会发展带来的地表覆被、生产生活方式、水资源利用技术等变化改变了水资源的循环过程，导致水循环的自然属性减弱、社会属性增强，呈现出"自然–社会"二元特性。这一特性在人口密集、社会经济活动高度发达的城市区域表现得更加突出。一方面，城市人口通过高度人工化的城市水基础设施满足其取水、用水和排水需求，通过这一人工系统组织的水循环属于社会水循环，但其取水水源、排水受纳水体等通常具有一定自然属性，并且人工水系统会受到其他自然水循环过程的影响，如地下水入渗、降雨径流汇入等。另一方面，城市降雨的产流、汇流和下渗等过程具有自然水循环属性，但这一过程也会受到城市下垫面改变的影响，同时部分汇流过程可能通过人工水系统完成，因此呈现出一定的社会水循环属性。由此可见，自然水循环和社会水循环在城市区域高度耦合，共同决定了水资源在城市区域的流动、储存和利用方式。同时，以水资源为载体，城市二元水循环也承载着其他物质（如营养盐、污染物等）和能量的迁移、转化和循环，并且水、物质和能量也相互耦合。这种复杂的耦合关系既影响城市二元水循环系统内部水资源及其他物质的利用效率和安全性，也影响城市二元水循环系统外部的环境质量和生态安全。

　　城市水系统是城市的生命线工程，是城市社会经济发展的重要保障。从城市二元水循环的角度来看，城市水系统是自然水循环和社会水循环的重要载体和耦合界面。传统的城市水系统格局成形于19世纪后半期，到20世纪后半期日臻完善，主要包括饮用水处理和输配、雨污水收集和处理等子系统。传统城市水系统在历史上在改善城市公共卫生条件、保障公众健康、改善水环境质量方面发挥了重要作用。但是，人口增长、经济发展等导致水资源压力增大，特别是20世纪80年代以来随着可持续发展理念日益渗透到各个领域，传统城市水系统的综合性能受到了质疑。例如，传统城市水系统中水和物质沿着"取水—用水—排水"的流程呈单向流动，水和营养物质等重要资源无法重复利用；传统城市水系统不能实现分质供水，大量饮用水高质低用，造成资源和能源的浪费等。因此，20世纪90年代以来，特别是近10年来，为了应对水资源短缺，学术界和水行业出现了一系列将可持续发展理念应用于城市水系统的理论和实践，如"可持续城市水系统"（sustainable urban water systems）、"水敏感城市"（water sensitive city）、"以水为核心的城市化"（water centric urbanism）等。可持续城市水系统理念对传统城市水系统的功能、结构、布局等提出新的挑战，并可能从根本上改变原有的城市二元水循环系统。因此，在城市水系统新旧范式交锋之际，从城市尺度上研究二元水循环系统的演化机理和调控机制，对于我国这样一个水资源短缺的国家来说，在实现城市水资源的安全、高效和可持续利用及选择未来城市水系统发展的技术路径方面具有十分重要的理论和实践意义。

国家重点基础研究发展计划（973 计划）项目"海河流域水循环演变机理与水资源高效利用"设立了"城市二元水循环系统演化与安全高效用水机制"课题，重点研究城市二元水循环系统涉及的以下三个科学问题：①城市自然水循环与社会水循环具有怎样相互影响的耦合关系？②社会经济发展（如技术进步、行为变化等）对城市二元水循环系统的长期影响是什么？③如何对城市二元水循环系统进行合理高效的调控？针对上述科学问题，该课题将机理研究与模型研究相结合，以实验监测和数据调研为基础，构建了一系列描述城市二元水循环系统的机理模型和决策模型，并重点以海河流域为研究区域，揭示城市二元水循环系统的演化机制和规律，提出城市二元水循环系统的调控机制，并在成果集成的基础上提出基于二元水循环的可持续城市水系统理论框架。

本书是在"城市二元水循环系统演化与安全高效用水机制"课题研究成果的基础上凝练总结而成的。第 1 章介绍我国城市水资源利用的形势、未来发展趋势和挑战；第 2 章介绍基于二元循环的可持续城市水系统理论框架和核心内容，是第 3～5 章的理论和方法基础；第 3 章介绍多尺度城市二元水循环系统数值模拟体系的构建，该模拟体系是支撑可持续城市水系统理论及第 4～5 章研究成果的重要工具基础；第 4 章介绍城市二元水循环系统演化机制与规律的研究成果；第 5 章以海河流域为案例介绍城市二元水循环系统的调控机制及其效果；第 6 章总结上述各章的主要成果和结论，并对未来研究工作提出建议。

本书成果是清华大学环境学院环境系统分析教研所近十几年集体智慧的结晶，很多已毕业和在读的研究生参与了相关研究工作。此外，课题参与单位中国科学院地理科学与资源研究所的部分学者也作出了相关贡献，在此一并表示感谢。除本书作者之外，参与第 1～5 章相关研究的人员如下。

第 1 章，陈敏鹏、钟丽锦等；

第 2 章，余繁显、黄悦等；

第 3 章，张俊杰、赵冬泉、何炜琪、余繁显、黄悦、褚俊英、杜斌等；

第 4 章，张俊杰、赵冬泉、余繁显、黄悦、李志一、褚俊英、杜斌、郑红星、左建兵等；

第 5 章，余繁显、黄悦等。

城市二元水循环系统是一个复杂的、开放的巨系统，随着社会经济条件和自然环境的变化，它也在不断面临新的需求和挑战，需要研究者不断从广度和深度上推动研究加以应对。因此，本书中疏漏或不妥之处在所难免，敬请读者批评指正。

作 者

2014 年 3 月 10 日

目 录

总序
序
前言
第1章 引言 ·· 1
  1.1 我国城市水问题的现状 ·· 1
  1.2 我国城市水问题的未来挑战 ··· 3
  1.3 传统城市水系统的局限 ·· 4
  1.4 研究目的、技术路线和内容 ··· 5
第2章 基于二元循环的可持续城市水系统理论 ··· 7
  2.1 基于二元循环的可持续城市水系统理论框架 ······························ 7
  2.2 基于水质的可持续城市水资源评价新模式 ································· 9
    2.2.1 基于水质的城市水资源量化概念 ···································· 9
    2.2.2 基于水质的城市可用水资源量评价框架 ························· 10
  2.3 多尺度城市水资源利用效率评价理论与方法 ···························· 11
    2.3.1 不同尺度水资源利用效率评价指标体系构建 ··················· 13
    2.3.2 不同尺度水资源利用效率的转化 ·································· 16
  2.4 可持续城市水系统规划设计运行理论与支撑工具 ······················ 16
    2.4.1 可持续城市水系统的内涵 ··· 16
    2.4.2 可持续城市水系统的主要特征 ····································· 17
    2.4.3 可持续城市水系统的规划、设计及运行原则 ··················· 20
    2.4.4 基于二元循环的城市水系统数值模拟体系 ······················ 21
第3章 多尺度城市二元水循环系统数值模拟体系的构建 ··························· 24
  3.1 基于水质的城市可用水资源量核算模型 ·································· 24
    3.1.1 建模方法 ·· 24
    3.1.2 模型概化 ·· 24
  3.2 基于ABSS的城市生活用水需求预测与管理模型 ······················· 28
    3.2.1 ABSS建模方法 ··· 28
    3.2.2 模型结构与功能 ·· 29

	3.2.3 模型核心机理与子模块	31
3.3	城市工业用水需求预测与管理模型	36
	3.3.1 I-WaDEM 模型结构	36
	3.3.2 模型核心计算模块	37
3.4	城市给水系统水质模拟与风险评估模型	43
	3.4.1 建模方法与框架	43
	3.4.2 模型结构与功能	44
3.5	基于 GIS 的城市排水系统和非点源污染模拟模型	45
	3.5.1 建模方法与框架	45
	3.5.2 模型结构与功能	46
	3.5.3 排水系统模拟的核心机理	47
3.6	基于支付意愿的城市居民再生水需求模型	50
	3.6.1 研究的理论基础	50
	3.6.2 支付意愿函数的构造与分析	51
	3.6.3 居民对再生水的总和需求函数	52
3.7	基于真实期权的再生水工程项目投资策略优化模型	53
	3.7.1 基本模型	53
	3.7.2 再生水项目的价值	55
	3.7.3 最优投资规模的确定	57
	3.7.4 投资期权的价值及最佳投资时机	58
3.8	城市污水系统可持续性估算模型	59
	3.8.1 基于成本效益分析的建模方法	59
	3.8.2 模型结构与功能	60
3.9	城市污水系统布局规划决策支持模型	61
	3.9.1 多目标空间优化的建模方法	61
	3.9.2 模型结构与功能	61
	3.9.3 模型求解算法	63
3.10	基于事件驱动的流域分布式非点源模型	65
	3.10.1 模型结构与功能	65
	3.10.2 模型应用框架	66
3.11	模型不确定性分析方法	66
	3.11.1 不确定性分析的基本方法	66
	3.11.2 基于 Sobol 序列的 GLUE 算法	68
	3.11.3 基于空间信息统计学的参数空间相关性分析方法	69
	3.11.4 基于图论的空间采样方法	71

第4章 城市二元水循环系统演化机制与规律研究 ……………………………… 73
4.1 基于水质再生的城市水资源量 …………………………………………… 73
4.1.1 单个城市最大可用水资源量理论极限值 ……………………… 73
4.1.2 多个城市全流域最大可用水资源量理论极限值 ……………… 73
4.1.3 考虑经济可行性的单个城市可用水资源量 …………………… 74
4.2 城市生活节水技术的扩散特征 …………………………………………… 77
4.2.1 节水器具扩散规律 ……………………………………………… 77
4.2.2 居民用水结构变化和节水器具未来发展趋势 ………………… 78
4.3 工业节水技术的发展规律 ………………………………………………… 79
4.3.1 工业技术发展水平判断 ………………………………………… 79
4.3.2 技术进步对节水潜力的影响识别 ……………………………… 81
4.4 常规处理工艺下城市饮用水水质风险特征 ……………………………… 82
4.4.1 城市饮用水水质风险评价标准 ………………………………… 82
4.4.2 饮用水源水质参数 ……………………………………………… 83
4.4.3 给水处理工艺参数 ……………………………………………… 84
4.4.4 不同水源水质条件下的饮用水安全风险 ……………………… 84
4.4.5 海河流域的饮用水安全风险 …………………………………… 84
4.5 城市饮用水水质安全的社会和技术影响因素 …………………………… 87
4.5.1 案例研究区域 …………………………………………………… 87
4.5.2 模拟情景设计 …………………………………………………… 88
4.5.3 模拟结果分析 …………………………………………………… 90
4.6 典型下垫面污染物初期冲刷效应 ………………………………………… 91
4.6.1 颗粒物初期冲刷效应 …………………………………………… 92
4.6.2 有机物和营养物质初期冲刷效应 ……………………………… 92
4.6.3 其他物质初期冲刷效应 ………………………………………… 92
4.7 BMP在城市径流污染控制中的去除规律 ………………………………… 94
4.7.1 控制措施的选择 ………………………………………………… 94
4.7.2 控制措施方案制订与模拟分析 ………………………………… 94
4.8 居民支付意愿对再生水需求的影响 ……………………………………… 98
4.8.1 居民支付意愿的影响因素 ……………………………………… 98
4.8.2 北京市再生水需求曲线 ………………………………………… 99
4.9 投资再生水项目的最优规模和最佳时机 ………………………………… 101
4.9.1 污水再生利用工程的经济可行性 ……………………………… 101
4.9.2 再生利用工程经济可行性的敏感影响因素分析 ……………… 102
4.9.3 投资再生水项目最优规模和最佳时机的影响因素 …………… 103

- 4.10 城市污水系统结构与布局对城市可持续性的影响 ……………………… 105
  - 4.10.1 城市污水系统结构对城市可持续性的影响 …………………… 105
  - 4.10.2 城市污水系统布局对城市可持续性的影响 …………………… 112
- 4.11 污水再生利用条件下污水系统的理想服务规模 …………………………… 114
  - 4.11.1 污水系统单位成本曲线规律识别 ………………………………… 115
  - 4.11.2 传统模式与污水回用模式污水系统理想规模的差异 ………… 116

第5章 城市二元水循环系统调控机制研究 …………………………………… 118
- 5.1 城市节水潜力预测与实现途径 …………………………………………… 118
  - 5.1.1 海河流域城市生活用水节水潜力分析与管理对策 …………… 118
  - 5.1.2 海河流域工业用水节水潜力分析与管理对策 ………………… 123
- 5.2 海河流域城市给水系统水质风险控制 …………………………………… 126
  - 5.2.1 海河流域未来饮用水水质风险 ………………………………… 126
  - 5.2.2 影响饮用水水质风险的关键因素识别 ………………………… 128
  - 5.2.3 饮用水水质风险控制策略的效果 ……………………………… 129
- 5.3 海河流域城市水资源利用效率评价 ……………………………………… 130
  - 5.3.1 各项评价指标和权重确定 ……………………………………… 130
  - 5.3.2 城市综合用水效率评价 ………………………………………… 136
- 5.4 海河流域城市污染负荷总量控制对策 …………………………………… 137
  - 5.4.1 城市污染负荷排放的估算方法 ………………………………… 138
  - 5.4.2 海河流域城市污染负荷排放量的计算及调控路径识别 ……… 140
  - 5.4.3 城市区域污染负荷排放调控路径的选择 ……………………… 153
- 5.5 海河流域城市排水体制的选择策略 ……………………………………… 157
  - 5.5.1 不同排水体制性能差异的识别 ………………………………… 157
  - 5.5.2 海河流域城市排水体制分区 …………………………………… 160
  - 5.5.3 城市特征与排水体制选择的关系 ……………………………… 162

第6章 成果总结与展望 …………………………………………………………… 164
- 6.1 基于二元循环的可持续城市水系统理论 ………………………………… 164
- 6.2 多尺度城市二元水循环系统数值模拟体系 ……………………………… 165
- 6.3 城市二元水循环系统演化机制与规律 …………………………………… 165
- 6.4 城市二元水循环系统调控机制 …………………………………………… 167
- 6.5 对未来研究工作的建议 …………………………………………………… 167

参考文献 …………………………………………………………………………… 169
索引 ………………………………………………………………………………… 172

第1章 引 言

1.1 我国城市水问题的现状

近 30 年，我国经历了快速的城市化发展过程。如图 1-1 所示，1978～2008 年，我国城市总数由 193 个增加到 655 个，城镇人口由 1.72 亿增长至 6.07 亿，城市化率由 17.9% 提高到 45.7%。相应地，城市供水规模由 78.75 亿 m³ 增长至 500.08 亿 m³，如图 1-2 所示。虽然城市数量和供水规模从 20 世纪 90 年代后半期开始逐渐趋于稳定，但是城市规模的大型化和布局的密集化使得大型城市和城市群区域的局部水资源压力骤升。从图 1-1 可以看出，1996 年之后人口 20 万以下的小城市数量逐年下降，中等城市、大型城市的数量逐年增长，其中超大城市（200 万以上人口）的数量由 1996 年的 11 个增加到 2008 年的 23 个。大型城市的超常规发展推动了我国城市群的形成和发展，目前我国已经形成了以环渤海、长江三角洲、珠江三角洲等地区为代表的城市群，产业和人口在城市群区域高度聚集。以海河流域为例，2008 年时流域内超大城市和特大城市（100 万～200 万人口）各有 3 个，约占全国同类城市总数的 10%，同时覆盖了京津地区，是一个典型的城市密集区。而海河流域总体上属于资源型缺水地区，密集的城市和人口分布更加剧了流域的水资源压力。从图 1-3 可以看出，海河流域单位水资源承载的人口数量不仅远远高于国外典型流域，是莱茵河和琵琶湖流域的 20 多倍，也显著高于国内重点流域。因此，传统的城市

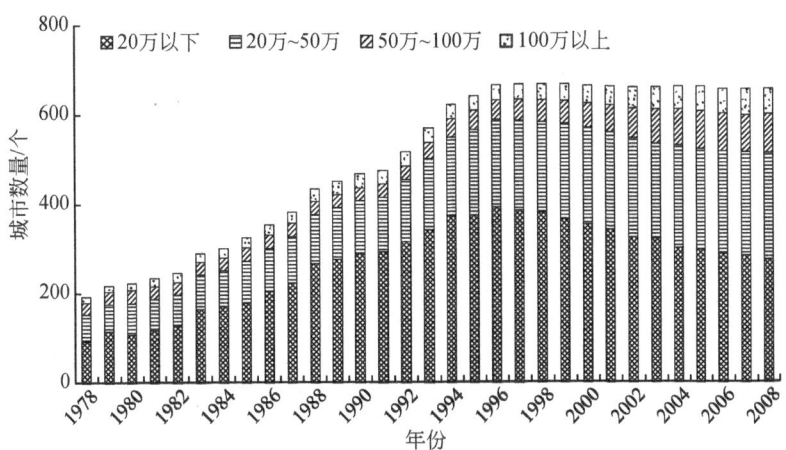

图 1-1 1978～2008 年我国城市数量和规模（按城市非农业人口统计）
资料来源：《中国城市发展报告》编委会，2009；任致远，2010

水系统是否能够应对大型城市和城市群区域未来发展过程中的水资源供需矛盾,以及如何应对这对矛盾,既是海河流域也是我国众多流域和城市群区域面临的共同问题。

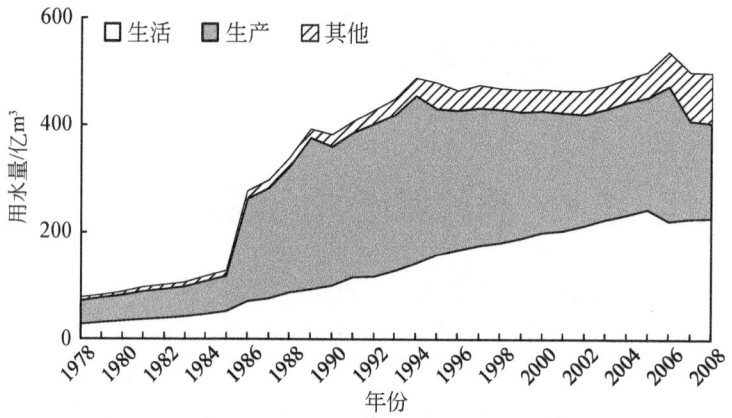

图 1-2　1978~2008 年我国城市供水量
资料来源:住房和城乡建设部,2009

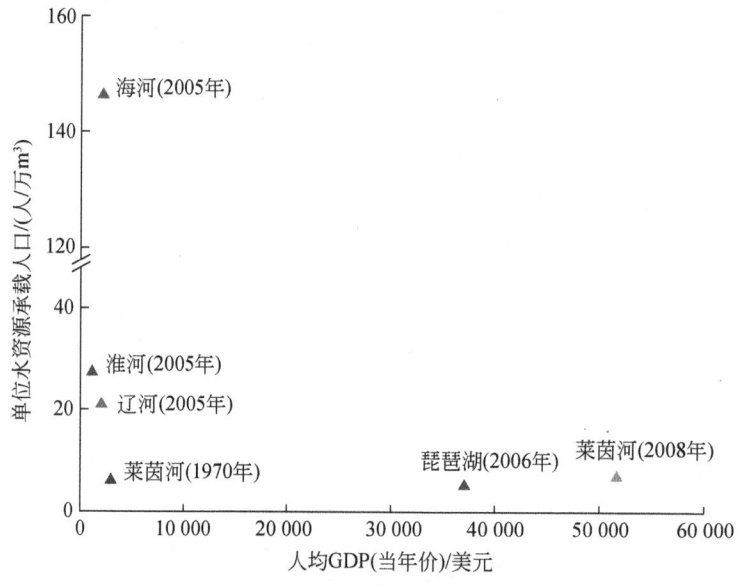

图 1-3　国内外流域经济发展水平与水资源承载力

快速工业化和城市化在消耗水资源的同时,其污染排放对水环境质量构成更大威胁。图 1-4 为我国 1985~2005 年 GDP 和主要污染物排放量变化趋势,图中数据均以 1985 年数据为参照取其倍数。从图中可以看出,我国化学需氧量(COD)排放量总体保持稳定,已经得到较为有效的控制,但是尚处于较高水平,而总氮(TN)和总磷(TP)排放量仍然随着 GDP 的增长而升高。从我国历年环境状况公报也可以看出,有机物和营养物质仍然是造成我国河流和湖泊水体污染的主要指标。与 COD 相比,城市污水处理设施对 TN 和

TP 的去除能力较为有限或者需要以较高成本实现高效去除，同时 TN 和 TP 在自然界中的迁移转化速度较慢，因此高负荷的 TN 和 TP 排放导致其在水体中累积，使其成为影响水环境质量持续改善的重要制约因素。同时，氮和磷也是重要的营养物质和资源，它们随污水进入水体实际上打破了其自然循环和平衡。因此，如何减缓和消除水环境中氮、磷污染累积，并最大限度地回收和利用氮、磷资源，是水环境污染防治的重要难题，也是传统城市水系统设施面临的巨大挑战。

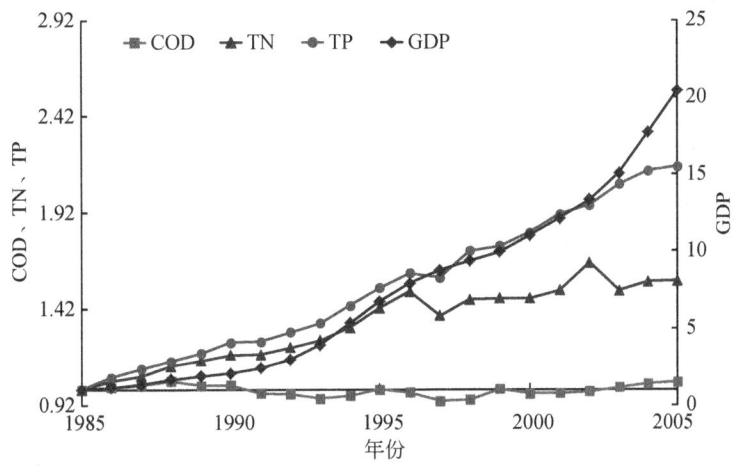

图 1-4　1985～2005 年我国 GDP 和主要污染物排放量（以 1985 年为参照）

1.2　我国城市水问题的未来挑战

我国仍然是发展中国家，城市化和工业化进程仍将继续推进。根据中国工程院和环境保护部《中国环境宏观战略研究》的预测，我国人口将在 2030 年达到峰值，人口增长引起的资源和环境问题将在其后一段时期更加凸显（中国工程院和环境保护部，2011）。同时，我国将在 2020 年完成工业化，到 2030 年时单位土地第二产业增加值将达到发达国家历史上同一发展阶段的 2～5 倍，工业化引起的资源和环境压力进一步增大（中国工程院和环境保护部，2011）。因此，总体来看，我国未来 20 年中资源和环境压力将持续增长，2030 年前后可能是我国未来资源和环境形势最为严峻的时期。如何应对这一严峻形势并在当前作出正确的社会、经济、技术等决策，既是一个具有长远战略意义的问题，也是一个具有现实紧迫性的问题。

这一严峻形势同样也给城市水资源和水环境带来了巨大压力。特别是，城市水系统既受短期政策因素影响，也受长期社会行为和技术的影响。由于服务寿命长，城市水系统具有很强的技术和设施锁定效应，因此当前的选择和决策一旦在短期内付诸实施，其影响将长达几十年甚至上百年（USEPA，2002；Juuti and Katko，2005）。另外，如果当前的选择和决策不能考虑到未来社会行为和技术变化可能给城市水系统调控带来的机遇，那么当这一机遇真正来临时，当前的选择和决策造成的锁定效应可能导致人们错失这一机遇。因此，要应对我国城市水问题的未来挑战，一方面需要系统评估当前城市水系统的技术和设施、居民和企业行为方式、国家宏观政策等是否能够满足未来社会经济发展对水资源和水环境的需求，其可能性、潜力和差距有多大；另一方面也需要在长时间尺度下研究社会行为和技术变化对城市水系统的影响机制，并利用其中的规律进行合理调控，使得当前关于城市水系统的选择和决策仍能为未来的调控提供可能性。

1.3 传统城市水系统的局限

传统城市水系统的结构如图 1-5 所示。给水厂从水源取水，处理后通过给水管网输送到工业、家庭、市政设施等用户；用户排放的污水纳入污水管网，经污水处理厂处理后排入水体；雨水落到城市地面后形成径流，被雨水管网收集后排入水体，或者被雨污合流管网收集，经污水处理厂处理后排入水体。这种系统从 19 世纪末开始形成，一直沿用至今，现在仍被大多数发达国家和我国的大部分城市所使用。

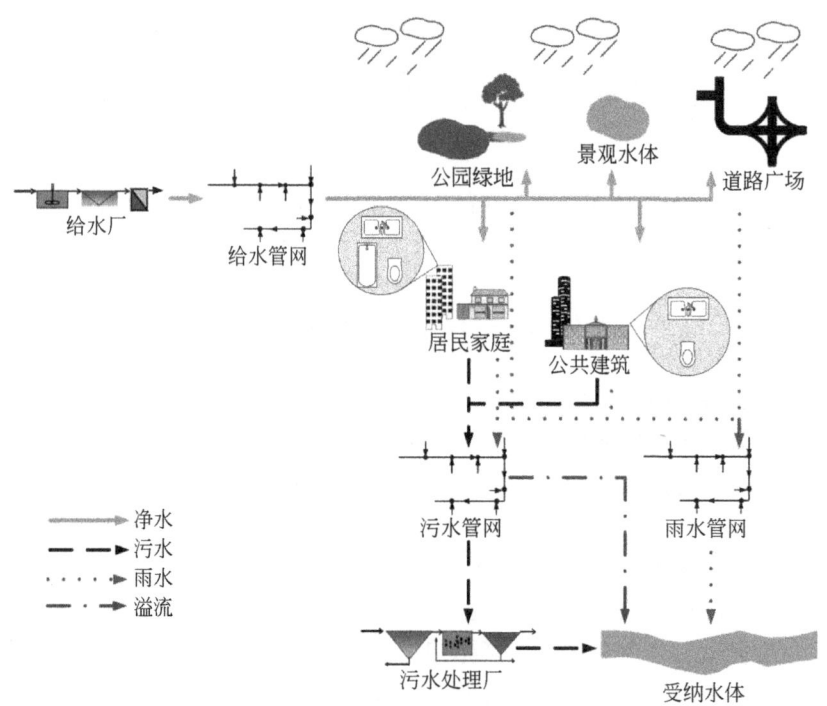

图 1-5　传统城市水系统结构示意图

但是，随着人们对城市水系统可持续性要求的提高，传统水系统的不足之处也日益受到关注。首先，传统水系统通常从经济角度考虑规模效应，因此城市的污水处理系统往往都具有规模大的特点，将污水收集后集中处理、集中排放。这样的方式虽然可以削减大量污染物，但是由于污水处理系统出水的排放具有点源特征，因此仍然会对局部水环境造成较大影响。其次，如果采用雨污分流体制，雨水管网收集的、未经处理的城市径流集中排放时会直接污染水体；而采用雨污合流体制时，城市径流产生的冲击负荷可能影响污水处理效率，管网溢流的雨污水也会直接污染水体。再次，传统的给水系统采用统一水质供应的方式，而排水系统采用污水混合收集的方式，没有区分用水水质需求及排水水质的差异，这虽然简化了设施和工艺，但也在一定程度上造成了资源的浪费。最后，传统城市水系统中的物质（包括水、营养物质等）均是单向流动，资源利用效率低。如前所述，城市代谢的氮、磷等营养物质在传统水系统中不能得到回收和利用，同时还加剧了水环境的累积性污染。

虽然传统城市水系统在国内外历史上对于改善城市公共卫生状况和水环境质量发挥了重要作用，但是对于应对我国未来的水资源和水环境压力，上述不足决定了其不能从根本上适应这一需求，因此需要对传统城市水系统进行调整和变革。

1.4 研究目的、技术路线和内容

本书是国家重点基础研究发展计划（973计划）项目"海河流域水循环演变机理与水资源高效利用"第七课题"城市二元水循环系统演化与安全高效用水机制"的研究成果。该课题以应对和解决我国未来社会经济发展过程中的水资源和水环境问题为目标，以可持续发展和城市二元水循环等理论为基础，围绕社会行为和技术变化对城市水系统的影响、城市自然水循环与社会水循环的耦合关系及其调控机理等重大科学问题，系统研究城市自然水循环和社会水循环的演变机制和基本规律，构建可持续城市水系统理论，开发多尺度城市二元水循环系统数值模拟体系，并以海河流域为案例从长时间尺度考察未来自然、社会、经济、技术等变化对城市水系统的影响及其适应对策，从而为传统城市水系统的调控和重构奠定理论基础。该课题的研究技术路线和主要内容如图1-6所示。

本书的主要内容安排如下：第1章分析我国城市水问题现状与未来挑战；第2章将以可持续发展和城市二元水循环等理论为基础构建城市水系统新理论，提出可持续城市水系统的基本框架、内涵、特征、原则等；第3章将以此理论为指导，研究城市二元水循环系统的演变过程，包括城市自然水循环、城市用户用水、城市给水和城市排水等子系统和过程，并在上述机理研究的基础上构建城市二元水循环系统数值模拟体系；第4章利用第3章开发的模型工具模拟和研究长时间尺度下自然、社会、经济、技术等变化对城市水系统的影响，总结城市二元水循环系统的演化机制和规律；第5章则利用上述模型工具系统评估社会、经济、技术等调控方式对于提高城市水系统可持续性的潜力，提出相应的调控机制；第6章为结论。

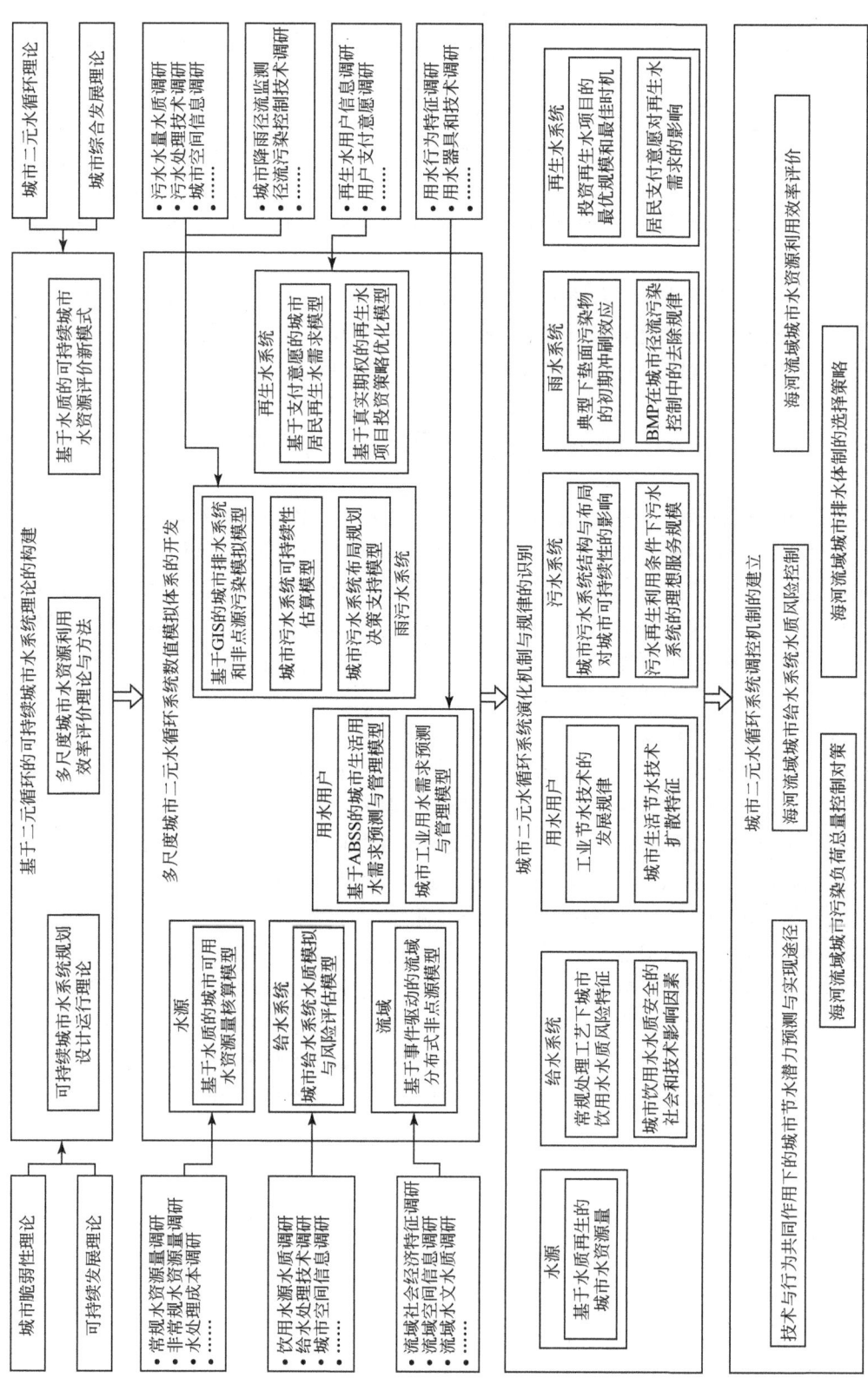

图 1-6 研究技术路线

第 2 章　基于二元循环的可持续城市水系统理论

2.1　基于二元循环的可持续城市水系统理论框架

城市二元水循环是水循环在城市节点的具体表现，包括以"降雨—蒸发—入渗—产流—汇流"为基本过程的自然水循环及以"取水—给水—用水—排水—回用"为主要过程的社会水循环（王浩等，2006；褚俊英和陈吉宁，2009）。城市的自然水循环与社会水循环在城市的自然及社会活动中相互依存、相互影响，使得二元水循环在城市时空节点上存在水量与水质两个维度的复杂耦合。

城市水系统是城市重要的基础设施之一，它是在一定人类社会经济活动影响和资源环境约束下，保证城市安全用水、卫生条件、公众健康安全及城市自然和人工环境质量的一系列设施单元的组合，包括给水子系统、污水子系统、雨水子系统及再生水子系统等（图2-1）。城市水系统在结构上连接了城市自然水体和用水用户，在功能上受到城市自然水体与用水用户需求的驱动，具有自然和人工的复合性。

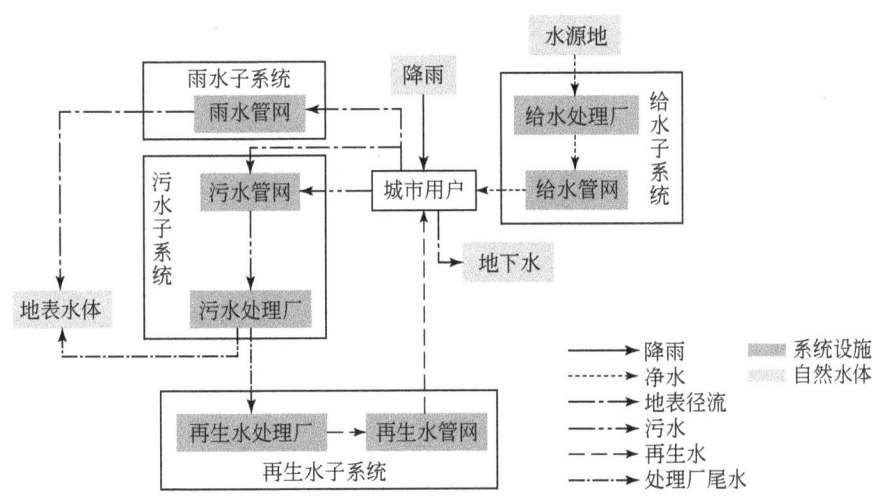

图 2-1　城市水系统组成结构及其与自然水体和用水用户的关系

从上述对城市二元水循环和城市水系统的描述中可以看出，城市水系统是城市自然水循环与社会水循环的耦合界面，它既是城市社会水循环的载体，又是城市干扰自然水循环的媒介。随着可持续发展理念成为全球共识，人们对城市水系统的功能和性能也提出了更高要求（见1.3节）。城市水系统是否具有可持续性，除了直接影响到城市的可持续发展进程外，还直接关系到城市乃至整个流域二元水循环的健康状况。因此，有必要构建基于二元循环的可持续城市水系统理论，为城市水系统的设计、规划及运行管理提供理论指导与依据。

基于上述理论需求分析，本章构建的基于二元循环的可持续城市水系统理论框架如图2-2所示。该框架以可持续发展理论、二元水循环理论、城市综合发展理论、城市脆弱性理论为理论基础，以城市水系统为研究对象，旨在探讨可持续城市水系统的功能、特征、演变规律及调控机制，为城市水系统的规划、设计及运行管理提供可持续发展的对策。整个理论由基于水质的可持续城市水资源评价新模式、多尺度城市水资源利用效率评价理论与方法，以及可持续城市水系统规划、设计及运行理论与支撑工具三部分构成。其中，基于水质的可持续城市水资源评价新模式从常规水源、再生水及雨水等城市多水源综合集成利用的角度出发，建立了基于水质的城市水资源新概念，构建了基于水质的城市水资源核算框架；多尺度城市水资源利用效率评价理论与方法在技术、单元与城市三个尺度上分别建立了水资源利用效率的评价指标体系，并对不同尺度间的水资源利用效率提出了转换机制；可持续城市水系统规划、设计及运行理论与支撑工具在解析可持续城市水系统内涵、识别可持续城市水系统特征的基础上，提出了可持续城市水系统规划、设计及运行的原

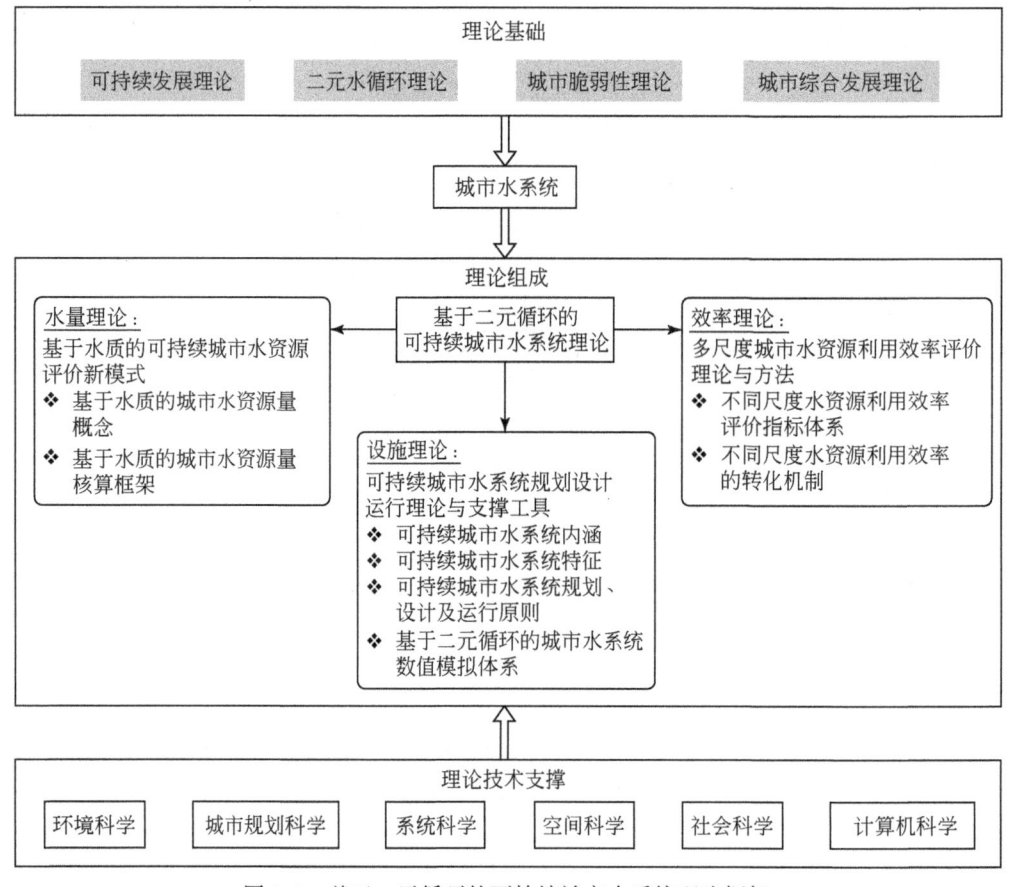

图2-2 基于二元循环的可持续城市水系统理论框架

则，开发了基于二元循环的城市水系统数值模拟体系。本研究构建的基于二元循环的可持续城市水系统理论是多学科的综合应用，环境科学、城市规划科学、空间科学、系统科学、社会科学等领域的技术方法均是该理论的支撑。

2.2 基于水质的可持续城市水资源评价新模式

城市水资源量评价是区域水资源规划、开发、利用、保护和管理的基础工作。只有准确计算城市可用水资源量，才能确定合理的区域产业结构布局和城市发展规模，协调好生活、生产和生态用水，调整和优化地区经济、取用水结构及水资源配置，改善水资源利用和生态环境保护的关系，提高水资源的利用效率和供水系统的可靠性，促进生态系统健康发展和经济社会的可持续发展。

水资源规划和管理中通常采用不同水平年的水资源总量作为评价指标，即区域内降水形成的地表和地下产水总量。在评价方法上，目前国内外仍然主要采用地表水-地下水分离评价的模式或单一地表水评价的模式，即评价时分别将地表水和地下水作为源汇项进行评价。因此，人们对于城市可用水资源量的认识和研究实际上仍然局限在城市所处区域或流域的自然水循环系统或"水源系统"的范畴内，对于城市社会水循环对水资源量的干预和调节作用没有给予足够的重视，即对城市自然水循环系统和社会水循环系统之间的水量水质联系和制约、矛盾冲突和协调控制缺乏深入的研究。

2.2.1 基于水质的城市水资源量化概念

随着水资源评价方法的不断发展，水资源评价和配置的研究对象在空间上从最初的水利水量工程控制优化配置扩展到不同规模的区域、流域和跨流域的水量优化配置研究；在内涵上从单纯考虑水的自然循环扩展到考虑水的二元循环特征，即纳入自然水循环和社会水循环的相互影响。在以城市生活用水和工业用水为代表的社会水循环系统中，很多人工系统对水资源质量的干预强度和调节能力远超过自然水循环过程，如工业生产过程对水质的污染作用通常远强于自然水循环中地表径流对水质的影响，而给水和污水处理系统对于水质净化的作用也远强于自然净化过程。城市对水质的干预及水体自身的净化功能可以使得社会循环中因人为使用导致质量下降的水资源重新达到满足使用需求的水质，并且高强度的人工净化（如污水处理）可以大大缩短水资源再生的时空尺度，在城市区域内快速地重复使用水资源。因此，水资源在社会循环中的水质再生过程提供了新鲜取水量之外的可用水量，仅采用新鲜水资源量衡量城市的可用水资源量显然是不完整的。

本研究提出将水质作为城市水资源量评价的重要因素，系统考虑社会水循环中的水质变化，建立基于水质的城市水资源量评价方法。因此，城市水资源量的计算不再是区域内地表和地下水资源量的简单、静态加和，而是在技术经济可行的范围内通过水量循环和水质再生，将整个区域内可再生循环的水量（可用总量）作为评价城市水资源丰度的基础值（陈吉宁和傅涛，2009）。基于水质评价城市水资源状况，超出了传统地表和地下水资源的范畴，再生水和雨水也成为城市水资源的重要组成部分。我国城市再生水和雨水利用发展历史较短，传统的城市水资源规划对常规水源和新型水源缺乏统筹考虑，对新型水源潜在用户的水量和水质需求缺乏足够认识，因此尚不能从整体上把握城市可用水资源量和成本之间的关系，有可能导致在水资源规划配置过程中出现资源和资金的大量浪费或闲置。如何利用基于水质的水资源评价思路指导城市可用水资源量评价，科学评估城市区域再生水和雨水利用的潜力和途径及由此带来的成本，成为缺水城市在有限资金投入下优化水资源配置，合理规划和布局再生水和雨水利用工程亟须解决的问题。

2.2.2 基于水质的城市可用水资源量评价框架

（1）基于水质的城市可用水资源量评价框架的建立基础

基于水质的城市可用水资源量评价框架认为，在以水质为核心的水循环过程中，人类对水资源的取用并非是简单的消耗，而是一个"借"与"还"的过程。"借"是指各用水主体通过不同形式取水，这一过程受到一定的水量限制，限制的基数包括客水和上游用水主体"返还"的使用后的水；"还"是指各用水主体将水量返还水体，这一过程则受到水体允许接纳的水质标准的限制（陈吉宁和傅涛，2009）。为了能够达到接纳水体的水质要求，"借"水的主体需要对使用后的水进行不同程度的人工处理，使其"返还"的水量通过自然净化，能够最终实现水质的还原和水资源的再生。以人类和环境水体之间的"借"与"还"过程为边界，水资源通过城市水系统的各类基础设施在人类社会系统中循环，满足不同用户的用水需求。在水资源的社会循环中，水质仍然是核心要素，并且在循环过程中发生动态变化。例如，为了保证人类的安全用水，需要将从环境中取得的水净化，使其满足不同用户的水质要求，而为了满足接纳水体的要求，用户产生的污水应在处理达到一定水质要求后方可排入环境水体。社会水循环过程中的这些水质变化过程，特别是水质提升和再生过程，通常伴随着其他资源、能源、经济等投入。

（2）基于水质的城市可用水资源量评价框架的适用对象

基于水质的水资源评价体系既适用于单个城市，也适用于包含多个城市的区域或流域。对于单个城市，该评价方法把城市区域可提取的、包括客水在内的水资源量作为基数，把城市的污水处理技术水平、污水再生利用次数等作为乘数，计算可利用的水资源总量。其中，作为计算基数的水资源量主要取决于自然禀赋，而乘数则取决于城市对于水资源水量和水质的调控能力。通过工程措施强化水质净化能力，可以缩短水资源再生的时空尺度，使得水量不再成为水资源稀缺的绝对约束条件，因而在基本水量得到保证的前提下可以有限地、多次重复使用水资源。

从区域或流域上下游水资源共享与协同的角度来看，区域或流域尺度的水质循环再生既包括水质在水体中的自然净化和再生过程，也包括水质在社会水循环中的人工强化净化和再生过程，因此基于水质的水资源评价方法同样适用。显然，上游城市的取水、用水、排水会影响下游城市可取用的水资源量及其水质，并且这种效应会沿程累加，因此在区域或流域层次应用该方法需要考虑上下游城市之间的水量和水质影响。实际上，区域或流域是应用基于水质的水资源评价方法的更适宜的空间尺度，在这一尺度考虑水质的天然再生和人工强化再生可以避免上下游各自为政，按照局部需求和利益过度开发和利用水资源，保证下游及水体生态系统所需的基本水量和水质，为下游提供平等的水资源利用权力，也可以合理、充分利用水体的自然净化能力，降低人工治污的成本。

（3）基于水质的城市可用水资源量评价框架的限制因素

基于上述观点，城市、区域或流域的可用水资源总量不仅受制于传统意义上的水资源总量，而且取决于取用水主体（如城市）循环利用水资源的能力，包括循环利用的次数和水量等。取用水主体循环利用水资源的能力又取决于其水资源消耗量、人工净化水质的能力、控制水量损失的能力等，而这其中很多因素的高低与城市水系统的经济成本直接相关。因此，在基于水质的水资源评价方法的实际应用中，特别是应用于区域或流域时，需要考虑以下几方面因素：一是取水量的制约，即汲取水量占径流量的比例，它决定了水体的天然水质净化能力；二是"返还"量的制约，即取用水量返回自然水体的比例，返回水量减少将对下游取用水构成制约；三是"返还"水的水质，它决定了自然水质再生的时空要求；四是空间制约，即上下游不同取用水主体之间的空间距离；五是温度、地质、生态等其他自然因素的制约。考虑这些制约因素的共同作用，可以得出被评价区域的可利用水资源总量的理论值，即在生态允许范围内区域取用水量的上限值，由此得到的评价结果可以作为一个城市、区域或流域是否缺水、是否需要跨流域调水的评判标准。

（4）基于水质的城市可用水资源量评价框架下的经济成本

如前所述，基于水质的城市可用水资源量与城市水系统的经济成本直接相关。城市水行业提供水质净化的环境服务，其服务收费表现为水价，而水价高低主要与改变水质的成本相关。目前我国的水价结构包括三个组成部分，分别是基于稀缺的资源价格（水资源费）、基于成本的工程水价（引水和供水）和基于环境达标的环境水价（污水处理和污泥处理费）。在基于水质的水资源评价模式中，以水质变化为主线的水循环过程所发生的服务成本将以新的组成内容统一纳入到现有的价格体系中，如图2-3所示。它们包括通过人工污水处理使水质还原到自然水体可以接受的成本价格（资源再生价格），水资源再生和服务的工程服务价格（工程水价），水体水质再生所需基本流量配置的直接成本和机会成本价格（流量补偿价格）。在价格模型下，服务企业或者机构根据不同用户及不同的水量和水质需求收取相应的价格，也可以用此价格模型来评价城市在水资源利用方面的经济投入。因此，通过水质再生得到的城市可用水资源量大小和水质再生程度还受到经济投入的限制。

2.3 多尺度城市水资源利用效率评价理论与方法

根据不同的功能和用途，城市用水可划分为生活用水、工业用水、消防用水、生态环境用水等，由图2-4可见生活用水和工业用水是其中的主要部分。随着城市的不断发展，各用水部门的取用水量不断增加，造成水资源供给压力的逐渐增大，各用水部门之间的用水竞争不断加剧。水资源供需矛盾反映了城市社会经济发展与资源保障之间的矛盾，同时日趋

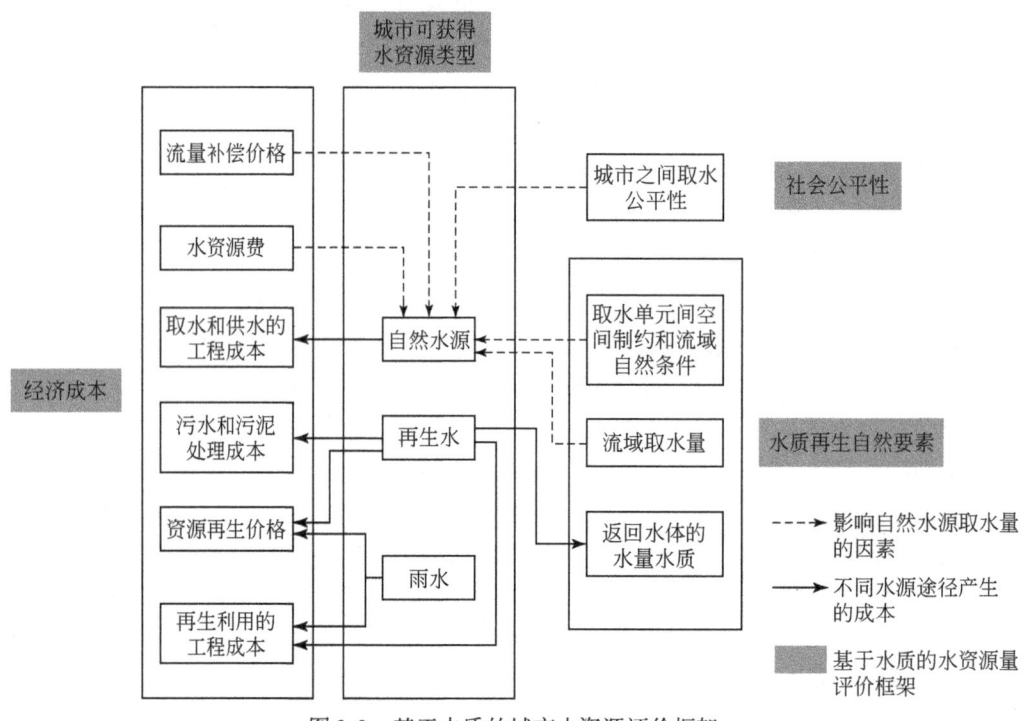

图 2-3 基于水质的城市水资源评价框架

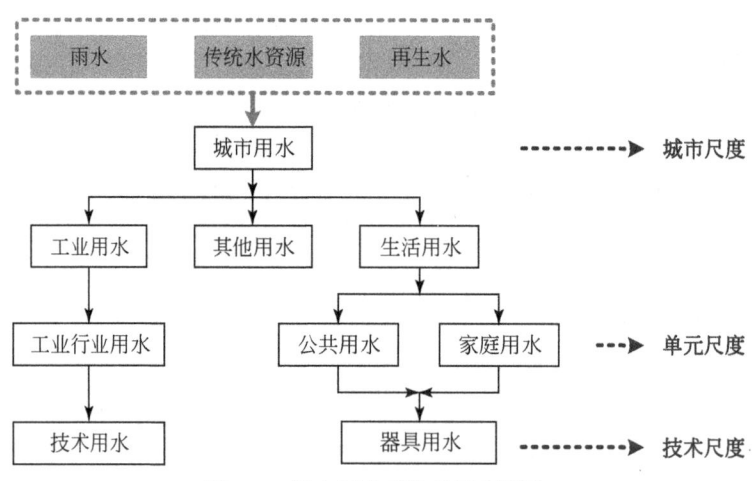

图 2-4 城市用水系统的尺度划分

加剧的用水竞争也进一步造成社会经济发展的失衡，使水资源短缺的瓶颈效应越发凸显。

供应侧管理和需求侧管理是当前解决上述矛盾的两种思路，但对海河流域来说，水资源已处于严重匮乏的程度，流域的水资源综合管理将更多地依赖需求侧管理。这一管理方式的指导思想是根据各用水部门的用水效率和相应效益，运用各种管理措施实现水资源在各用水部门中的合理配置，提升综合用水效率，从而降低水资源消耗和需求。因此，对各用水部门的水资源利用效率实施合理评价是需求侧管理开展的基础。

城市水系统涵盖多种水源、多个尺度和众多用水部门，因此城市水资源利用效率也是一个多层次、多目标的系统。如图2-4所示，城市用水系统可以从宏观向微观划分为城市、单元和技术等三个尺度。由于不同尺度涵盖的用水部门范围不同，在较大尺度下开展水资源利用效率评价可能"淹没"较小尺度下部分用水部门的表现，从而导致水资源利用效率的评价在不同尺度下得出的结论不尽一致；在同一尺度下，各项指标的着眼角度不同，分析结果也难以完全统一。因此，水资源利用效率的评价不能简单围绕单一尺度或单一指标展开，应着眼于不同尺度展开评价，并研究不同尺度之间的评价体系和结果的转换关系。

本研究对城市水资源利用效率的评价将从城市单元用水机制的微观规律解析入手，从两个层次对不同尺度水资源利用的影响因素展开分析。第一个层次是在单一尺度内系统选择反映对应部门用水规律的指标，构建评价指标体系；第二个层次则是运用本研究开发的水资源需求预测与管理模型，根据不同尺度之间的用水量转换关系，寻找各种效率尺度之间的转换关系，建立相应的转换模型或转换机制。

2.3.1 不同尺度水资源利用效率评价指标体系构建

根据技术尺度、单元尺度、城市尺度三个尺度的水资源利用规律构建的利用效率评价指标体系如表2-1所示。

表2-1 多尺度城市水资源利用效率评价指标体系

尺度		指标	备注
技术尺度	生活用水器具	便器单次冲水量	
		淋浴器单位时间用水量	
		水龙头单位时间用水量	
		洗衣机单次洗衣过程用水量	
		洗碗机单次洗碗程序用水量	
		便器冲刷效率	
		洗衣机洗净比	
		便器最小可冲洗次数	
		淋浴器最小可开关次数	
		水龙头最小可开关次数	
	工业行业技术	单位产品对应该技术环节用水量	
		技术投资（初始投资、原料投入）	定量辅助指标
		技术寿命	定量辅助指标
		技术能耗	定量辅助指标
		技术排污量	定量辅助指标
		技术可得性	定性辅助指标

续表

尺度		指标	备注
单元尺度	居民家庭	居民家庭人均用水量	
		家庭人均可支配收入	定量辅助指标
		家庭平均规模	定量辅助指标
		是否使用再生水	
		节水器具采用情况	
	工业行业	万元工业增加值用水量	
		行业用水弹性系数	
		行业用水重复利用率	
		代表性高效用水技术普及率	
城市尺度		人均综合用水量	
		工业用水比例	
		居民家庭和公共用水比例	
		万元工业增加值用水量	
		工业用水弹性系数	
		高耗水行业 GDP 占工业总量的比例	
		居民家庭可支配收入	
		节水器具普及率	
		生态节水灌溉率	
		生态节水灌溉器具普及率	
		水价	
		工业用水重复利用率	
		管网漏损率	
		中水回用量	
		雨水利用量	

(1) 技术尺度

技术尺度上的水资源利用效率评价可分为生活用水器具和工业行业技术两个方面，并分别对应生活用水单元和工业用水单元。

生活用水器具主要服务于居民日常生活需求，因此其用水效率的评价指标是在满足居民日常需求的前提下，围绕影响用水量的因素加以选择的。单位时间用水量或单次用水过程的用水量是最为直观的用水器具效率评价指标，本研究根据各种器具的行业标准选择了对应的水量评价指标。此外，单次用水行为的冲洗或洗涤效果将影响冲厕、洗衣等用水过程的发生次数，器具的使用寿命长短与居民家庭中常见的跑冒滴漏现象有直接联系，这些因素对应的指标也纳入器具用水效率的评价体系中。

工业行业的用水效率主要反映在单位产品生产过程的用水量上，而这与生产工艺及其中的用水技术直接相关。但费用效益最大化通常是工业企业选择工艺和技术的重要出发点，因此该技术在能耗、排污、初始投资和原材料费用、技术寿命等方面的表现和技术的可获得性将直接影响技术的普及情况。尽管普及情况与用水效率没有直接联系，但仍将关系到技术用水效率在工业行业中的实际体现，因此将前述的相关指标作为辅助性指标。

（2）单元尺度

单元尺度上的水资源利用效率评价主要分为居民家庭和工业行业两个单元。

人均用水量表征居民家庭每人每天的平均用水量，是反映居民家庭用水效率评价的主要指标。家庭中节水型用水器具的应用情况和是否使用再生水（如冲厕），也可以反映家庭用水效率。此外，统计分析表明，不同家庭人均可支配收入和家庭平均规模下，家庭人均用水量呈现不同水平，因此，在根据人均用水量评价居民家庭用水效率时，应结合这些辅助性指标进行评价。

与居民家庭层面的评价相似，工业行业用水效率的评价指标包括用水强度、重复利用及高效用水技术采用三个方面。其中，用水强度对应的指标包括万元工业增加值用水量和用水弹性系数，行业中典型高效用水技术的普及率则用来表征节水技术的采用情况。

（3）城市尺度

城市尺度下不仅要从水资源利用的总体强度上开展效率评价，还应结合工业用水、生活用水和生态环境用水的效率展开。表 2-1 的指标中，人均综合用水量、工业用水比例、居民家庭和公共用水比例等指标可分别反映城市总体的用水强度和工业、生活等用水单元的水量比例。针对工业用水，除保留万元工业增加值用水量和用水弹性系数作为评价指标，还以高耗水行业所占比例作为表征工业行业结构的指标。但是，考虑到工业技术种类过多，在城市尺度评价中不方便系统评价，因此在节水技术的相关评价指标中仅保留节水器具普及率。当前，国内城市水资源管理部门将水价作为重要的调控措施，因此将水价纳入评价指标中。由于降低漏损、水资源回用和雨水利用都可以在不影响城市社会经济需水的前提下降低常规水资源需求，提高用水效率，因此也将相应的指标纳入城市尺度的评价体系中。

（4）指标权重与综合评价

由于每个尺度中水资源利用效率评价指标表征的内涵都各不相同，在评价中所占的重要性也各不相同，因此在构建全部指标并对其分别定量化的同时，需要通过一定的系统性方法对各个指标在水资源利用效率评价中的重要性加以定量化。本研究选用层次分析法确定各个指标的权重，具体方法是：根据文献资料、专家意见的经验，将同一尺度的指标划分为若干层次，并确定各个层次之间和同一层次指标的从属关系，在此基础上构造判断矩阵，最终确定各个指标 δ_i 的权重 W_i。确定权重后，可将同一尺度的所有评价指标的评价结果归一化为综合评价结果 δ，见式（2-1）：

$$\delta = \sum_{i=1}^{n} W_i \delta_i \tag{2-1}$$

2.3.2 不同尺度水资源利用效率的转化

尽管不同尺度的水资源利用效率评价指标不完全一致，但在自下而上的各尺度内水资源利用总量是一致的。因此，不同尺度水资源利用效率的转化可基于对城市水资源利用的微观规律识别和各尺度间水资源利用量的一致性来实现。

对历史和当前水资源利用效率的评价，可根据相关统计数据确定各个尺度下各项指标的取值，再考虑指标的权重计算得到各个尺度下水资源利用效率评价结果。对未来的水资源利用效率评价和尺度转化则需要依靠水资源和社会经济发展情况的分析预测工具加以实现。基于城市生活和工业用水微观规律的识别与研究，本研究构建了城市生活用水需求预测与管理模型 D-WaDEM（domestic water demand estimation and management model）和工业用水需求预测与管理模型 I-WaDEM（industrial water demand estimation and management model）。其中，D-WaDEM 模型基于居民用水行为和器具的购买行为预测未来年份的城市生活用水量，可通过改变不同用水效率器具的普及程度，研究器具尺度的用水效率变化对居民家庭用水效率、城市生活用水效率、流域生活用水效率的影响，从而实现"用水器具-生活部门-城市"的尺度转化。I-WaDEM 模型则基于行业微观技术变化规律研究，模拟不同技术发展水平下的工业水资源需求，通过设定技术发展情景即不同用水效率技术的普及率，研究工业技术尺度的用水效率变化对行业和城市用水效率的影响，从而实现"用水技术-工业部门-城市"的尺度转化。

2.4 可持续城市水系统规划设计运行理论与支撑工具

2.4.1 可持续城市水系统的内涵

可持续城市水系统可以定义为：能够满足城市发展需求，具有合理费用效益，并且能够保护城市生态环境质量，保证资源在人类社会中公平分配的城市水系统（董欣，2009）。

从可持续城市水系统的定义可知，可持续城市水系统的根本目标是促进城市的可持续发展，其基本特征包括具有合理的费用效益、保护城市生态环境质量及保证资源在人类社会中公平分配。这三个基本特征分别代表了可持续发展中"效率、生态完整性和公平"的内涵，是城市水系统可持续性的体现。

将上述可持续城市水系统的基本特征与城市水系统的基本功能相结合进行进一步解析，可以认为可持续城市水系统应当具有如下内涵（Anderson and Iyaduri，2003；Bulter and Davies，2004）：①保证城市安全用水、卫生条件、公众健康安全及自然环境质量；②促进城市发展与城市水资源及水环境之间关系的协调发展；③安全高效利用进入城市地区的自然资源；④促进城市区域二元水循环平衡的重建；⑤具有合理的费用效益；⑥具有公众可接受性。

2.4.2 可持续城市水系统的主要特征

可持续城市水系统具有整体性、开放性、动态性、复杂性及综合性等基本性质（董欣，2009）。

(1) 整体性

系统的整体性指的是：系统是由若干元素组成的、具有一定新功能的有机整体，作为系统组成部分的各个要素一旦形成系统整体，就具备了独立要素不具备的性质和功能（夏绍玮，1995；魏宏森，1995）。以具有再生水子系统的城市水系统为例，系统中具有污水输送功能的污水管网、具有污水处理功能的污水处理厂、具有再生水处理功能的再生水处理设施及具有再生水输送功能的再生水管网都具有各自的性质和功能，但将其组合在一起，通过各单元之间的相互影响、相互协调，就可以使得整个系统具有"效率、生态完整性和公平"的特征，以及促进城市可持续发展的功能。这些特征和功能是各个独立的单元所不具备的，也不能通过对各个单元进行简单叠加而获得。例如，将具有最佳成本效益的污水输送和处理单元与具有最佳成本效益的再生水输送和处理单元进行简单叠加，得到的城市水系统具有水资源的回收能力，但不一定具有最佳的成本效益，这就使得系统不满足可持续城市水系统定义中"效率"内涵的要求，系统不具有可持续性。由此可见，可持续城市水系统的完整性是系统可持续性的基础，只有保证了系统的整体性，才可能使系统具有可持续性。

(2) 开放性

开放性是指系统不断与外界环境要素进行物质、能量、信息交换的性质（夏绍玮，1995；魏宏森，1995）。对于可持续城市水系统来说，城市内的用水用户、污水排放用户、降雨及区域内水与营养物质的自然循环等均是其环境要素。用水用户通过需水与系统发生关联，污水排放用户通过排水向系统进行物质输入，输入的物质在系统内经过迁移和转化后，以系统出水的形式输出至城市水体，以再生水的形式输出至城市再生水用户，以氮磷资源的形式输出至区域的营养物质循环系统。基于这些物质交换，城市水系统与外界环境要素之间还存在着相应的信息交换。例如，城市水体水质与系统污染物排放水平之间的相互作用，污水排放用户对再生水的需求与系统水资源回收规模之间的相互作用等。综上可知，可持续城市水系统"效率、生态完整性和公平"的特征是通过系统与外界环境要素之间的物质、能量与信息交换来实现的，也就是说，可持续城市水系统的可持续性实际上存在于系统的开放性之中。

(3) 动态性

可持续城市水系统的开放性决定了它不是一个静态的稳定系统，而是一个与其环境要素时空变化密切相关的动态系统。根据发生的时间尺度不同，可持续城市水系统的动态性可以划分为小、中、大三个层次。小时间尺度的动态性主要包括给水子系统供水的动态性、污水排放用户排水的动态性、用户对饮用水和再生水需求的动态性、管网输送的延迟性等。中时间尺度的动态性主要是指系统服务区内的自然特征和社会经济特征变化对系的影响，如服务区内人口数量和人口密度、土地利用类型、水体功能定位等因素的变化对系统规模、布局等方面的影响。大时间尺度的动态性主要是指由于技术进步和社会结构变化带来的动态性，如技术进步导致城市用水量及污水排放量的减少，社会结构变化使得用户用水时间和污水排放用户排水时间的动态性发生改变，这些都将使城市水系统的输入发生变化（陈吉宁和董欣，2007a）。

(4) 复杂性

复杂性主要是指可持续城市水系统组成结构与空间规模的复杂性。可持续城市水系统高效利用资源的能力要求系统中必须建设再生水处理和输送的设施或者污水分质收集、处理和输送的设施；要求系统具有闭环的结构，为物质的回收再用提供途径。系统组成要素的增多使得系统结构的复杂性增大，系统闭环的结构使得各组成元素间的输入输出关系及系统内的物质流动变得复杂，图 2-5 和图 2-6 分别给出了具有再生水子系统和污水源分离子系统的城市水系统内物质流动关系示意图，与第 1 章图 1-5 所示的传统城市水系统相比，其系统结构、组成要素和内部物质流动路径都更加复杂。

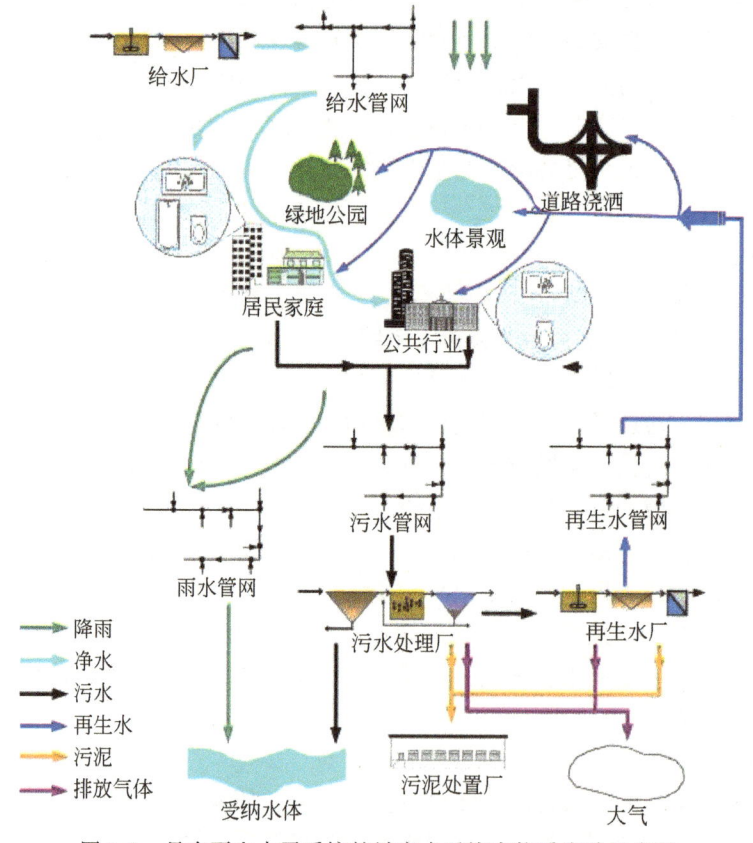

图 2-5 具有再生水子系统的城市水系统内物质流动示意图

材料技术、自控技术及监测技术的快速发展使得分散式的污水处理成为可能，这为可持续城市水系统空间格局的多样性提供了技术支持。为了降低系统的经济投资风险，保障

第 2 章 | 基于二元循环的可持续城市水系统理论

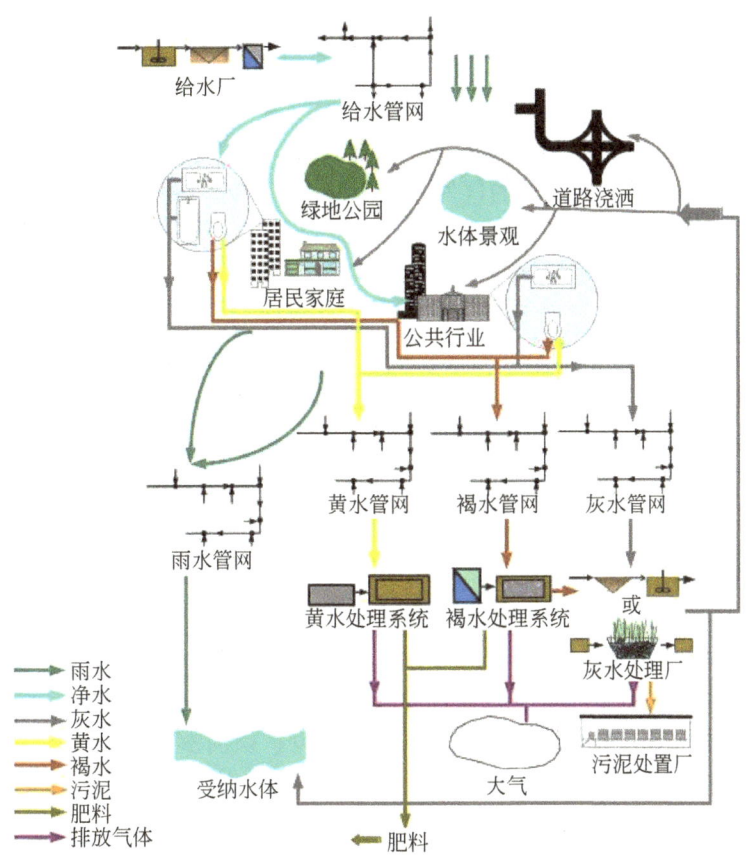

图 2-6 具有污水源分离子系统的城市水系统内物质流动示意图

污水再生利用的安全性及提高污水源头分质收集的可行性,可持续城市水系统的空间布局和规模将不再局限于传统的大规模、集中式污水系统,组团式、就地式的系统开始出现,这也提高了可持续城市水系统在规模和空间布局方面的复杂性。

(5) 综合性

可持续城市水系统的综合性体现在它是一个多功能目标的系统,如图 2-7 所示。除了

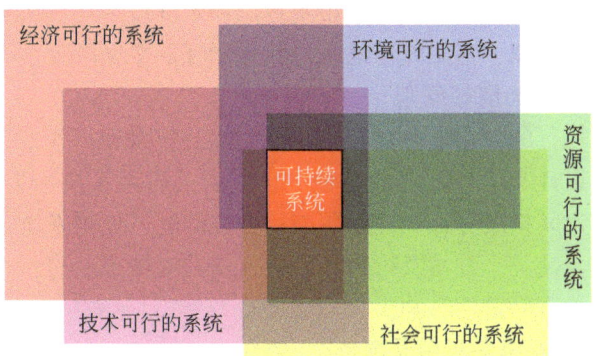

图 2-7 可持续城市水系统综合性的表征

具有城市水系统的基本功能目标——"保障公众的用水安全和健康安全"外，可持续城市水系统还具有经济目标——"具有可接受的投资要求"；环境目标——"尽可能少地向城市环境排放污染物"；资源目标——"尽可能多地回收进入系统的水资源和营养物质"；技术目标——"具有长期的可靠性和适应性"，以及社会目标——"具有一定的公众可接受性"。可持续城市污水处理系统的这种综合性正是其可持续性的具体表现。

2.4.3 可持续城市水系统的规划、设计及运行原则

根据上述对可持续城市水系统内涵的解析，基于可持续城市水系统的特征，本研究提出可持续城市水系统规划、设计及运行的基本原则。

(1) 设施风险全过程综合调控原则

提供足量、安全的饮用水是可持续城市水系统的重要功能和目标之一，尽管系统在水量负荷和处理工艺等方面偏安全的设计通常能够使之以较高的保证率实现这一功能和目标，但是，系统的开放性、复杂性和动态性决定了其在保障城市饮用水安全方面具有脆弱性，容易受到系统内部和外部各种因素的影响，从而引起水质风险。此外，快速的城市化进程导致城市降雨和城市径流增加，而全球气候变化导致极端降雨的概率增高，这些使得城市水系统所面临的城市洪水、排水管网溢流和非点源污染的风险提高。可持续城市水系统在规划、设计及运行过程中，应当从系统整体出发，识别系统中关键的风险控制点，建立关键控制点的调控方法，最小化城市所面临的饮用水安全风险及降雨冲击风险，以实现可持续城市水系统保证城市安全用水、卫生条件、公众健康安全及自然环境质量的功能目标。

(2) 对外部干扰最小化原则

城市的扩张、人口密度的增大、下垫面属性的变化，使得城市社会水循环对自然水循环的扰动加剧，城市对其所在流域的水量、水质冲击在强度和频率上都大幅提高。与此同时，城市面临着日益严峻的水资源和水环境危机，城市的水资源和水环境承载力均超过限值。自然水循环与社会水循环在城市节点上的耦合性加强，关系失衡。作为城市二元水循环的耦合点，可持续城市水系统应当通过对系统结构与布局的调整，最小化城市对自然水体的水量和水质冲击，协调城市发展与城市水资源和水环境之间的关系，实现城市自然水循环与社会水循环适当解耦，重建城市地区二元水循环的平衡关系。

(3) 经济、技术及行为解锁原则

城市水系统具有运行的长期性、投资的高沉淀性及技术和行为的锁定性，因此在可持续城市水系统规划、设计和运行管理的过程中，应当关注用水技术进步、用水行为变化、社会结构变化及城市空间扩展等长期性问题与社会性问题，使得系统能够在寿命期内维持本身的功能，尽可能与经济、技术及行为相解锁，使其对城市具有持久的支持能力，适应城市长期发展所面临的不确定性影响。

(4) 水-碳-营养物质协同利用原则

城市是水（water）、碳（carbon）和营养物质（nutrients）在空间上高度富集和转化

的节点，但是随着人口的增加、城市化进程的加快、工业化的推进及全球气候的变化，城市正面临着日益严峻的水、碳和营养物质失衡的危机。为了缓解上述危机，近年来人们越来越关注城市系统中水、碳和营养物质的循环利用，并将其视为缓解资源危机和保证资源可持续利用的重要途径。对于处在水、碳和营养物质流动耦合节点的可持续城市水系统来说，在其规划、设计及运行的过程中，应当选择和设计合理的系统结构和调控方式，改变水、碳和营养物质在城市中流动的规模、强度、时间特征和空间特征，实现三者的综合利用，提高城市内资源的利用效率。

（5）综合效益最优原则

可持续城市水系统的综合性要求系统的规划、设计及运行不能只以系统的经济可支付性为唯一目标，还应当考虑系统的环境保护能力、资源回收效益、技术可行性及公众可接受程度等。只有在城市水系统规划、设计及运行的过程中把系统的多项性能作为目标，才能保证系统的可持续性。因此，可持续城市水系统的规划、设计和运行是一个在多个冲突或者互补的目标之间进行持续协调的多准则决策的过程，在这一过程中，应当协调好经济、环境、资源、技术、社会等多项系统目标之间的关系，选择综合效益好的解决方案。

2.4.4 基于二元循环的城市水系统数值模拟体系

针对现有城市二元水循环存在的问题，为了定量描述城市节点上自然和社会水循环之间的相互影响和相互作用机制，并探讨进行合理高效调控的原则与方法，在可持续城市水系统理论的指导下，本研究构建了一套城市二元水循环系统的数值模拟体系。该模拟体系是支撑可持续城市水系统规划设计运行的核心工具。该体系的开发遵循了全过程、多尺度、多维度的原则，可以定量刻画城市系统内部各单元及其与所处流域之间的关系，从考察技术进步和社会行为变化对城市水系统的长期影响入手，可用于识别和模拟系统发展演变过程中的重要规律，并辅助决策者从城市水系统结构、组成、功能的变革中寻找相应对策。

本研究所建立的模拟体系的总体框架如图2-8所示。具体而言，模拟体系的主体由以下几个重要模型工具组成：针对城市用水子系统，为了识别城市不同用户用水需求变化及其时空分布特征，构建了基于ABSS的城市生活用水需求预测与管理模型、重点工业行业用水需求预测与管理模型；针对城市给水子系统，为了系统评估城市饮用水水质安全风险，开发了给水系统集成模型；针对城市排水子系统，为了分析和综合调控城市自然水循环对水系统的影响，开发了基于GIS的城市排水系统模拟模型；针对城市污水与再生水子系统，为了全面分析和调节系统结构和布局对城市可持续性的影响，开发了城市污水系统可持续性评估模型和城市污水系统布局规划决策支持模型；针对城市与所处流域之间的关系，为了考察城市发展及城市社会水循环系统结构组成变化对所处流域的水文水质影响，完善了基于事件驱动的流域分布式非点源模型。后续章节将对所开发和完善的模型工具加以简单介绍。

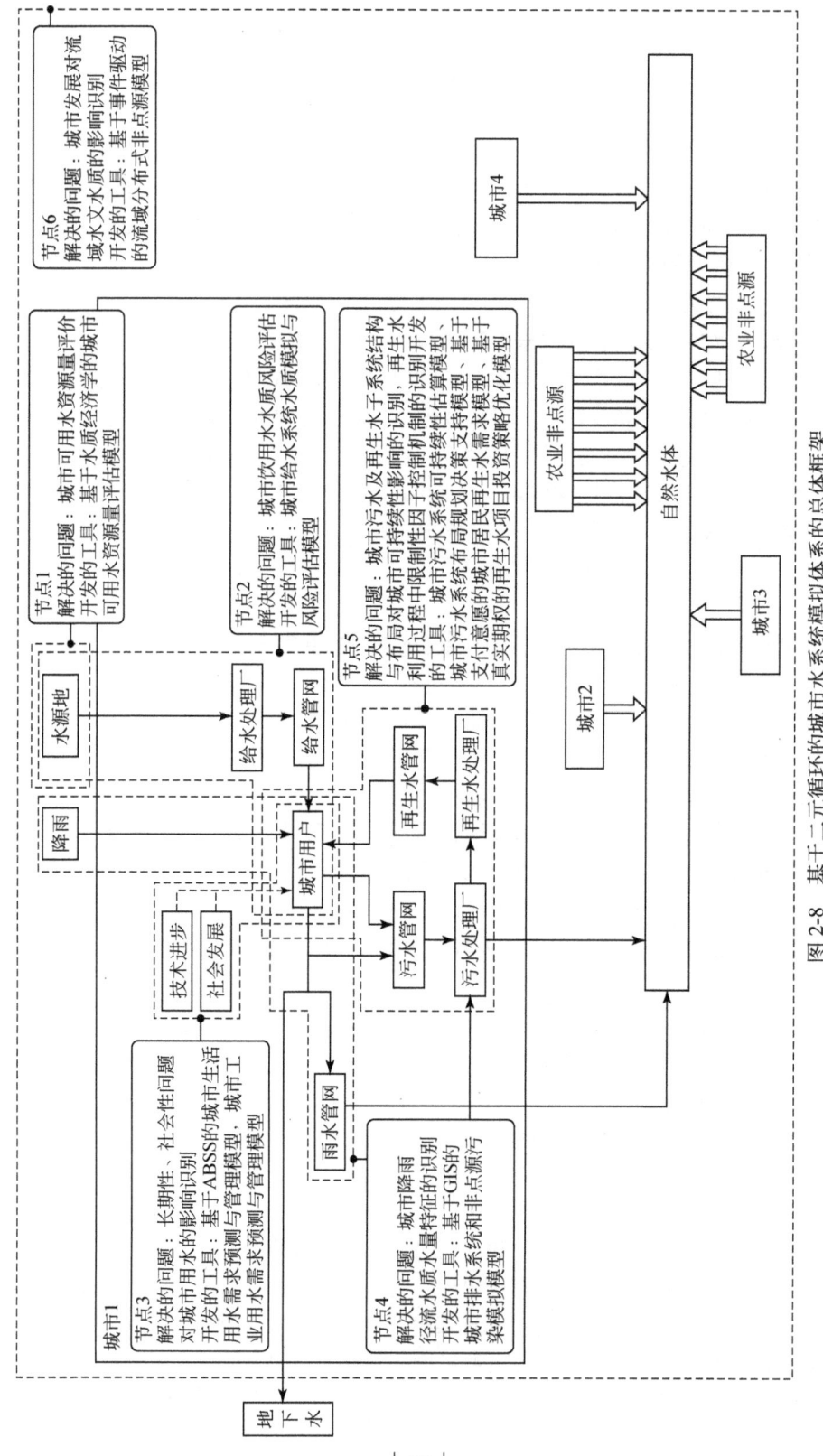

图 2-8 基于二元循环的城市水系统模拟体系的总体框架

在模型工具开发过程中，本研究开展了生活用水微观规律和用水器具的市场状况调研、工业行业高效用水技术调研、流域主要饮用水水源水质调查、代表性的城市给水厂水质风险实地测试、典型下垫面降雨径流和管道监测、典型城市污水水质调查、污水处理技术处理效率等一系列现场实验和现场数据调研工作，为相关模型的构建提供了基础规律和参数支持。

第 3 章　多尺度城市二元水循环系统数值模拟体系的构建

3.1　基于水质的城市可用水资源量核算模型

3.1.1　建模方法

如 2.2 节所述，传统的城市水资源量计算只考虑降水形成的地表和地下产水总量，即自然水循环中的水资源量，而没有考虑社会水循环中通过人工强化的水量循环和水质再生过程获得的额外的可用水资源量，特别是再生水和雨水等新型水源。同时，从城市用水需求的角度来看，城市的居民家庭生活用水、工业用水、市政用水、生态景观用水等对水量和水质要求不完全相同，可以采用不同来源、不同水质的水资源与之相匹配，避免"高质低用"引起的资源浪费。本研究提出的基于水质的城市可用水资源量评价框架充分考虑城市区域的多种可利用水资源，并根据城市不同部门的水量和水质需求合理配置各种水资源，提高水资源利用效率，促进经济、社会、环境的可持续、全面协调发展。

本节提出的基于水质的城市可用水资源量核算模型旨在从城市水系统全局出发，综合分析城市自然水循环和社会水循环中各个供给或排放单元的水量和水质特征，通过优化水资源在不同城市用户间的配置，使城市可用水资源量最大化。同时，通过调整模型参数和约束条件，该核算模型能够模拟不同情景下城市内部水资源最优化配置及其相应的最大可用水资源量和经济成本。

3.1.2　模型概化

在本研究中，城市水系统按照系统功能可分为水源系统、给水系统、用水系统、排水系统、再生水利用系统和雨水利用系统。如图 3-1 所示，水源系统包括地表水源和地下水源；城市给水系统以水源系统提供的地表水源和地下水源为输入，经水质处理后满足城市用户的用水需求；城市污水系统收集城市用户使用后排放的污废水，按照不同处理要求处理后排放到环境水体或进入城市再生水系统；城市再生水系统以污水处理系统出水作为输入，根据再生水用户的不同水质需求做进一步处理，部分深度处理的再生水用做回灌地下水；城市雨水利用系统收集城市雨水资源，根据雨水用户的不同水质需求对雨水进行处理，部分雨水处理后用做回灌地下水。图 3-1 中涉及的各项变量和参数含义见表 3-1。

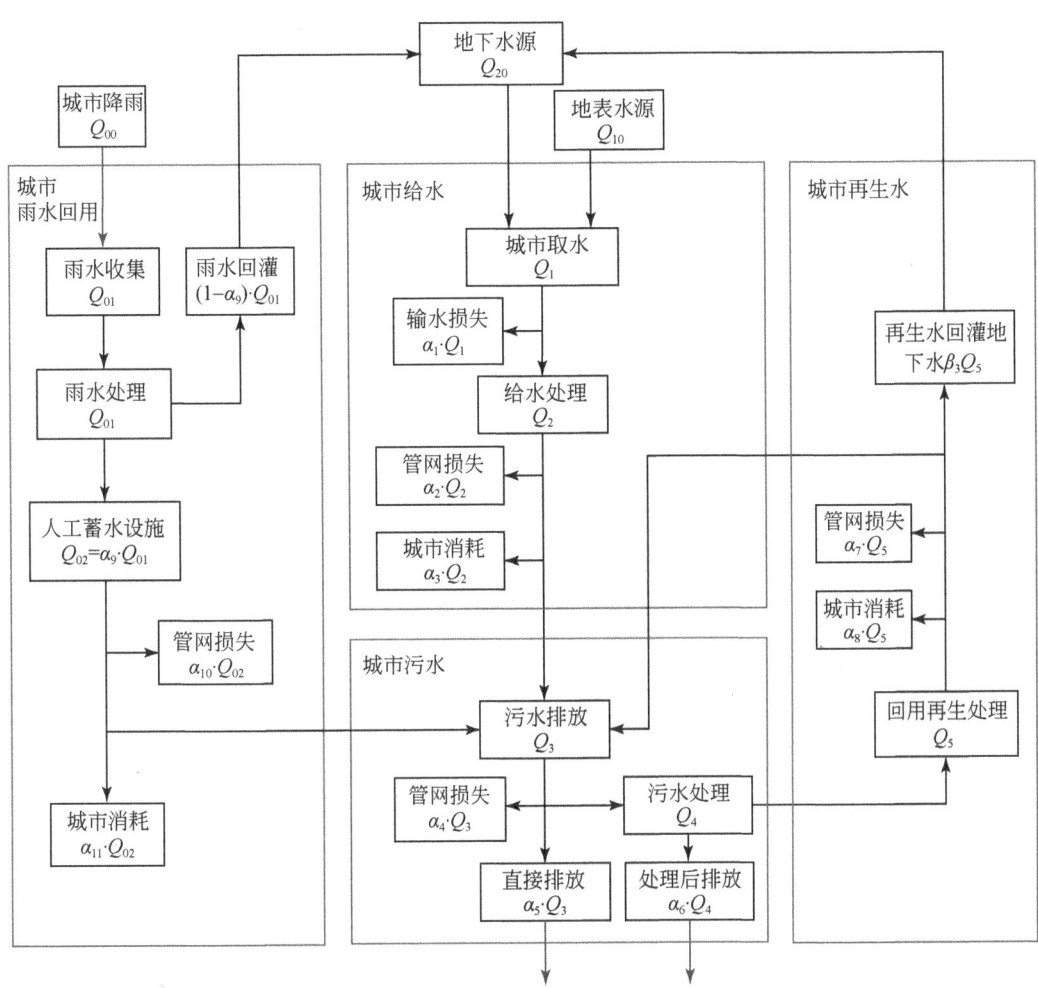

图 3-1　城市水系统子系统划分和水量流动途径

表 3-1　城市水资源量核算模型变量和参数含义

变量/参数	含义	变量/参数	含义
Q_{00}	城市降雨量	α_2	配水管网损失系数
Q_{01}	城市雨水利用量	α_3	城市耗水系数
Q_{02}	城市雨水直接利用量	α_4	污水管网损失系数
Q_{10}	城市地表取水量	α_5	污水直接排放率
Q_{20}	城市地下取水量	α_6	污水处理后排放率
Q_1	城市总取水量	α_7	再生水管网损失系数
Q_2	城市供水量	α_8	再生水利用耗水系数
Q_3	城市污水排放量	α_9	雨水直接利用率
Q_4	城市污水处理量	α_{10}	雨水管网损失系数
Q_5	城市再生水利用量	α_{11}	雨水利用耗水系数
α_1	输水损失系数	β_3	雨水回灌地下水比例

3.1.2.1 目标函数

模型的目标是综合考虑地表和地下水、雨水、再生水等多种水资源的合理配置，获得最大的城市可用水资源量，因此相应目标函数表达如下：

$$\max Q = \alpha_9 Q_{01} + Q_1 + (1-\beta_3)Q_5 = [1+(1-\beta_3)K_1]Q_1 + [1+(1-\beta_3)K_{01}]\alpha_9 Q_{01} \tag{3-1}$$

$$K_1 = \frac{(1-\alpha_1)(1-\alpha_2-\alpha_3)(1-\alpha_4-\alpha_5)(1-\alpha_6)}{1-(1-\alpha_4-\alpha_5)(1-\alpha_6)(1-\alpha_7-\alpha_8)(1-\beta_3)} \tag{3-2}$$

$$K_{01} = \frac{(1-\alpha_{10}-\alpha_{11})(1-\alpha_4-\alpha_5)(1-\alpha_6)}{1-(1-\alpha_4-\alpha_5)(1-\alpha_6)(1-\alpha_7-\alpha_8)(1-\beta_3)} \tag{3-3}$$

式中，Q 为城市可用水资源量；其他参数及其含义见图 3-1 和表 3-1。

3.1.2.2 约束条件

(1) 地表水、地下水和雨水供水量约束

地表水取水量应小于地表水资源量，地下水取水量应小于地下水资源量及通过人工回灌地下水等形式补充的水资源量之和，而雨水利用量应小于可收集的最大雨水量。由此得到相应的水量约束关系如下：

$$Q_{10} \leqslant S_{10} \tag{3-4}$$

$$Q_{20} \leqslant S_{20} + \beta_3(K_1 Q_1 + K_{01}\alpha_9 Q_{01}) + (1-\alpha_9)Q_{01} \tag{3-5}$$

$$Q_{01} \leqslant S_{01} \tag{3-6}$$

$$0 \leqslant \alpha_i \leqslant 1 \tag{3-7}$$

$$0 \leqslant \beta_j \leqslant 1, \quad \sum_{j=1}^{3}\beta_j = 1 \tag{3-8}$$

式中，S_{10} 和 S_{20} 分别为地表和地下水的资源量；S_{01} 为可收集的最大雨水量；β_1 为再生水用于非接触性景观用水、生态绿化用水等用途的比例；β_2 为再生水用于工业用水、接触性景观用水、城市杂用水等用途的比例；其他参数及其含义同上。

(2) 再生水和雨水利用的供需水量约束

本研究假设表 3-2 所示的各类城市用水可用再生水和雨水替代，这些可替代用水类型的需水量及再生水和雨水的供给量的对应关系如表 3-3 所示。根据表 3-3 中的供需对应关系，得到二者的约束关系如式（3-9）~式（3-13）所示。

表 3-2 再生水和雨水可替代的城市用水类型

变量/参数	含义
D_1	非接触性景观用水、生态绿化用水等
D_2	城市工业用水量
D_3	接触性景观用水、城市杂用水等
D_4	回灌地下水用水

表 3-3 再生水和雨水利用的供需水量

替代水源	替代水源供给量	可替代用水类型的需水量
再生水	$\beta_1 Q_5$	D_1
	$\beta_2 Q_5$	D_2,D_3
	$\beta_3 Q_5$	D_4
雨水	$\alpha_9 Q_{01}$	D_1,D_3
	$(1-\alpha_9) Q_{01}$	D_4

$$\alpha_9 Q_{01} \leq D_1 + D_3 \tag{3-9}$$

$$\beta_1 Q_5 \leq D_1 \tag{3-10}$$

$$\beta_2 Q_5 \leq D_2 + D_3 \tag{3-11}$$

$$D_{41} \leq (1-\alpha_9) Q_{01} + \beta_3 Q_5 \leq D_{42} \tag{3-12}$$

$$\alpha_9 Q_{01} + \beta_1 Q_5 + \beta_2 Q_5 \leq D_1 + D_2 + D_3 \tag{3-13}$$

式中，D_{41} 为为避免超采导致地下水位下降的最小回灌水量；D_{42} 为地下水最大回灌水量；其他参数及其含义同上。

(3) 成本约束

将城市水系统中各个子系统的成本总和作为获得最大可用水资源量的成本，则总成本的构成如表 3-4 所示。结合图 3-1 中各子系统的水量，得到总成本 C 的表达式如式（3-14）所示。当投入受到制约，就构成成本约束，并将其加入到模型中。

表 3-4 获得城市最大可用水资源量的成本

子系统	成本	含义
供水系统	C_{10}	地表取水供水单位成本（包括取水、处理、输配水）
	C_{20}	地下取水供水单位成本（包括取水、处理、输配水）
污水系统	C_{12}	污水二级处理单位成本（包括工程、运行）
	C_{13}	污水管网系统单位成本
雨水系统	C_{01}	回灌地下水的雨水利用单位成本
	C_{02}	直接利用的雨水利用单位成本
再生水系统	C_{2j}	不同等级的再生水处理单位成本，$j=1, 2, 3$
	C_L	再生水输配水单位成本

$$\begin{aligned} C = & \left[C_{01}(1-\alpha_9) + C_{02}\alpha_9 + C_{12}\frac{\alpha_6}{(1-\alpha_6)}K_{01}\alpha_9 + C_{13}\frac{1}{(1-\alpha_6)}K_{01}\alpha_9 + C_L K_{01}\alpha_9 \right] Q_{01} \\ & + C_{10}Q_{10} + C_{20}Q_{20} + \left[C_{12}\frac{\alpha_6}{(1-\alpha_6)} + C_{13}\frac{1}{(1-\alpha_6)} + C_L \right] K_1 Q_1 + \sum_j C_{2j}\beta_j Q_5 \end{aligned} \tag{3-14}$$

3.2 基于 ABSS 的城市生活用水需求预测与管理模型

3.2.1 ABSS 建模方法

随着我国城市化进程的不断推进，城市人口数量日益增加，居民生活观念和方式逐渐转变，城市家庭规模渐趋于小型化。这些趋势逐渐改变着城市生活用水的规律，进而通过改变供水和排水规模对整个城市水系统的综合管理产生影响。本研究采用 ABSS（agent-based social simulation）仿真建模技术作为基本分析工具，集成终端用水分析、费用效益分析、消费者行为模型等城市用水研究方法，构建了城市生活用水需求预测与管理模型，简称 D-WaDEM 模型，预测不同空间尺度的城市在长时间序列下生活需水的变化情况。

ABSS 建模思想是将复杂社会系统的基本构成要素抽象为各种主体（agent），通过赋予外部环境动态变化的特征和主体自主性、交互性、适应性、智能性等属性，自底向上模拟主体的自身行为、主体与外部环境的相互影响及主体之间相互影响带来的社会系统变化（石纯一和张伟，2007；黄鲁成等，2010；方美琪和张树人，2011）。如图 3-2 所示，城市生活用水系统的主要参与者包括城市水务部门、用水器具供应商和居民户三类主体。

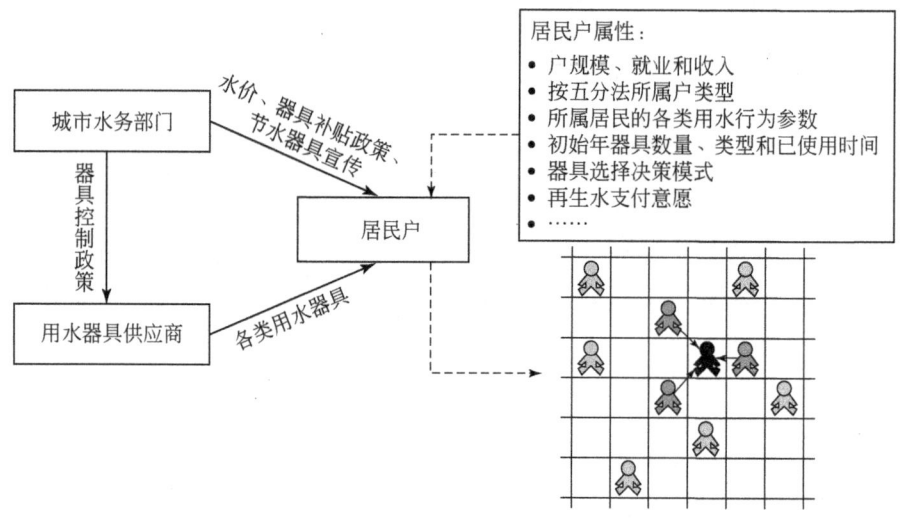

图 3-2 D-WaDEM 模型各类主体之间的关系

居民户主体是用水过程的实现者，由众多分散、独立决策的城市居民家庭构成，是模型的核心主体。居民户主体由状态属性和行为特征两部分构成。在系统中，他们根据自身的状态特征（如收入、器具用水效率、器具使用年限和对再生水的偏好等），实施相应的用水器具购买、加速更换和再生水利用等决策行为。各类决策的产生不仅取决于主体自身的属性，还将受到其他主体的影响。

城市水务部门和用水设备供应商以主体的形式构成住户所处的经济和技术环境。其中，城市水务部门主体通过制定水价政策对居民户的水费支出产生直接的影响，还可通过免费发放节水器具来改善居民户的用水器具，也可以通过提供节水器具补贴来调节用水设备供应商提供的投资成本信息，引导居民户的用水器具购买决策。用水器具供应商主体通过考察用水器具投资成本和用水效率等变动情况，做出下列行为：向居民户提供各种类型用水器具的市场可得性、初始投资成本、使用寿命及用水效率等技术、经济参数，为居民户的用水器具购买和加速更换决策提供充分的相关信息；根据居民户的决策结果提供相应的用水器具和污水再生利用设施；统计居民户各种类型用水器具的拥有率状况，传递给城市水务部门主体。

3.2.2 模型结构与功能

模型核心功能体现在居民用水终端子模型与居民用水器具替换和购买子模型中。

（1）居民用水终端子模型

从微观尺度上看，城市生活用水可以划分为冲厕、洗澡、洗衣、做饭、洗碗、饮用、清洁（洗手洗漱等）、室内卫生等八类基本用水行为和制冷、绿化、洗车、宠物护理等其他用水行为。通过考察这些用水类型与居民日常行为的密切关系，城市用水的决定性因素可抽象为用水行为的发生次数、单次行为的用水量、对应器具的用水效率（图3-3）。由

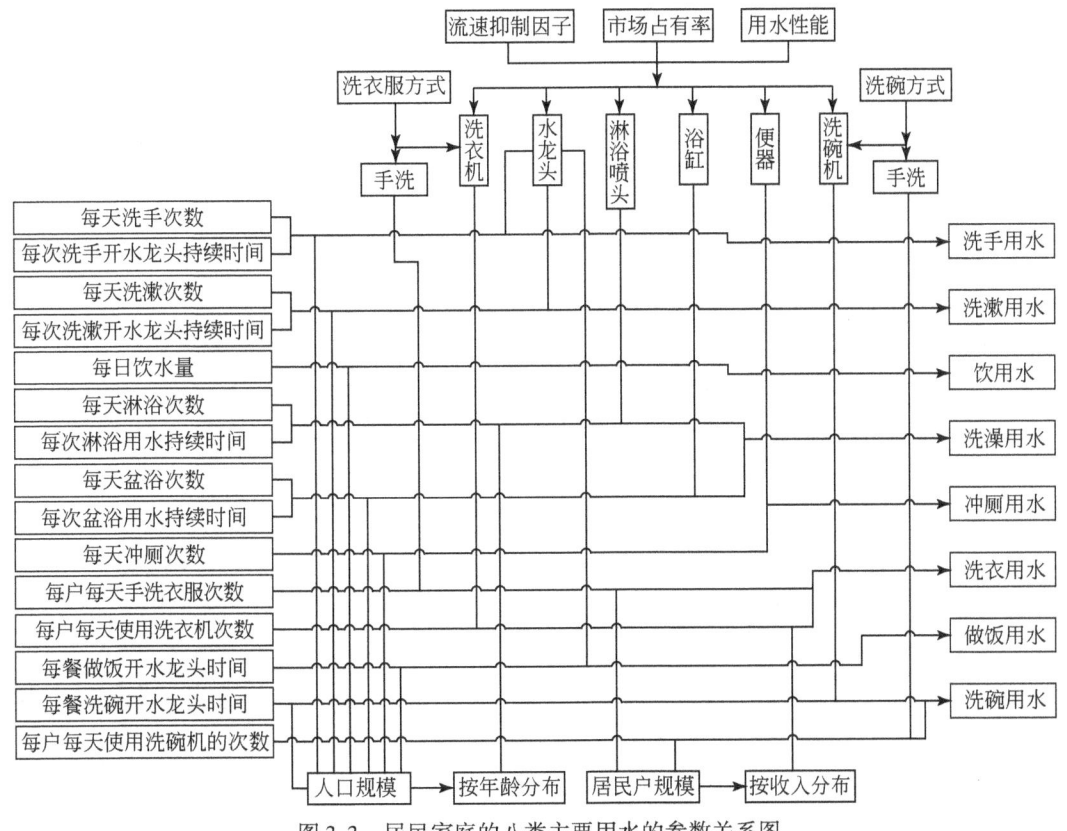

图 3-3 居民家庭的八类主要用水的参数关系图

于城市社会经济特征的复杂性，不同年龄段或收入水平的居民、不同规模的家庭呈现出不同的用水行为规律。因此，用水行为的发生次数和单次行为的用水量将形成一定的分布规律，并随居民和家庭结构的改变发生变化。此外，同一种器具在用水效率上具有多种发展形态，这些形态在市场中的占有率也对器具的整体用水效率表现产生直接影响。

根据基础调研的结果，D-WaDEM模型设定了居民户主体的状态属性和行为特征、用水器具的初始市场占有率的动态分布。城市水务部门和用水设备供应商主体通过制定或执行政策、经济和市场措施，对居民用水行为特征和器具替换与购买决策产生直接影响。居民用水终端子模型通过描述技术、经济和社会因素对城市生活用水终端因素的影响，研究城市生活用水未来长时间尺度的动态变化。

（2）居民用水器具替换和购买子模型

在不同用水器具的选择和市场占有率模拟的基础上，D-WaDEM模型利用主体的自主性和交互性，集成消费者行为理论，基于器具的成本、用水效率和水价影响，模拟不同类型消费者的决策行为，实现器具市场占有率的动态转化。如图3-4所示，D-WaDEM模型将基础调研获得的不同用水效率的水龙头、浴缸、淋浴喷头、便器、洗衣机和洗碗机等用水器具的初始市场占有率作为输入参数，通过逐年判断每个居民户（消费者）替换和购买用水器具行为发生的可能性，并运用习惯型、价格型、从众型、随意型和理智型等消费类型刻画决策行为，分析不同用水效率的器具市场占有率的动态变化。其中，理智型消费者

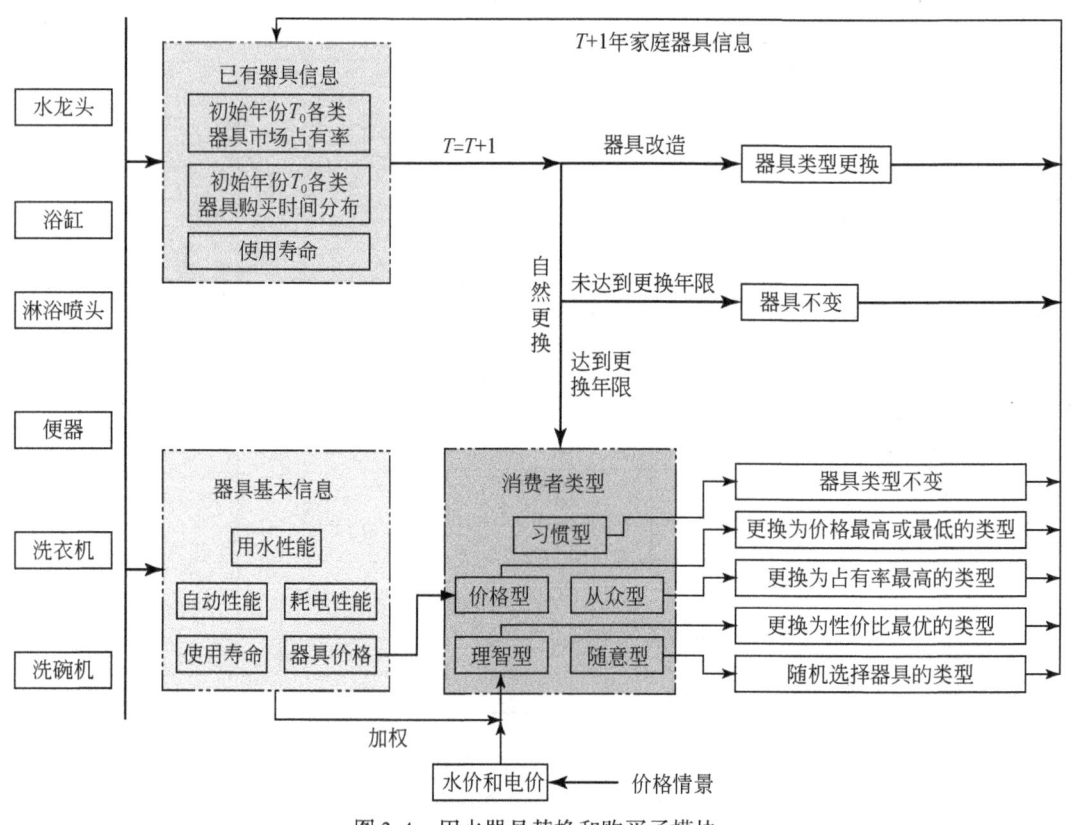

图3-4 用水器具替换和购买子模块

将运用全生命周期的费用效益分析对比不同效率的用水器具并作出决策,水价政策的调整可能使决策发生改变。从众型消费者的器具选择则直接受该主体周边关系相对密切的其他主体的决策影响。

3.2.3 模型核心机理与子模块

3.2.3.1 不同行为用水量计算

在 D-WaDEM 模型中,城市居民生活用水量等于所有居民户用水量的总和,每个居民户的用水量等于其全部终端用水之和,如式(3-15)所示。再生水主要用于冲厕方面,如式(3-16)所示。冲厕用水量占城市总用水量的比例如式(3-17)所示。随着城市人口的不断增加,每年居民户数量按照一定的增长率增加,如式(3-18)所示。

$$\mathrm{Vd}_t = \sum_{i=1}^{POP_t} \mathrm{Vd}_{i,t} = \sum_{i=1}^{POP_t} \sum_{e=1}^{8} \mathrm{Vd}_{i,e,t} = \sum_{i=1}^{POP_t} \sum_x \mathrm{Vd}_{i,x,n,t} \tag{3-15}$$

$$\mathrm{Ru}_t = \sum_{i=1}^{POP_t} \mathrm{Ru}_{i,t} = \sum_{i=1}^{POP_t} \sum_{e=5} \mathrm{Ru}_{i,e,t} \tag{3-16}$$

$$\mathrm{RD}_t = \frac{\sum_{i=1}^{POP_t}(\mathrm{Ru}_{i,t} + \mathrm{Vd}_{i,5,t})}{\mathrm{Vd}_t + \mathrm{Ru}_t} \tag{3-17}$$

$$POP_t = POP_{t-1}(1+POR_t) \tag{3-18}$$

式中,POP_t 和 POP_{t-1} 分别为第 t 年和第 $t-1$ 年的城市居民户总数(亿户/a);Vd_t 为第 t 年城市居民家庭新鲜水用量(亿 m^3/a);Ru_t 为第 t 年城市居民家庭再生水用量(亿 m^3/a);RD_t 为第 t 年城市居民家庭冲厕用水占总用水量的比例系数;$\mathrm{Vd}_{i,e,t}$ 为 i 住户在第 t 年 e 终端的新鲜水用量 $[m^3/(户·a)]$;$\mathrm{Ru}_{i,e,t}$ 为 i 住户在第 t 年 e 终端的再生水用量 $[m^3/(户·a)]$,$\mathrm{Ru}_{i,e,t}(e=1\sim4,6\sim8)=0$;$\mathrm{Ru}_{i,t}$ 为 i 住户第 t 年的再生水用量 $[m^3/(户·a)]$;$\mathrm{Vd}_{i,t}$ 为 i 住户第 t 年的新鲜水用量 $[m^3/(户·a)]$;POR_t 为第 t 年总住户数的增长率;$\mathrm{Vd}_{i,x,n,t}$ 为 i 住户第 t 年 x 用水器具 n 类型的用水量 $[m^3/(户·a)]$;x 为水龙头、便器、洗衣机、淋浴器、浴缸等。

每个住户的 8 项终端用水量的计算方法如式(3-19)~式(3-27)所示。

(1) 做饭用水

$$\mathrm{Vd}_{i,1,t} = 365 \mathrm{KE}_{i,1,t} \mathrm{JA}_i \mathrm{Fr}_{i,\mathrm{fau},t} Y_f \tag{3-19}$$

式中,$\mathrm{Vd}_{i,1,t}$ 为 i 住户第 t 年的做饭用水量 $[m^3/(户·a)]$;$\mathrm{KE}_{i,1,t}$ 为 i 住户第 t 年做饭行为的状态变量,0-1 变量,有为 1,无为 0;JA_i 为 i 住户每天做饭时水龙头使用时间 $[\min/(户·d)]$;$\mathrm{Fr}_{i,\mathrm{fau},t}$ 为 i 住户使用的水龙头最大流速($m^3/\min$);Y_f 为水龙头使用过程中的流速抑制因子,表征水龙头的开启程度。

(2) 洗碗用水

$$\mathrm{Vd}_{i,2,t} = 365 \mathrm{KE}_{i,2,t} \mathrm{JB}_i \mathrm{Fr}_{i,\mathrm{fau},t} Y_f \tag{3-20}$$

式中，$Vd_{i,2,t}$ 为 i 住户第 t 年的洗碗用水量 [m³/(户·a)]；$KE_{i,2,t}$ 为 i 住户第 t 年洗碗行为的状态变量，0-1 变量，有为 1，无为 0；JB_i 为 i 住户每天洗碗时水龙头使用时间 [min/(户·d)]。

(3) 饮用水

$$Vd_{i,3,t} = 365KE_{i,3,t}JC_iNP_i \tag{3-21}$$

式中，$Vd_{i,3,t}$ 为 i 住户第 t 年的饮用水量 [m³/(户·a)]；$KE_{i,3,t}$ 为 i 住户第 t 年饮用水行为的状态变量，0-1 变量，有为 1，无为 0；JC_i 为 i 住户人均日饮用水量 [m³/(人·d)]；NP_i 为 i 住户第 t 年的家庭人数（人/户）。

(4) 清洁用水

$$Vd_{i,4,t} = 365KE_{i,4,t}NP_iFr_{i,fau,t}Y_f(JDA_i + JDB_iJDC_i) \tag{3-22}$$

其中，$Vd_{i,4,t}$ 为 i 住户第 t 年的清洁用水量 [m³/(户·a)]；$KE_{i,4,t}$ 为 i 住户第 t 年的清洁用水行为状态变量，0-1 变量，有为 1，无为 0；JDA_i 为 i 住户每天洗漱时水龙头使用时间 [min/(人·d)]；JDB_i 为 i 住户单次洗手的水龙头使用时间（min/次）；JDC_i 为 i 住户的日洗手次数 [次/(人·d)]。

(5) 冲厕用水

$$Vd_{i,5,t} = 365KE_{i,5,t}KT_dFr_{i,tl,t}JE_iNP_i(1 - KR_i) \tag{3-23}$$

$$Ru_{i,t} = Ru_{i,5,t} = 365KE_{i,5,t}Fr_{i,tl,t}KT_dJE_iNP_iKR_i \tag{3-24}$$

式中，$Vd_{i,5,t}$ 为 i 住户第 t 年的冲厕水量 [m³/(户·a)]；$KE_{i,5,t}$ 为 i 住户第 t 年冲厕行为的状态变量，0-1 变量，有为 1，无为 0；JE_i 为 i 住户第 t 年每日冲厕的次数 [次/(人·d)]；$Fr_{i,tl,t}$ 为 i 住户第 t 年便器的标识单次冲水量（m³/次）；KR_i 为 i 住户是采用再生水的状态变量，0-1 变量，是为 1，否为 0；KT_d 为冲厕水量调整系数，表征单次冲厕实际用水量与标识冲水量之间的差异。

(6) 洗澡用水

$$Vd_{i,6,t} = 365KE_{i,6,t}[KE_{i,sw,t}(1 - Eb_i)JFA_iJFB_{i,t}Fr_{i,sw,t}Y_s + Eb_iKE_{i,bath,t}JFC_iJFD_i] \tag{3-25}$$

式中，$Vd_{i,6,t}$ 为 i 住户第 t 年的洗澡用水量 [m³/(户·a)]；$KE_{i,6,t}$ 为 i 住户第 t 年洗澡行为的状态变量，0-1 变量，有为 1，无为 0；$KE_{i,sw,t}$ 为 i 住户第 t 年淋浴行为的状态变量，0-1 变量，有为 1，无为 0；$KE_{i,bath,t}$ 为 i 住户第 t 年盆浴行为的状态变量，0-1 变量，有为 1，无为 0；JFA_i 为 i 住户单次淋浴的水流时间（min/次）；$JFB_{i,t}$ 为 i 住户第 t 年平均每天的淋浴次数 [次/(户·d)]；$Fr_{i,sw,t}$ 为 i 住户第 t 年淋浴喷头的最大流速（m³/min）；JFC_i 为 i 住户平均每天盆浴次数 [次/(户·日)]；JFD_i 为 i 住户单次盆浴用水量（m³/次）；Y_s 为淋浴过程中的水流抑制因子，表征淋浴阀门的开启程度；Eb_i 为 i 住户浴盆使用率，当 $KE_{i,bath,t}=0$ 时为 0。

(7) 洗衣用水

$$Vd_{i,7,t} = 365KE_{i,7,t}JGA_{i,t}[KE_{i,cw,t}Ec_iFr_{i,cw,t} + (1 - KE_{i,cw,t}Ec_i)JGB_iY_fFr_{i,fau,t}] \tag{3-26}$$

式中，$Vd_{i,7,t}$ 为 i 住户第 t 年的洗衣用水量 [m³/(户·a)]；$KE_{i,7,t}$ 为 i 住户第 t 年洗衣行为的状态变量，0-1 变量，有为 1，无为 0；$KE_{i,cw,t}$ 为 i 住户第 t 年利用洗衣机的状态变量，0-1 变量，有为 1，无为 0；JGA_i 为 i 住户第 t 年洗衣的次数 [次/(户·d)]；JGB_i 为 i 住户的手洗时水龙头开放的时间（min/次）；$Fr_{i,cw,t}$ 为 i 住户第 t 年的洗衣机用水效率（m³/次）；Ec_i 为 i 住户洗衣机使用率系数。

（8）其他用水

$$Vd_{i,8,t} = 365KE_{i,8,t}JH_iNP_i + KE_{i,9,t}JIA_iJIB_i \tag{3-27}$$

式中，$Vd_{i,8,t}$ 是 i 住户第 t 年浇花和养鱼的用水总量 [m³/(户·a)]；$KE_{i,8,t}$ 和 $KE_{i,9,t}$ 分别为 i 住户第 t 年浇花和养鱼行为的状态变量，0-1 变量，有为 1，无为 0；JH_i 为 i 住户的人均日浇花用水量 [m³/(人·d)]；JIA_i 为 i 住户养鱼每次的换水量 [m³/(户·次)]；JIB_i 为 i 住户的养鱼每年换水的次数（次/a）。

3.2.3.2 用水效率

在 D-WaDEM 模型中，居民家庭用水的效率主要取决于其用水器具类型的选择，如式（3-28）所示。根据式（3-19）~式（3-27），可以得到 x 用水器具 n 类型的用水量和再生水量，如式（3-29）~式（3-34）所示。

$$Fr_{i,x,t} = \text{Eff}(T_{i,x,t}) \tag{3-28}$$

$$Vd_{i,\text{fau},n,t} = \sum_{e=1-4,8} Vd_{i,e,t} + 365KE_{i,7,t}JGA_i(1 - KE_{i,cw,t}Ec_i)JGB_iJGC_iY_fFr_{i,\text{fau},t} \tag{3-29}$$

$$Vd_{i,\text{tl},n,t} = Vd_{i,5,t} + Ru_{i,5,t} \tag{3-30}$$

$$Vd_{i,\text{cw},n,t} = 365KE_{i,7,t}JGA_iKE_{i,\text{cw},t}Ec_iFr_{i,\text{cw},t} \tag{3-31}$$

$$Vd_{i,\text{sw},n,t} = 365KE_{i,6,t}KE_{i,\text{sw},t}JFA_iJFB_iFr_{i,\text{sw},t}Y_s(1 - Eb_i) \tag{3-32}$$

$$Vd_{i,\text{bath},n,t} = 365KE_{i,6,t}KE_{i,\text{bath},t}JFC_iJFD_iEb_i \tag{3-33}$$

$$Ru_{i,x,n,t} = \begin{bmatrix} Ru_{i,5,t}(x = \text{tl}) \\ 0(x = \text{cw, sw, tl, bath}) \end{bmatrix} \tag{3-34}$$

式中，$T_{i,x,t}$ 为 i 住户第 t 年 x 用水器具的类型，1~3（水龙头和淋浴器种类均为 3），1~4（洗衣机和便器种类均为 4），下同；$\text{Eff}(T_{i,x,t})$ 为 i 住户 x 用水器具类型 $T_{i,x,t}$ 所对应的效率函数；$Vd_{i,\text{fau},n,t}$、$Vd_{i,\text{sw},n,t}$、$Vd_{i,\text{bath},n,t}$、$Vd_{i,\text{tl},n,t}$ 和 $Vd_{i,\text{cw},n,t}$ 分别为 i 住户第 t 年 n 类型的水龙头、淋浴器、浴盆、便器和洗衣机的总用水量 [m³/(户·a)]；$Ru_{i,x,n,t}$ 为 i 住户第 t 年 x 用水器具 n 类型的再生水量 [m³/(户·a)]。

用水器具类型的选择受到居民新购用水器具决策、用水器具加速更换决策、污水再生利用决策过程及政策变量的影响，如式（3-35）所示。

$$T_{i,x,t} = \text{Decision}(DH_{i,x,t}, DR_{i,x,t}, DT_{i,x,t}, DM_{i,x,t}, \text{Pol}_{i,x,t}) \tag{3-35}$$

式中，Decision 为决策过程函数，具体形式见下节；$DT_{i,x,t}$、$DH_{i,x,t}$、$DR_{i,x,t}$ 和 $DM_{i,x,t}$ 分别为采用随机决策、习惯决策、理性决策和提前更换决策的 i 住户第 t 年所选择的 x 用水器具的类型；$\text{Pol}_{i,x,t}$ 为政府节水器具发放政策对 i 住户第 t 年 x 用水器具类型选择的影响。

3.2.3.3 用水器具的购买

通常而言,居民户在三种情况下需要购买新的用水器具:①新增住户($Hty_i = 0$)需要购买用水器具以满足其用水需求;②现有住户的用水器具(设定类型为 δ)已达到使用年限($Ylf_{i,x,\delta,t} \geq Lf_{x,\delta}$),需购买器具予以更换;③特定终端用水及其器具市场渗透率增加,现有住户中尚未拥有该终端用水器具的用户新添用水器具($Hty_i = 1$,$MI_{i,x} = 1$)。D-WaDEM 模型分别考虑便器、水龙头、淋浴器和洗衣机四类器具的类型决策,即消费者是购买该类器具中的节水类型还是非节水类型。由于节水浴缸讨论较少,本研究不考虑消费者购买浴缸的决策过程,即设定居民户浴缸用水量服从特定分布且不随时间变化。

根据消费者行为理论,D-WaDEM 模型中考察了城市居民在新器具购买中的两大类决策规则,即非理性决策和理性决策两大类,前者又具体分为随机决策和习惯决策两种决策类型。

(1) 非理性决策

非理性决策是指消费者根据自身的经验、记忆和判断过程进行决策,如社会模仿决策、社会比较决策、习惯性决策和随机决策等。本研究主要模拟了住户购买用水器具时的随机决策和习惯决策规则。

随机决策是指单个新增用户或者已有用户在初始年购买用水器具时,随机选择市场可得($Av_{x,n,t} = 1$)的用水器具类型,但所有用户购买决策产生的器具购买总量结构要符合系统设定的不同类型用水器具的初始比例。已有用户在非初始年进行器具更换时,在所有市场可得用水器具产品(即 $\forall n \ni Av_{x,n,t} = 1$)中随机购买,不考虑用水器具投资和运行等相关的成本,见式(3-36)、式(3-37)。

$$DT_{i,x,t} = \text{rand}(n)(\forall n \ni Av_{x,n,t} = 1)(Dty_i = 1) \quad (3\text{-}36)$$

$$\text{rand}(n) = \begin{bmatrix} 1\left(0 < \text{rand}_{i,x,t} \leq \dfrac{1}{n}\right) \\ 2\left(\dfrac{1}{n} < \text{rand}_{i,x,t} \leq \dfrac{2}{n}\right) \\ \cdots \\ n\left(\dfrac{n-1}{n} < \text{rand}_{i,x,t} \leq 1\right) \end{bmatrix} \quad (3\text{-}37)$$

式中,$DT_{i,x,t}$ 为采用随机决策的 i 住户第 t 年所选择 x 用水器具的类型;$Av_{x,n,t}$ 为 x 用水器具 n 类型第 t 年的可得性,0-1 变量,可得为 1,反之为 0;Dty_i 为 i 住户的决策类型,1 为随机决策,2 为习惯决策,3 为理性决策;$\text{rand}_{i,x,t}$ 为 $[0,1]$ 之间均匀分布的随机数。

与随机决策类似,习惯决策是指新增用户或者已有用户在初始年购买用水器具时,按照系统设定的不同类型用水器具的初始比例随机选择产品类型。已有用户在非初始年进行器具更换时,如果前一年所选器具在市场上可得,则采用原先采用的器具类型,否则在市场上可得产品中随机选取,见式(3-38)。

$$DH_{i,x,t} = \begin{bmatrix} \delta(Av_{x,n,t} = 1 \text{ 且 } DH_{i,x,t-1} = \delta) \\ \text{rand}(n)(\forall n \ni Av_{x,n,t} = 1) \end{bmatrix}(Dty_i = 2) \quad (3\text{-}38)$$

式中，$DH_{i,x,t-1}$ 和 $DH_{i,x,t}$ 分别为习惯决策的 i 住户在 t 或 $t-1$ 年选择的 x 用水器具的类型；δ 为住户 i 第 $t-1$ 年 x 用水器具的类型。

（2）理性决策

理性决策者将器具购买看做一种投资行为，经济因素是消费者进行器具购买选择的主要依据。传统技术扩散理论认为，用户技术的采纳主要根据经济因素判断，即基于采纳技术的成本和收益之比与个体的资金贴现率之比。由于居民满足其用水需求的收益难以定量化衡量，通常采用成本法和增量回收期法。根据消费者对投资的时间偏好程度，成本法也可分为总成本最小决策、投资成本最小决策或其他投资与运行成本组合决策方式。

D-WaDEM 模型中的理性决策主要采用总成本最小的决策规则，如式（3-39）所示。总成本等于用水器具投资成本折旧与运行维护费用之和，如式（3-40）所示。为考虑时间价值，用水器具的投资成本折旧通常按照初始投资成本在其生命周期内等额现值折算，并可能受到政府的节水器具投资补贴政策的影响，见式（3-40）、式（3-41）。运行成本主要取决于住户的新鲜水量、再生水利用量，并受到自来水价格、污水处理、再生价和能源价格的影响，如式（3-42）所示。较高的利率和较短的器具使用寿命通常将导致用水器具的总成本增加。

$$DR_{i,x,t} = n^*(TC_{i,x,n^*,t} = \underset{n}{\mathrm{Min}}(TC_{i,x,n,t}(\forall n \ni Av_{x,n,t} = 1)))(Dty_i = 3) \quad (3\text{-}39)$$

$$TC_{i,x,n,t} = Dr_{x,n}(Inv_{x,n} - REbate_{x,n,t}) + Ope_{i,x,n,t} \quad (3\text{-}40)$$

$$Dr_{x,n} = \frac{R(1+R)^{Lf_{x,n}}}{(1+R)^{Lf_{x,n}} - 1} \quad (3\text{-}41)$$

$$Ope_{i,x,n,t} = (Vd_{i,x,n,t} - KR_i Ru_{i,x,n,t})(Pa_t + Pw_t + EY_e) + Ru_{i,x,n,t} Pr_t \quad (3\text{-}42)$$

式中，$TC_{i,x,n^*,t}$ 为 i 住户第 t 年 x 用水器具最优类型 n^* 的总成本（元/a）；$TC_{i,x,n,t}$ 和 $Ope_{i,x,n,t}$ 分别为 i 住户第 t 年 x 用水器具类型 n 的总成本和运行成本（元/a）；$Dr_{x,n}$ 为 x 用水器具 n 类型投资成本折旧系数（1/a）；EY_e 为 e 用水器具（e 等于 c 为洗衣机，s 为淋浴器）单位节水的节能收益（元/m³）。Pa_t、Pw_t 和 Pr_t 分别为第 t 年的自来水价、污水处理费和再生水价（元/m³）；$Lf_{x,n}$ 为 x 用水器具 n 类型器具的使用寿命（a）；$REbate_{x,n,t}$ 为政策规定为 x 用水器具 n 类型第 t 年所提供的补贴（元，本研究中为零）；$Inv_{x,n}$ 为 x 用水器具 n 类型的初始投资（元）；R 为折现率（%）。

在上述理性决策和非理性决策规则中，都隐含了水价的影响作用，主要体现在以下两个方面：一是促进节水技术提前实现市场可得性，即所谓的价格导致的技术变化，通常难以定量化；二是影响用水器具的运行成本。价格变化可以促使更多的节水措施具有成本有效性，使其从技术可行转化为经济可行，定量化相对较为容易。

对于某个特定住户，究竟采用上述哪种决策规则，模型将根据不同决策规则所对应的居民住户数比例来随机抽样得到，如式（3-43）所示。通过设定不同条件下不同决策规则的主体比例来考察系统的行为特征，已在不少 ABSS 模型中得到应用。

$$Dty_i = \begin{bmatrix} 1 & (rand_i \leq RDT) \\ 2 & (RDT < rand_i \leq RDT+RDH) \\ 3 & (RDT+RDH < rand_i \leq 1) \end{bmatrix} \quad (3\text{-}43)$$

式中，RDT 为随机决策住户所占比例系数；RDH 为习惯决策住户所占比例系数；$rand_i$ 为 [0，1] 之间均匀分布的随机数。

3.3 城市工业用水需求预测与管理模型

工业用水占海河流域城市用水总量的60%以上，这一用水规模不仅源于各工业行业的迅速发展，还与相对落后的工业用水技术水平相关。影响工业用水效率的因素多而复杂。基于各主要工业用水部门的微观用水规律和技术发展趋势，本研究针对火力发电、钢铁、造纸、纺织印染、石油化工等主要工业用水部门构建了工业用水预测与管理分析模型，简称 I-WaDEM 模型。该模型模拟了不同技术发展水平下的工业水资源需求，对比各种技术对提高行业用水效率的影响，并应用费用效益分析判断各行业的高效用水技术的发展优先程度。

3.3.1 I-WaDEM 模型结构

如图 3-5 所示，就某一工业行业而言，其用水量主要由三个层次的因素决定。第一个层次是技术层次，因为工业产品的生产用水主要取决于所采用的工艺或技术。第二个层次是管理层次，主要反映不同生产流程用水的串级回用对工业用水的影响。第三个层次是水资源替代层次，重点考虑城市再生水、海水、矿井水等非常规水资源在工业中的应用。I-WaDEM 模型将行业未来的发展规模及对应的产品产量与各项生产技术动态耦合，运用行业各项子技术的用水规律和技术扩散规律生成对应的时间序列参数，结合行业的生产工艺流程，分析技术或工艺改进带来的用水效率提升。基于各工艺流程的进水水质和出水水质，以及实现水资源串级回用或非常规水资源利用的技术可得性，模型进一步研究了各流程之间的水量交换关系和非常规水资源的使用量，从而通过三个层次的分析对全行业未来用水水平作出预测。

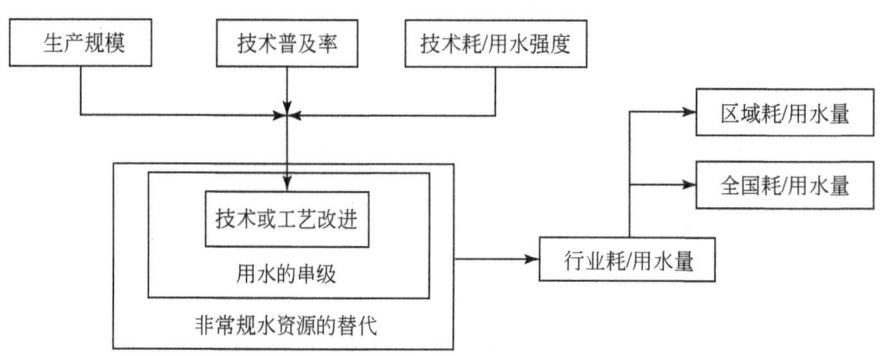

图 3-5 I-WaDEM 模型计算原理示意图

从时间特征看，I-WaDEM 模型可以通过数据的动态变化，解释技术、经济因素对用水结构的宏观影响机理，从而估算出不同年份的工业用水需求，研究技术的用水效率对行业和区域用水效率的影响。从空间特征看，I-WaDEM模型主要用于地区和国家层次，在本研究中可模拟海河流域所辖各省份和主要工业行业的用水量。

除了水量预测，I-WaDEM模型构建了基于用水量和经济约束的技术评估子模块，分析未来各项技术在实现具体节水目标中的发展优先序和推广普及率，其中技术的优先序按净效益的大小来确定。技术评估子模块的运算过程可看做工业节水潜力子模块的"逆算过程"，实际上是一个经济优化模型。它所表达的含义是，在满足特定的产品生产需求和用水量约束条件之下，经济可行的技术应当使得生产过程中各项技术累加的经济收益最大。在进行技术经济分析时，不仅考虑到技术的节水效应，还将技术的成本、收益、节能效应、规模效应及其他效应等一并纳入分析，以期对技术进行较全面的综合评估，从行业技术进步的角度来诠释工业节水潜力。

3.3.2 模型核心计算模块

3.3.2.1 工业用水量计算

产品具有多级结构，行业产品产量为各工序该产品产量之和，见式（3-44）。

$$\mathrm{PO}_{n,l,t} = \sum_i \mathrm{po}_{n,i,l,t} \tag{3-44}$$

式中，$n=1\sim5$ 为部门编号，分别代表5个工业部门，即火电、钢铁、造纸、纺织和石化；i 为部门内的工序编号；l 为各类产品编号；$\mathrm{PO}_{n,l,t}$ 为第 t 年部门 n 对产品 l 的产量；$\mathrm{po}_{n,i,l,t}$ 为部门 n 第 t 年用 i 工艺或设备生产的产品 l 的产量。

产品取水总量如式（3-45）所示。

$$\mathrm{Vi}_{n,l,t} = \sum_i \mathrm{uc}_{n,i,l,t} \times \mathrm{po}_{n,i,l,t} \tag{3-45}$$

式中，$\mathrm{Vi}_{n,l,t}$ 为部门 n 产品 l 第 t 年的新水总取用量（m³/a）；$\mathrm{uc}_{n,i,l,t}$ 为部门 n 第 t 年采用 i 工艺或设备生产的产品 l 的平均单位取水量（m³/单位产品），为不同企业同种类产品的取水平均值。

工序取水量和行业总取水量见式（3-46）、式（3-47）。

$$\mathrm{Vi}_{n,i,t} = \sum_l \mathrm{uc}_{n,i,l,t} \times \mathrm{po}_{n,i,l,t} \tag{3-46}$$

$$\mathrm{Vi}_t = \sum_n \mathrm{Vi}_{n,t} = \sum_n \sum_i \mathrm{Vi}_{n,i,t} = \sum_n \sum_l \mathrm{Vi}_{n,l,t} = \sum_n \sum_l \sum_i \mathrm{uc}_{n,i,l,t} \mathrm{po}_{n,i,l,t} \tag{3-47}$$

式中，Vi_t 为第 t 年工业总取水量（m³/a）；$\mathrm{Vi}_{n,t}$ 为部门 n 第 t 年取水总量（m³/a）；$\mathrm{Vi}_{n,i,t}$ 为部门 n 工序 i 第 t 年的各产品新水总用量（m³/a）。

模型的行业用水结构对区域和具体的企业均适用。针对区域而言，产品产量为该地区的总和，产品单位取水量采用该区域的平均水平计算。

3.3.2.2 节水潜力计算

工业的节水潜力是通过技术进步得以实现的。技术效应是一种综合效应，技术进步会影响到原料结构、规模效应和生产流程等诸多因素,从而提高工业用水效率。本节将讨论如何通过技术参数来计算节水潜力。

对于任一工业用水技术,首先要明确它的技术应用领域和技术属性。技术应用领域是指其所应用的部门、工序及其对应的产品。一项技术可同时对应多个部门和多项产品,与其匹配的相关参数分别为技术、产品参数和技术、部门参数。本研究定义的技术属性包括三类,即工艺优化(opt)、新工艺和工艺替代(new),以及重复利用和回用(re)。不同技术属性的各项技术参数的计算方法有所区别。

技术使用参数包括技术导入年份(FY)、技术寿命期(Lf)、技术普及率(PR)及预期最大普及率(EPR)等。其中,技术普及率是指某行业中,采用这项技术的产品(或设备能力)占总产品产量(或设备能力)的比例,如式(3-48)所示。

$$PR_{n,k,j,l} = 100 \times upo_{n,i,l} / po_{n,i,l} \quad (3-48)$$

式中,k 为技术类别,k = opt、new 或 re;j 为单项技术的编号;$PR_{n,k,j,l}$ 为部门 n 中类别 k 的第 j 项技术对产品 l 的技术普及率(%);$upo_{n,i,l}$ 为部门 n 工序 i 中采用技术 j 的产品 l 的产量(或生产能力);$po_{n,i,l}$ 为部门 n 工序 i 中产品 l 的产量(或生产能力)。

计算某些技术的普及率时,不能简单地按照比例计算,尤其是第三类技术,即重复利用和回用技术。该类技术的技术普及率要按照行业技术平均水平所达到的实际节水能力同理论可达到的节水能力的比例关系来进行换算。例如,高循环倍率技术是按平均浓缩倍率来计算的,需要计算出在基准浓缩倍率下,行业平均循环倍率对应的节水能力与理想循环倍率所对应的节水能力的比率,如式(3-49)所示。

$$PR_l = 100 \times \frac{tw_{use,l} - tw_{min,l}}{tw_{max,l} - tw_{min,l}} \times upo_{n,i,l} / po_{n,i,l} \quad (3-49)$$

式中,PR_l 为高循环倍率技术对产品 l 的技术普及率(%);$tw_{use,l}$ 为实际浓缩倍率对应的单位用水量;$tw_{min,l}$ 为基准浓缩倍率对应的单位用水量;$tw_{max,l}$ 为理想浓缩倍率对应的单位用水量。

与此类似,火电行业的高浓度水力除灰技术采用灰水比来计算技术普及率,钢铁行业的炉渣粒化技术采用渣水比计算技术普及率,印染行业的小浴比染色技术采用浴比计算技术普及率,不再逐一介绍。对于污废水回用技术(包括厂内回用和城市污水回用),考虑到研究更关注的是该技术今后进一步回用的能力,为便于研究,将基准年现有技术普及率设为0。

预期技术最大普及率(EPR)可用于衡量技术在研究期内(本研究的年份上限为2030年)技术节水的潜力,该参数的取值区间为(0,100]。但并非所有的技术的EPR均可达到100%,例如,火电行业不可能达到所有发电机组均采用汽轮机空冷技术。EPR的设定需要综合考虑技术节水水平、技术发展趋势、产品结构和趋势、水资源丰歉及地区差异等因素。同时,各项关键节水技术之间也存在关联,如清洁煤发电的各项技术。

技术水耗量(TWC)和技术节水能力(TWS)是衡量技术用水和节水的重要参数,是技术节水潜力的计算基准。某项技术的技术节水能力总是通过同基准年行业用水的技术平均水平进行比较得到的,因此需将模型选择的关键技术与相对应的传统工艺或现有技术设备进行对比。例如,造纸行业采用传统漂白技术,每吨浆新水消耗量为 80~100t,采用无元素氯漂白,每吨浆可节水近 40t。特别指出的是,对于第三类技术中的污废水回用技术,其节水能力即为排放废水中可回用的水量。

技术的实际节水能力(RTC)将技术普及率纳入考虑,反映了年际变化中的真实节水能力。技术的实际节水潜力(RTP)则反映了技术从现有普及率增加到预期最大普及率时的节水潜力,即进一步节水的能力。二者的计算方法如式(3-50)、式(3-51)所示。

$$\text{RTC}_{n,k,j,l,t} = \text{TWS}_{n,k,j,l,t}(\text{PR}_{n,k,j,l,t} - \text{PR}_{n,k,j,l,t-1}) \quad (3\text{-}50)$$

$$\text{RTP}_{n,k,j,l,t} = \text{TWS}_{n,k,j,l,t}(\text{EPR}_{n,k,j,l,t} - \text{PR}_{n,k,j,l,t}) \quad (3\text{-}51)$$

式中,$\text{RTC}_{n,k,j,l,t}$ 为部门 n 第 k 类第 j 项技术第 t 年对产品 l 的技术实际节水能力(m³/单位产品);$\text{TWS}_{n,k,j,l,t}$ 为部门 n 第 k 类第 j 项技术第 t 年对产品 l 的技术节水能力(m³/单位产品);$\text{RTP}_{n,k,j,l,t}$ 为部门 n 第 k 类第 j 项技术第 t 年对产品 l 的技术实际节水潜力(m³/单位产品);$\text{PR}_{n,k,j,l,t}$ 为第 t 年该技术对产品 l 的技术普及率(%);$\text{PR}_{n,k,j,l,t-1}$ 为第 $t-1$ 年该技术对产品 l 的技术普及率(%);$\text{EPR}_{n,k,j,l,t}$ 为该技术对产品 l 的预期最大普及率(%)。

在 I-WaDEM 模型已定义的产品、工序和技术的匹配中,对同一种产品而言,可能有多种技术对其产生影响,因此需要汇总计算。单位产品实际节水能力(Sp)是对该产品产生影响的各项技术的实际节水能力的总和。其产品和技术间的计算关系如式(3-52)、式(3-53)所示:

$$\text{Sp}_{n,i,l,t} = \sum_{k}\sum_{j} \text{KE}_{n,k,j,l,t} \text{RTC}_{n,k,j,l,t} \quad (3\text{-}52)$$

$$\text{uc}_{n,i,l,t} = \text{uc}_{n,i,l,t-1} - \text{Sp}_{n,i,l,t} \quad (3\text{-}53)$$

式中,j 为对产品 l 产生影响的各项技术编号;$\text{Sp}_{n,i,l,t}$ 为部门 n 工序 i 产品 l 第 t 年的单位产品实际节水能力(m³/单位产品);$\text{KE}_{n,k,j,l,t}$ 为部门 n 生产产品 l 的过程中第 k 类第 j 项技术采用与否的状态变量,为 0-1 变量,即采用该技术时为 1,不采用该技术时为 0;$\text{uc}_{n,i,l,t-1}$ 为部门 n 第 $t-1$ 年采用 i 工艺或设备生产的产品 l 的单位取水量(m³/单位产品)。

衡量技术节水量和节水潜力时,对同一种技术而言,若对应多项产品,应汇总计算。技术实际节水量(St)和技术总节水潜力(Pt)的计算见式(3-54)、式(3-55):

$$\text{St}_{n,k,j,t} = \sum_{l} \text{KE}_{n,k,j,l,t} \text{RTC}_{n,k,j,l,t} \text{po}_{n,i,l,t} \quad (3\text{-}54)$$

$$\text{Pt}_{n,k,j,t} = \sum_{l} \text{RTP}_{n,k,j,l,t} \text{po}_{n,i,l,t} \quad (3\text{-}55)$$

式中,l 为技术 j 对应的各类产品编号;$\text{St}_{n,k,j,t}$ 为部门 n 第 k 类第 j 项技术第 t 年的技术节水量(m³/a);$\text{Pt}_{n,k,j,t}$ 为部门 n 第 k 类第 j 项技术第 t 年的技术总节水潜力(m³/a)。

工业节水潜力(TAP)的计算可采用两种方法,即产品统计法和典型技术法。产品统计法的计算公式如式(3-56)所示。

$$\text{TAP} = \sum_{n}\sum_{i}\sum_{l}(\text{uc}_{n,i,l} - \text{euc}_{n,i,l})\text{po}_{n,i,l} \quad (3\text{-}56)$$

式中,TAP 为第 t 年的工业节水潜力(m³/a);$\text{uc}_{n,i,l}$ 为部门 n 工序 i 产品 l 的单位平均取

水量（m³/单位产品）；euc$_{n, i, l}$为部门 n 工序 i 产品 l 的理想单位取水量（m³/单位产品）。

当所有节水技术的技术普及率均达到预期最大普及率后，产品单位取水量 uc$_{n, i, l, t}$会变为理想的产品单位取水量 euc$_{n, i, l}$。euc$_{n, i, l}$受技术能力，尤其是技术用水效率的影响，随技术进步而逐渐变小，可计算得出，但前提是需要知道所有相关技术及其对用水效率的影响。由于全部的数据不可得，因此本研究采用典型技术法来计算节水潜力，并假设所罗列技术已基本涵盖对工业用水效率产生影响的所有方面。其计算公式如式（3-57）所示。

$$TAP = \sum_n Pt_n = \sum_n \sum_j Pt_{n, k, j} = \sum_n \sum_k \sum_l RTP_{n, k, j, l} po_{n, i, l} \qquad (3-57)$$

式中，Pt$_n$为部门 n 行业总技术节水潜力（m³/a）；Pt$_{n, k, j}$为部门 n 第 k 类第 j 项技术总节水潜力（m³/a）；RTP$_{n, k, j, l}$为部门 n 第 k 类第 j 项技术对产品 l 的技术实际节水潜力（m³/单位产品）。

工业总技术节水量（SAV）是指在研究年份通过技术进步可达到的总技术节水量，反映了研究年份和基准年之间的技术水平差异。SAV 和 TAP 的区别在于，SAV 是在未来的预测年份与基准年相比较得出的节水潜力，而 TAP 则是在预测年份基础上进一步节水的潜力，作为技术在未来进一步节水的参考。因此，两者虽都是潜力指标，但相比 TAP 而言，SAV 更为实际。本书侧重分析 SAV，其计算公式如式（3-58）所示。

$$SAV = \sum_n St_n = \sum_n \sum_k \sum_j St_{n, k, j} \qquad (3-58)$$

式中，SAV 为工业总技术节水量（m³/a）；St$_n$为行业 n 的技术节水量（m³/a）；St$_{n, k, j}$为部门 n 第 k 类第 j 项技术的技术节水量（m³/a）。

3.3.2.3 技术经济分析

各部门的用水需求总量主要取决于用水方式、用水技术（设备）、用水效率及节水技术导入程度等因素的变化，而这些因素的变化又受到各种经济、社会、政策因素，特别是价格因素的影响，因此需要在模型中引入技术经济分析。

在 I-WaDEM 模型中，具有经济效益的技术而非所有技术能够被选中以提供生产服务。技术应用与否是通过技术状态变量加以区分的，这需要对技术单位投资费用、单位运行和维护费用、技术收益等参数进行详细分析。

技术使用的成本包括固定成本及运行和维护成本（包括能源、原料、水和劳动力投入等），技术的收益包括节水收益、节能收益和其他收益（如生产效率提高、物质回收利用、污染物处理费用减少等）。为方便计算，需将各种技术经济参数转化为可比较的成本效益，按单位规模计。以初始投资为例，转化公式如式（3-59）所示。

$$I_{n, k, j, l} = Iv_{n, k, j, l} / po_{n, i, l} \qquad (3-59)$$

式中，I$_{n, k, j, l}$为部门 n 采用第 k 类第 j 项技术生产产品 l 的单位初始投资（元/单位产品）；Iv$_{n, k, j, l}$为项目初始投资（元）。

各技术经济参数计算公式如式（3-60）~式（3-64）所示：

$$Fc_{n, k, j, l} = Dr_{n, k, j} I_{n, k, j, l} \qquad (3-60)$$

$$Dr_{n,k,j} = \frac{R(1+R)^{Lf_{n,k,j}}}{(1+R)^{Lf_{n,k,j}} - 1} \tag{3-61}$$

$$Y_{n,k,j,l} = WY_{n,k,j,l} + EY_{n,k,j,l} + OY_{n,k,j,l} \tag{3-62}$$

$$WY_{n,k,j,l} = (Pi + Pw + Pd)RTC_{n,k,j,l} \tag{3-63}$$

$$EY_{n,k,j} = REC_{n,k,j,l}Pe \tag{3-64}$$

式中，$Fc_{n,k,j,l}$ 为部门 n 采用第 k 类第 j 项技术生产产品 l 的单位固定成本（元/单位产品）；$Dr_{n,k,j}$ 为部门 n 第 k 类第 j 项技术的投资成本折旧系数；$I_{n,k,j,l}$ 为部门 n 采用第 k 类第 j 项技术生产产品 l 的单位初始投资（元/单位产品）；$Lf_{n,k,j}$ 为部门 n 第 k 类第 j 项技术的技术寿命期（a）；$Y_{n,k,j,l}$ 为部门 n 采用第 k 类第 j 项技术生产产品 l 的单位收益（元/单位产品）；$WY_{n,k,j,l}$ 为部门 n 采用第 k 类第 j 项技术生产产品 l 的节水收益（元/单位产品）；$EY_{n,k,j,l}$ 为部门 n 采用第 k 类第 j 项技术生产产品 l 的节能收益（元/单位产品）；$OY_{n,k,j,l}$ 为部门 n 采用第 k 类第 j 项技术生产产品 l 的其他收益（元/单位产品）；Pi 为工业水价（自来水价或自取水价，元/m³）；Pw 为污水处理费（元/m³）；Pd 为排污费（元/m³）；$RTC_{n,k,j,l}$ 为行业 n 第 k 类第 j 项技术对产品 l 的技术节水能力（m³/单位产品）；$REC_{n,k,j,l}$ 为行业 n 第 k 类第 j 项技术对产品 l 的技术节能能力（tce/单位产品）；Pe 为能源价格（元/tce）。

在节水领域，对经济效益的评价一般采用节水增量成本法，即衡量节约单位水的成本和效益。该方法适用于第三类技术，对第一类技术和第二类技术并不适用。因为在节水效益不构成技术的主导效益（可能是增产节能的效益）时，采用节水增量成本法进行技术评价，会使效益高但节水效益相对不明显的技术在技术选择中被低估或被忽略。为便于不同部门间的技术经济比较，本研究采用单位产品成本分析法。对于第三类技术中的污废水回用、海水利用等技术，其投资、成本常以单位水量计，需将相关参数加以转化，按单位规模计。以单位运行和维护成本为例，转化公式如式（3-65）所示。

$$Ope_{n,k,j,l} = O_{n,k,j}uc_{n,i,l} \quad (k = re) \tag{3-65}$$

式中，$Ope_{n,k,j,l}$ 为部门 n 采用第 k 类第 j 项技术生产产品 l 每年的单位运行和维护费用（元/单位产品）；$O_{n,k,j}$ 为部门 n 采用第 k 类第 j 项技术的单位水量运行成本（元/m³）；$uc_{n,i,l}$ 为产品 l 的单位产品取水量（m³/单位产品）。

模型应用过程中，为方便统一计算，在某些部门还需进行专门的单位转换。例如，在火电部门，模型所采用的技术成本效益的单位为万元/(GW·h)，因此应通过火电机组年平均利用小时数进行换算，将常用的投资单位（元/kW）转化为基准单位[万元/(GW·h·a)]。

技术替代过程即为判定技术状态变量（KE）的过程，此过程遵循成本最小化（效益最大）原则，将模型选择的先进技术（设备）j 与其对应的传统技术（设备）i 进行对比。对不同类型技术的技术替代过程分析如下。

(1) 技术（设备）已到寿命期

采用的技术已达到寿命期时，为适应服务量的需求，必须决定继续引进传统技术，还是引进成本相对较高但节水效果好的技术，为此应对技术引进初期的成本与收益进行比较，选择更合算的一方。对传统技术（设备）i 和与其相对应的先进技术 j 的选择如式 (3-66) 所示。

$$\mathrm{KE}_{n,k,j,l} = \begin{bmatrix} 1(\mathrm{Fc}_{n,i,l} + \mathrm{Ope}_{n,i,l} \geq \mathrm{Fc}_{n,k,j,l} + \mathrm{Ope}_{n,k,j,l} - Y_{n,k,j,l}) \\ 0(\mathrm{Fc}_{n,i,l} + \mathrm{Ope}_{n,i,l} < \mathrm{Fc}_{n,k,j,l} + \mathrm{Ope}_{n,k,j,l} - Y_{n,k,j,l}) \end{bmatrix} \quad (3\text{-}66)$$

式中，$\mathrm{KE}_{n,k,j,l}$ 为部门 n 产品 l 的生产过程中第 k 类第 j 项技术采用与否的状态变量；$\mathrm{Fc}_{n,i,l}$ 为采用传统技术 i 生产产品 l 的单位固定成本（元/单位产品）；$\mathrm{Fc}_{n,k,j,l}$ 为采用先进技术 j 生产产品 l 的单位固定成本（元/单位产品）；$\mathrm{Ope}_{n,i,l}$ 为技术 i 生产产品 l 的单位运行和维护成本（元/单位产品）；$\mathrm{Ope}_{n,k,j,l}$ 为技术 j 生产产品 l 的单位运行和维护成本（元/单位产品）；$Y_{n,k,j,l}$ 为采用新技术 j 生产产品 l 所带来的总收益（元/单位产品）。

（2）技术（设备）还未达到技术寿命期

当技术还未达到技术寿命期时，对现有技术而言，替代技术分两种：一种是技术种类不同的技术（必须全部替换），一般为 I-WaDEM 模型的第二类技术和部分第三类技术；另一种是技术阶段不同的技术（仅需部分改良），包括模型技术分类中的第一类技术和部分第三类技术。

对于上述第一种情况即加速技术（设备）更换，其决策仍然遵循成本最小化原则，这要求技术（设备）更换为 j 的总成本小于运转中原有技术（设备）i 的成本。由于技术（设备）i 还具有一定的使用寿命，存在资产残值，如果技术（设备）提前更换，这部分残值需以沉淀成本形式加入新技术（设备）的总成本。其公式如式 (3-67)、式 (3-68) 所示。

$$\mathrm{KE}_{n,k,j,l,t} = \begin{bmatrix} 1(\mathrm{Fc}_{n,i,l,t} + \mathrm{Ope}_{n,i,l,t} \geq \mathrm{Fc}_{n,k,j,l,t} + \mathrm{Ope}_{n,k,j,l,t} - Y_{n,k,j,l,t}) \\ 0(\mathrm{Fc}_{n,i,l,t} + \mathrm{Ope}_{n,i,l,t} < \mathrm{Fc}_{n,k,j,l,t} + \mathrm{Ope}_{n,k,j,l,t} - Y_{n,k,j,l,t}) \end{bmatrix}$$

$$(k = \mathrm{new}, \mathrm{re} \text{ 且 } \mathrm{Ylf}_{n,i,t} < \mathrm{Lf}_{n,i}) \quad (3\text{-}67)$$

$$\mathrm{Fc}_{n,k,j,l,t} = \mathrm{Dr}_{n,k,j}\left(I_{n,k,j,l} + \int_{t=1}^{\mathrm{Lf}_{n,i} - \mathrm{Ylf}_{n,i,t}} \frac{\mathrm{Dr}_{n,i}I_{n,i,l}}{(1+R)^t}\right) \quad (3\text{-}68)$$

式中，$\mathrm{KE}_{n,k,j,l,t}$ 为第 t 年部门 n 产品 l 的生产过程中第 k 类第 j 项技术采用与否的状态变量；$\mathrm{Fc}_{n,i,l,t}$ 为第 t 年采用传统技术 i 生产产品 l 的单位固定成本（元/单位产品）；$\mathrm{Fc}_{n,k,j,l,t}$ 为第 t 年采用先进技术 j 生产产品 l 的单位固定成本（元/单位产品）；$\mathrm{Ope}_{n,i,l,t}$ 为第 t 年采用技术 i 生产产品 l 的单位运行和维护成本（元/单位产品）；$\mathrm{Ope}_{n,k,j,l,t}$ 为第 t 年采用技术 j 生产产品 l 的单位运行和维护成本（元/单位产品）；$Y_{n,k,j,l,t}$ 为第 t 年采用新技术 j 生产产品 l 所带来的收益（元/单位产品）；$\mathrm{Lf}_{n,i}$ 为技术 i 的使用寿命（a）；$\mathrm{Ylf}_{n,i,t}$ 为技术 i 到第 t 年已经使用的年份（a）；$\mathrm{Dr}_{n,k,j}$ 为部门 n 第 k 类第 j 项技术的投资成本折旧系数；$I_{n,k,j,l}$ 为部门 n 采用第 k 类第 j 项技术生产产品 l 的单位初始投资（元/单位产品）；R 为折现率（%）。

对于上述第二种情况，对正在运转中的技术 i，将其运行费用同采用技术 j 改造设备的固定费用增加部分、运行和维护费用及技术收益进行分析比较。如果替代技术在经济上合算，则对正在运转中的技术 i 进行改良。其计算公式如式 (3-69) 所示。

$$\mathrm{KE}_{n,k,j,l,t} = \begin{bmatrix} 1(\mathrm{Ope}_{n,i,l,t} \geq \mathrm{Fc}_{n,k,j,l,t} + \mathrm{Ope}_{n,k,j,l,t} - Y_{n,k,j,l,t}) \\ 0(\mathrm{Ope}_{n,i,l,t} < \mathrm{Fc}_{n,k,j,l,t} + \mathrm{Ope}_{n,k,j,l,t} - Y_{n,k,j,l,t}) \end{bmatrix}$$
$$(k = \mathrm{opt}, \mathrm{re} \text{ 且 } \mathrm{Ylf}_{n,i,t} < \mathrm{Lf}_{n,i}) \tag{3-69}$$

3.4 城市给水系统水质模拟与风险评估模型

3.4.1 建模方法与框架

为了研究给水系统的常规水质风险，即在给水系统结构完整性和基本功能不受损害的情况下，因水源水质和运行条件在正常范围内波动而引起的水质风险，如水质季节性变化、药剂投加量调节偏差、管网流速变化等引起的水质风险，本研究建立了给水系统水质风险评价方法，该方法继承了危害分析与关键控制点（hazard analysis and critical control point，HACCP）体系过程控制的基本理念，从饮用水源、处理工艺到管网系统的全过程识别给水系统中引起水质风险的风险源。同时开发了给水系统集成模型（integrated water supply system model，IWaSS模型），定量评价给水系统全过程的风险源对水质风险的影响，从而为评价和制定水质风险管理策略提供依据。本研究所形成的城市给水系统水质模拟与风险评估模型框架如图3-6所示。

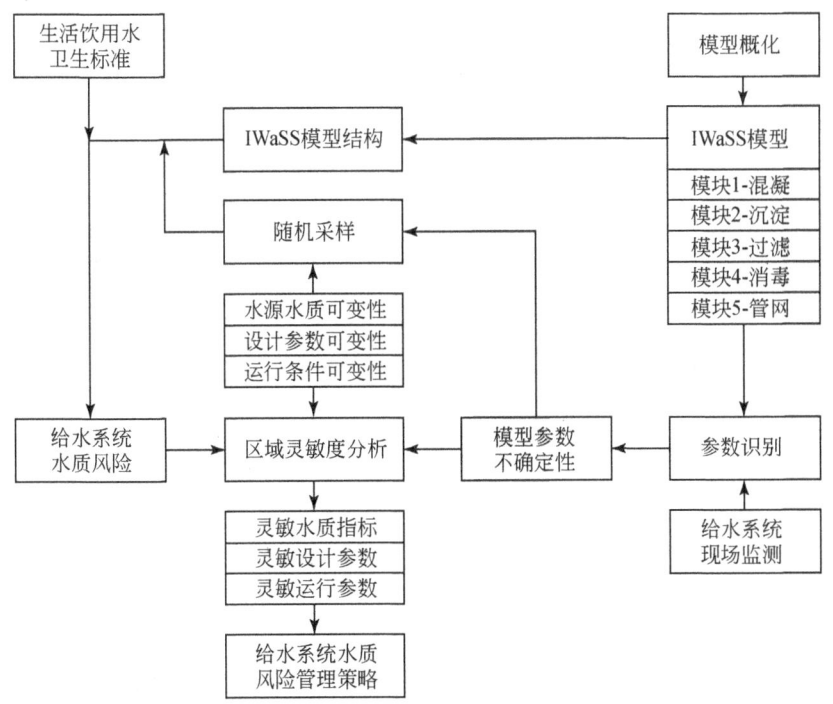

图3-6 城市给水系统水质模拟与风险评估模型框架

3.4.2 模型结构与功能

IWaSS 模型核心是给水系统中各单元的模拟模块,包括混凝-沉淀、过滤、氯消毒和管网。

(1) 混凝-沉淀单元模块

模型将混凝和沉淀两个前后相连的单元作为一个整体,通过模拟这两个工艺过程中水中颗粒粒径分布的变化来模拟水质变化。模型的模拟变量包括颗粒总数及其粒径分布、浊度、COD_{Mn} 和 NH_3-N。

模型认为,混凝过程中颗粒粒径的变化符合式(3-70)所示的混凝动力学方程(Spicer and Pratsinis, 1996; Wistrom and Farrell, 1998; Flesch et al., 1999; Diemer and Olson, 2002; Zhang and Li, 2003):

$$\frac{dN_k}{dt} = \frac{1}{2}\sum_{i+j=k}\beta_{i,j}N_iN_j - \sum_{i>0}^{\infty}\beta_{i,k}N_iN_k + \sum_{j>k}^{\infty}\gamma_{j,k}B_jN_j - B_kN_k \quad (3-70)$$

式中,下标 i、j、k 分别为颗粒的不同粒径;N_k 为粒径为 k 的颗粒的数量;$\beta_{i,j}$ 为粒径为 i 和 j 的颗粒之间的碰撞频率;$\gamma_{j,k}$ 为粒径为 j 的颗粒分裂生成粒径为 k 的颗粒的概率;B_j 为粒径为 j 的颗粒的分裂速率;t 为时间。

模型采用截留沉速 u_0 的定义,即沉淀池所能全部去除的最小颗粒的沉速。那么,沉速 $u>u_0$ 的颗粒在沉淀过程中能够完全去除,而 $u<u_0$ 的颗粒只能部分去除,其去除率为 u/u_0。平流式沉淀池和斜管沉淀池截留沉速 u_0 的表达式如式(3-71)、式(3-72)所示。其中,Q 为进水流量(m³/s);L 和 W 分别为平流式或斜管沉淀池的长度和宽度(m);d 和 l 分别为斜管沉淀池中斜管的直径和长度(m);θ 为斜管的安装倾角。

$$u_0 = \frac{Q}{LW} \quad (3-71)$$

$$u_0 = \frac{Q}{LW} \cdot \frac{d}{l\sin\theta\cos\theta + d} \quad (3-72)$$

(2) 过滤单元模块

模型将滤池视为推流式反应器,则对于滤床深度方向上任意 Δx (m) 厚度的微元,可以建立如式(3-73)所示的物料平衡方程。

$$\frac{\partial[C_j]}{\partial t} = \frac{D}{\varepsilon}\frac{\partial^2[C_j]}{\partial x^2} - \frac{Q}{A\varepsilon}\frac{\partial[C_j]}{\partial x} + R_{C_j} \quad (3-73)$$

式中,$[C_j]$ 为微元中模拟变量 C_j 的浓度(mg/L);Q 为流经微元的流量(m³/min);A 为滤床的截面积(m²);R_{C_j} 为变量 C_j 在微元中的总体反应速率[mg/(L·min)];t 为时间(min);D 为扩散系数(m²/min);ε 为微元内的滤床孔隙率;j 为模拟变量的编号。

每个微元包括滤料、生物膜、液膜和液相四个组成部分。模型的模拟变量共 16 个,包括生物膜和液相中各 7 个变量,即溶解性 COD_{Mn}、不溶性 COD_{Mn}、NH_3-N、余氯、异养菌、自养菌和惰性颗粒,以及生物膜厚度和滤床孔隙率。

(3) 氯消毒单元模块

模型以带前加氯工艺的给水处理厂为原型,将整个给水处理流程概化为前加氯、混凝-沉淀、过滤和后加氯4个单元。模型认为每个单元均为完全混合式反应器(Golfinopoulos and Arhonditsis,2002),同时各个模拟变量在4个单元中经历相似的物理、化学和生物反应过程。这样的概化方法可以使得各模拟单元的物料平衡方程具有一致的表达形式(Sun et al.,2009),如式(3-74)所示。

$$\frac{d[C_j]_U}{dt} = \frac{Q_U}{V_U}([C_j]_{U_i} - [C_j]_U) + R_{U,\,c_j} \qquad (3-74)$$

式中,$[C_j]_{U_i}$ 和 $[C_j]_U$ 分别为流入和流出单元 U 的模拟变量 C_j 的浓度(mol/L);Q_U 为流经单元 U 的流量(m³/s);V_U 为单元 U 的容积(m³);$R_{U,\,c_j}$ 为变量 C_j 在单元 U 中的总体反应速率[mol/(L·s)];t 为时间(s);U 为4个单元的编号;j 为模拟变量的编号。

(4) 管网系统模块

本研究以 EPANET 软件为基础进行城市给水管网水力水质模拟。水力模拟部分完全使用 EPANET 软件(Rossman,2000),其中城市需水量是基于居民用水行为和时间利用预测的。水质模拟部分利用 EPANET-MSX 组件(Shang et al.,2008)开发多组分水质模型。模型将给水管网的管段视为推流式反应器,并且忽略轴向的扩散过程,则对于任意 Δx 的微元可以建立如式(3-75)所示的物料平衡方程。

$$\frac{\partial[C_i]}{\partial t} = -U\frac{\partial[C_i]}{\partial x} + r(C_i) \qquad (3-75)$$

式中,$[C_i]$ 为微元中模拟变量 C_i 的浓度(mg/L);U 为管段流速(m/min);$r(C_i)$ 为变量 C_i 在微元中的总体反应速率[mg/(L·min)];t 为时间(min);i 为模拟变量的编号。

每个微元包括管壁、生物膜、液膜和液相4个组成部分。模型的模拟变量共15个,包括生物膜和液相中各7个变量,即溶解性有机物、不溶性有机物、氨氮、余氯、异养菌、自养菌和惰性颗粒,以及管壁生物膜厚度(孙傅等,2008)。

(5) 水质风险评估模块

考虑 IWaSS 模型输入的可变性和参数的不确定性,通过随机采样模拟给水系统水质。当采样模拟次数足够多时,可计算给水系统的水质概率分布;将水质模拟结果与生活饮用水卫生标准相比较,可以得到给水系统的水质超标概率,即水质风险。同时,采用区域灵敏度分析(regional sensitivity analysis,RSA)的方法,从水源水质参数、处理工艺和管网系统的设计和运行参数等模型输入条件中识别出影响给水系统水质风险的关键因素,从而筛选水质风险管理策略。

3.5 基于 GIS 的城市排水系统和非点源污染模拟模型

3.5.1 建模方法与框架

为了描述城市自然水循环对城市水系统的影响及二者之间的耦合关系,本研究设计和开发了集模型概化、数据管理、模拟计算、结果显示、参数率定等多个功能于同一平台的城市排水系统与非点源污染模拟模型,该模型可支持城市非点源污染模拟与控制策略筛选决策。构建该模型的关键是实现 GIS 和 SWMM（storm water management model）的完全集成,系统的总体框架如图3-7所示（赵冬泉,2009）。

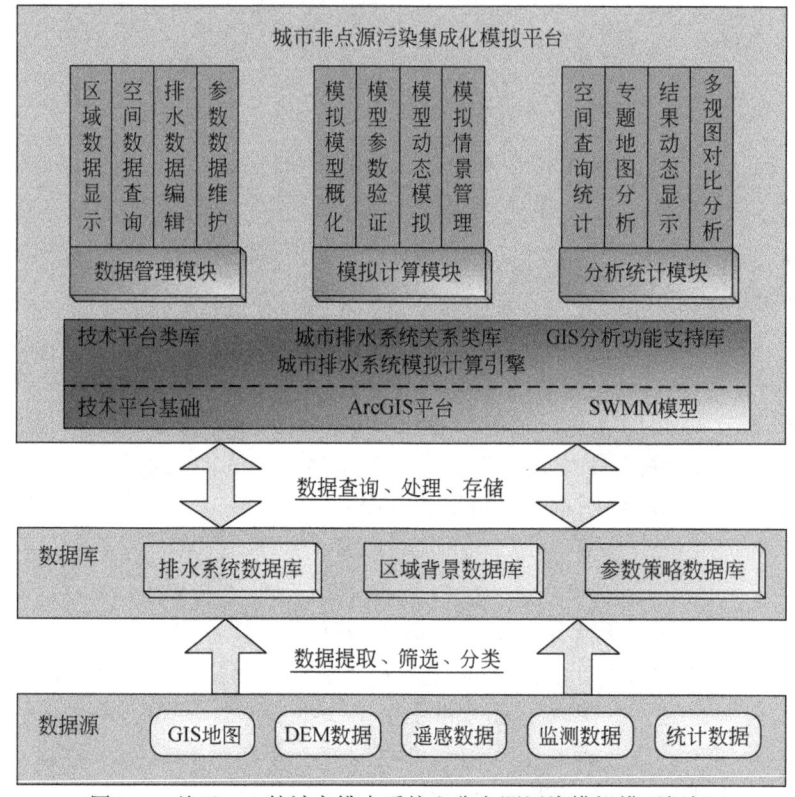

图 3-7 基于 GIS 的城市排水系统和非点源污染模拟模型框架

在全面分析城市非点源污染模拟与控制中所涉及的各类数据的基础上,通过对各类数据的提取、筛选和分类,建立可以支持城市非点源污染模拟和控制策略研究的综合数据库;然后以该综合数据库为数据载体,以 ArcGIS 平台为地理分析工具,以 SWMM 模型为城市非点源污染迁移规律分析手段,基于组件开发技术构建支持模拟系统的通用类库,保证系统功能扩展的有效性和可扩充性;最后在通用类库的基础上,构建数据管理模块、模拟计算模块和分析统计模块,形成城市非点源污染模拟系统,支持相关研究和分析工作的开展,并为非点源污染的管理提供技术实现平台。

3.5.2 模型结构与功能

模型系统包括综合数据库、GIS 管理与分析模块、基于 GIS 的模型概化模块、排水系统模拟计算模块、参数率定模块五个部分。

(1) 综合数据库

城市非点源污染模拟综合数据库设计为后续模型集成化研究提供统一可靠的数据支持。为了对城市非点源模拟涉及的所有空间和属性信息进行统一有效的管理，这些数据通过数据库技术进行存储和管理，依照结构可扩充性、拓扑可维护性、数据完整性、空间与属性可关联性、空间数据多源性、数据安全性等六个原则，在数据库设计中建立了一个高效率、低冗余的存储机制。

(2) GIS 管理与分析模块

为了将城市非点源污染综合数据库涉及的各种类型空间基础数据与系统中相关 GIS 管理分析功能结合，为城市非点源污染研究与分析提供丰富的背景信息，实现对大量相关数据的有效管理和使用，提高建模与模拟结果分析中数据处理的工作效率，GIS 管理和分析模块提供了城市非点源污染管理和模拟分析过程中所涉及的 GIS 数据管理与显示、地图信息综合查询、排水管网拓扑空间查询分析与三维显示等功能。

(3) 基于 GIS 的模型概化模块

基于 GIS 的模型概化模块设计了管网概化、提取特征属性和生成模型输入文件三部分内容，充分利用 GIS 有效管理模型模拟涉及的空间数据并能提供相应的空间分析功能，从而提高了建模的工作效率和数据输入的准确度。

(4) 排水系统模拟计算模块

为了简化建模过程，增强模拟结果可读性和显示性，同时提高大规模参数采样和分析计算能力，基于 ArcGIS 进行了 SWMM 模型的集成开发，搭建了一个模型研究分析的工作平台。模拟计算功能设计中，模型与 GIS 紧密结合，更好地使用了 GIS 中的空间分析功能，在综合数据库的支持下，实现模型输入文件的自动生成、模型的自动运行和模拟结果的管理与可视化分析功能。

(5) 参数率定模块

基于蒙特卡罗随机采样方法和 HSY、GLUE 两种常用的参数识别算法，设计和开发了参数自动率定功能。该方法可以根据采样策略自动调整 SWMM 模型的输入参数，使得模拟结果与监测数据达到最大程度的匹配，从而实现对 SWMM 多个要素（包括管道、节点、汇水区、土壤和含水层等）的多个参数进行快速率定，还可以将满足目标函数要求的参数列表进行保存，以便进行不确定性条件下的模型应用分析。

3.5.3 排水系统模拟的核心机理

按照城市降雨径流污染的产生过程，排水系统模拟模块主要通过污染物累积、冲刷、输送三个主要过程对污染物产生和变化规律进行模拟分析（李养龙和金林，1996；陈玉成等，2004）。

3.5.3.1 地表污染物累积的模拟

污染物在地表的累积过程模拟有多种方法（Srinivasan and Engel，1994），主要如下。

(1) 幂函数累积公式

污染物累积与时间成一定的幂函数关系，累积至最大值即停止，见式（3-76）。

$$B = \mathrm{Min}(C_1, \ C_2 t^{C_3}) \tag{3-76}$$

式中，C_1 为最大累积量（质量/单位面积或质量/单位路边长度，kg/hm² 或 kg/m）；C_2 为累积率常数 [kg/(hm²·d) 或 kg/(m·d)]；t 为累积时间（d）；C_3 为时间指数。线性累积公式是幂函数累积公式的特殊情况，$C_3 = 1$。

(2) 指数函数累积公式

污染物累积与时间成一定的指数函数关系，累积至最大值即停止，见式（3-77）。

$$B = C_1(1 - e^{-C_2 t}) \tag{3-77}$$

式中，C_1 为最大累积量（质量/单位面积或质量/单位路边长度，kg/hm² 或 kg/m）；C_2 为累积率常数（1/d）；t 为累积时间（d）。

(3) 饱和函数累积公式

污染物累积与时间成饱和函数关系，累积至最大即停止，见式（3-78）。

$$B = \frac{C_1 t}{C_2 + t} \tag{3-78}$$

式中，C_1 为最大累积量（质量/单位面积或质量/单位路边长度，kg/hm² 或 kg/m）；C_2 为半饱和常数，达到最大累积量一半时的天数（d）；t 为累积时间（d）。

以上三种模式中，指数函数累积公式（3-77）由于使用简单而得到了更为广泛的应用。

3.5.3.2 地表污染物冲刷的模拟

污染物的冲刷过程可采取以下两种方式进行描述（Rossman，2004）。

(1) 指数冲刷曲线

被冲刷的污染物量与残留在地表的污染物的量成正比，与径流量成指数关系，见式（3-79）。

$$P_{\mathrm{off}} = \frac{-\mathrm{d}P_p}{\mathrm{d}t} = R_c \cdot r^n \cdot P_p \tag{3-79}$$

式中，P_{off} 为冲刷负荷，t 时刻径流冲刷的污染物的量（kg/h），与径流量成一定的指数关系，与剩余地表污染物量成正比；R_c 为冲刷系数（1/mm）；n 为径流率指数；r 为 t 时刻的子流域单位面积的径流率（mm/h）；P_p 为 t 时刻剩余地表污染因子的量（kg）；R_c 和 n 是该模式需要输入的参数，每种污染物对应的数值不同。

(2) 流量特性冲刷曲线

该模型假设冲刷量与径流率为简单的函数关系，见式（3-80）。污染物的冲刷模拟完全独立于污染物的地表累积总量。

$$P_{\mathrm{off}} = R_c \cdot Q^n \tag{3-80}$$

式中，符号意义同前，R_c 和 n 是该模式需要输入的参数，每种污染物对应的数值是不同的。

当式（3-80）中径流率指数 n 为 1.0 时，得出流量特性冲刷曲线的特殊情况——场次降雨平均浓度,见式(3-81)。

$$\text{EMC} = \frac{M}{V} = \frac{\int_0^T C_t Q_t \mathrm{d}t}{\int_0^T Q_t \mathrm{d}t} \tag{3-81}$$

式中,M 为径流全过程的某污染物总量(kg);V 为相应的径流总体积(L);C_t 为随径流时间而变化的某污染物浓度(kg/L);Q_t 为随径流时间而变化的径流流量(L/s);T 为总的径流时间(s)。EMC 是该模式需要输入的参数,每种污染物的值是不同的。

在以上模式中,当剩余地表污染物为零的时候,冲刷过程停止。

3.5.3.3 污染物输送过程的模拟

地表径流模拟通常采用非线性水库模型,由连续方程和曼宁方程联立求解(Peterson and Wicks,2006)。非线性水库模型将每一个子汇水区看成是非线性水库,如图 3-8 所示。

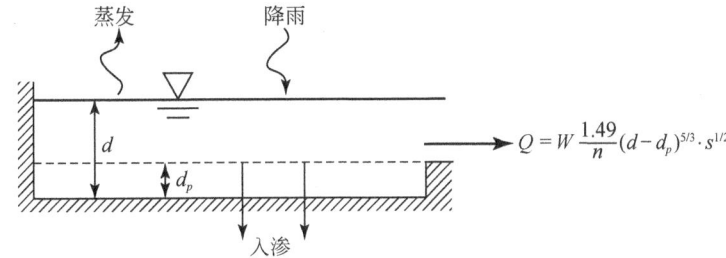

图 3-8 非线性水库模型原理示意图

连续方程见式(3-82):

$$\frac{\mathrm{d}V}{\mathrm{d}t} = A \frac{\mathrm{d}d}{\mathrm{d}t} = A \cdot i^* - Q \tag{3-82}$$

式中,$V = A \cdot d$ 为子排水区的总水量(m³);d 为水深(m);t 为时间(s);A 为排水区表面积(m²);i^* 为净雨,即降雨强度扣除蒸发和下渗(m/s);Q 为出流流量(m³/s)。

出流流量使用曼宁公式,见式(3-83)。

$$Q = W \frac{1.49}{n} (d - d_p)^{5/3} \cdot s^{1/2} \tag{3-83}$$

式中,W 为子排水区宽度(m);n 为曼宁糙率系数(s/m$^{1/3}$);d_p 为滞蓄深度(m);s 为子排水区坡度(m/m)。

管网输送过程采用圣维南方程(St. Venant equations)来描述水流在管道中的运动。圣维南方程由动量守恒方程和质量守恒方程组成,具体如下所示。

$$\text{动量方程:} \frac{\partial H}{\partial x} + \frac{v}{g} \cdot \frac{\partial v}{\partial x} + \frac{1}{g} \cdot \frac{\partial v}{\partial t} = S_o - S_f \tag{3-84}$$

$$\text{连续方程:} \frac{\partial Q}{\partial x} + \frac{\partial A}{\partial t} = 0 \tag{3-85}$$

式中,$\frac{\partial H}{\partial x}$ 为压力项;$\frac{v}{g} \cdot \frac{\partial v}{\partial x}$ 为对流加速度;$\frac{1}{g} \cdot \frac{\partial v}{\partial t}$ 为当地加速度;S_o 为重力项;S_f 为摩擦力

项；$\frac{\partial Q}{\partial x}$ 为进出单元体的流量变化项；$\frac{\partial A}{\partial t}$ 为在控制单元体中的水体体积变化项；$H=z+h$，静压水头（m）；x 为管长（m）；t 为时间（s）；g 为重力加速度（9.8m/s²）；S_f 为摩擦阻力（m/m）；Q 为流量（m³/s）；A 为过水断面面积（m²）。

在具体求解过程中，可以分别按照稳定波方程（steady flow routing）、运动波方程（kinematic wave routing）和动态波方程（dynamic wave routing）模式进行计算，从而实现不同复杂程度的非恒定水流运动规律计算。

污染物在管网系统中的模拟通过定义连续搅动水箱式反应器（CSTR），采用完全混合一阶衰减模型，见式（3-86）。

$$\frac{\mathrm{d}VC}{\mathrm{d}t} = \frac{V \cdot \mathrm{d}C}{\mathrm{d}t} + \frac{C \cdot \mathrm{d}V}{\mathrm{d}t} = Q_i \cdot C_i - Q \cdot C - K \cdot C \cdot V \pm L \tag{3-86}$$

式中，$\frac{\mathrm{d}VC}{\mathrm{d}t}$ 为管段内单位时间的变化；$Q_i \cdot C_i$、$Q \cdot C$ 为管段的质量变化率；$K \cdot C \cdot V$ 为管段中的质量衰减；L 为源汇项；C 为管道中及排出管道中的污染物浓度（kg/m³）；V 为管道中的水体体积（m³）；Q_i 为管道的入流量（m³/s）；C_i 为入流的污染物浓度（kg/m³）；Q 为管道的出流量（m³/s）；K 为一阶衰减系数（1/s）；L 为管道中污染物的源汇项（kg/s）。

3.6 基于支付意愿的城市居民再生水需求模型

公众对再生水的可接受性差、再生水的需求量不足、需求价格偏低及需求结构的差异性等因素往往是导致污水再生利用项目失败的主要原因（Bruvold，1992；Mills and Asano，1996；Hermanowicz et al.，2001）。因此分析需求方的主要特征，对于研究污水再生利用的可行性具有重要意义。在再生水的潜在需求者中，尽管可以根据用途区分为不同的类别，但实际上这些类别的用水归根结底是与城市居民相联系的，居民对再生水的态度及支付意愿在很大程度上决定了城市再生水需求量的大小。由于目前还不存在成熟的再生水市场，居民对再生水的需求特征不可能完全通过市场观察进行确定。因此，本研究通过非市场评价方法，研究居民对再生水的支付意愿并分析其需求特征，为污水再生利用的经济可行性分析建立基础。

3.6.1 研究的理论基础

支付意愿（willingness to pay，WTP）是指个体为了得到某种商品或服务所愿意支付的最高价格，这与通常所指的需求曲线属于同一概念。理论上，再生水的价格等于再生水的边际支付意愿。福利经济学通常采用消费者剩余来近似衡量消费者的福利，而所谓的消费者剩余即消费者的支付意愿和实际支付的价格之差，也就是他从购买中得到的剩余的满足。WTP 可以通过个体在一定约束下的支出最小化模型加以衡量，假定个体的支出最小化模型为

$$e(p, Q_0, U_0) = \underset{x}{\text{Min}}[px | U_0 \geq U(x, Q_0)] \quad (3-87)$$

式中，$e(*)$ 为支出函数，即为获得既定效用水平 U_0 的最小支出，该效用水平由价格 p 和 Q_0 所决定；p 为一组商品的价格向量；x 为对应商品数量的向量；Q_0 为预先已经使用的环境物品的数量，如再生水的水量。因此个体最大支付意愿即效用不变的情况下消费量从 Q_0 增加到 Q_1 时支出函数的差值：

$$\text{WTP} = e(p, Q_1, U_0) - e(p, Q_0, U_0) \quad (3-88)$$

从社会的角度考虑，社会支付意愿决定了最优的污水再生利用量，而社会支付意愿为个体支付意愿的加总。因此，衡量再生水的社会需求函数（social demand function）和边际社会收益的关键在于估计个体支付意愿。为了获得居民对再生水的支付意愿，可以采用市场评价和非市场评价两种方法。由于再生水具有环境物品的属性，本身没有市场价格可以直接进行衡量，因此可以采用非市场评价方法对其价值进行评估（Hanley et al., 1997）。

非市场评价方法又可以分为两种，第一种为显示偏好法（revealed preference method），它采用寻找替代物的市场价格来间接衡量没有市场价格的环境物品的价值，所以又称间接评价法；第二种为表达偏好法（stated preference method），即通过直接询问个体得到对环境物品的价值评估，该法也称直接评价法。这种在没有替代市场的情况下，人为地创造假想的市场来衡量环境物品价值的方法也称为假想市场法。表达偏好法的主要代表方法是意愿调查法（张帆，1998）。

意愿调查法（contingent valuation methods，CVM）与传统的市场研究不同，它的研究对象是某一假定的事件，如水质、大气质量、风景和野生动物的存在价值的变化。它也可以用于评估为个人服务的环境产品的价值（Green et al., 1998）。在本研究中，调查者向被调查者解释污水再生利用的概念及应用，然后让被调查者说出自己使用再生水所愿意支付的最大价格。

3.6.2 支付意愿函数的构造与分析

居民对再生水的支付意愿受到多种因素的影响，识别这些影响因素并定量分析其影响大小，对于数据的归并、预测某类群体的支付意愿及评估 CVM 在本研究中的有效性都将起到重要的作用。通常情况下，居民对再生水的支付意愿可以表示为如下的函数形式：

$$\text{WTP} = f(P_t, A, \text{Inc}, Q_r, \text{Edu}, \text{Env}, \cdots) \quad (3-89)$$

式中，P_t 为自来水的价格；A 为被调查者的年龄；Inc 为收入；Q_r 为再生水的水质；Edu 为受教育的水平；Env 为对环境的关注程度。一般情况下，被调查者对环境物品的支付意愿与其收入、水质、受教育程度及对环境的关注程度呈正相关关系。由于本研究是以家庭作为研究对象的，因而主要考虑自来水的价格、家庭收入、家庭的最高学历及对环境的关注程度。本研究实际采用的支付意愿函数形式及有关变量如式（3-90）所示。

$$\left(\frac{\text{WTP}}{P_t}\right) = a + b \cdot \left(\frac{\text{Inc}}{\text{Pop}}\right) + c \cdot (\text{Edu}) + d \cdot (\text{Env}) + \varepsilon \quad (3-90)$$

式中，a、b、c、d 为需要估计的参数；ε 为随机干扰项。等式左边为相对支付意愿，即假定自来水的价格为 1 元/m³ 的情况下居民愿意支付的最高的再生水价格。Inc 为家庭月收入的等级，取值为 1～10（每个等级相差 1000 元/月）；Pop 为家庭人口数；Edu 为家庭最高学历，采用的也是虚拟变量的形式，Edu = 1 为初中及以下学历，Edu = 2 为高中，Edu = 3 为大学专科，Edu = 4 为大学本科，Edu = 5 为研究生或以上学历。由于 Env 难以量化表征，所以本研究采用家庭对污水处理的支付意愿值（污水处理费对自来水价格的比值）进行替代。

3.6.3 居民对再生水的总和需求函数

单个家庭对再生水的支付意愿为个体需求函数，它描述的是个体行为特征。对产业研究而言，通常更有意义的是集体的行为特征，即再生水的总和（社会）需求函数，而总和需求函数即社会整体的支付意愿，它可以通过加总个体支付意愿得到，这也就是所谓的数据归并。本研究假设再生水的需求具有离散商品的特征，也就是说，当再生水的价格低于（或等于）个体的支付意愿时，该个体便会使用一定量的再生水用于冲厕、绿化、洗车等，这部分再生水量占总用水量的比例是相对比较固定的。对于单个家庭而言，再生水的需求具有离散的性质是由技术的整体性（lumpy）或者不可分性所决定的，即再生水需求量的增加并非是呈连续函数的形式，而是随着用途的增加呈现阶梯式的增长。个体需求函数可以采用如下公式表示：

$$Q_{r,i}(p) = \begin{cases} \dfrac{Q_{w,i}}{m} & \text{if } p \leqslant \text{WTP}_i \\ 0 & \text{if } p > \text{WTP}_i \end{cases} \quad (3\text{-}91)$$

式中，$Q_{r,i}$ 为第 i 个家庭对再生水的需求，它占家庭总用水量的 $Q_{w,i}$ 比例为 $1/m$；WTP_i 为第 i 个家庭对再生水的支付意愿；p 为再生水的价格。再生水的社会需求量就是支付意愿大于或等于 p 的单个家庭需求量的总和 $\sum Q_{w,i}/m(p \leqslant \text{WTP}_i)$；当 p 连续变化时，可以得到关于价格和需求量的一组数 (p_t, Q_t)，$t = 1, 2, \cdots, T$，根据这组数就可以构造出再生水的总和需求函数，可以采用回归的方法，也可以采用插值函数法进行构造。总和需求函数的一般形式如下：

$$Q_r = \sum_{i=1}^{k} Q_{r,i}(p) \quad (p \leqslant \text{WTP}_i \quad i = 1, 2, \cdots, k) \quad (3\text{-}92)$$

本研究假设个体对再生水的需求函数是离散的，在这种情况下再生水的支付意愿可以称为保留价格（reservation price）。如果再生水的需求方众多并且其保留价格分散，这时总和需求函数可以看成是连续函数或者是分段连续函数。因为在这种情况下，如果再生水价格上涨一个不大的数，将仅仅只有少量的家庭（"边际"消费者）会停止使用再生水，虽然它们的需求变化是不连续的，但是总需求将只会变化一个较小的量。采用式（3-91）估计单个家庭对再生水的需求函数，然后采用式（3-92）进行加总，便可以得到总和的需求状况。

3.7 基于真实期权的再生水工程项目投资策略优化模型

再生水项目的投资有三个主要特点：第一，再生水项目的固定资产投资具有很高的沉没性，巨额的沉没成本造成了投资的不可逆性；第二，再生水项目投资面临着很大的不确定性，尤其是，需求的不确定性是影响项目成功与否的关键；第三，项目投资时机具有可选择性，投资者可以通过等待进一步的信息来减小不确定性，尽管等待并不能带来完全信息，但可以降低投资风险。在不确定性条件下，研究一个不可逆的投资项目的最优投资策略，采用传统的经济评价方法进行分析有很大的局限性。因此，本研究引入真实期权方法，讨论再生水需求不确定条件下污水再生利用工程的最优投资规模和最佳投资时机的选择问题。

3.7.1 基本模型

在居民对再生水的支付意愿研究中，得到了再生水价格与自来水价格的比价，并且估计了家庭对再生水的支付意愿函数和需求函数。根据这一研究结果，可以预测未来再生水的支付意愿将会经历增长的趋势，这是因为：第一，再生水价与自来水比价一定的情况下，自来水价格的增长将会导致再生水价格的相应增长，而北京的自来水价格正处于不断增长的趋势中。第二，再生水与自来水的比价将随着居民收入水平的增加和环境意识的加强而相应增长。

尽管可以预计到居民对再生水的支付意愿将会经历增长的过程，但是这种增长具有很大的不确定性，这种不确定性主要可能由以下几方面引起：①水资源状况的不确定性，如果当地的水资源状况得到了较大的改善，再生水的推广和使用便可能受到很大的影响，从而会影响到居民的支付意愿；②用户对再生水可接受性的不确定性，由于使用再生水可能面临一定的健康风险，因此用户对再生水的可接受性将会受到偶然性事件（如由再生水引起的健康事故等极端事件）的影响。以上这些因素都有可能造成居民对再生水支付意愿的不确定性，从而导致了需求函数（曲线）的不确定性，并且这种不确定性将随着时间的增长而得到强化，如图 3-9 所示。

从图 3-9 可以看到，在需求量 Q^* 一定的情况下，再生水的需求价格是不确定的，这体现了支付意愿的不确定性。随着时间的增长（如 $t \rightarrow t+1$），尽管价格也随之增长，但是价格的不确定性也随之加大。在这种情况下，加入了不确定性因子的再生水需求函数可以表示为式（3-93）。

$$P_t = D_t(Q_t, \theta_t) = \theta_t - b_t \cdot Q_t \tag{3-93}$$

式中，P_t 为再生水价格；$D_t(*)$ 为需求函数；Q_t 为需求量；θ_t 为需求变化参数；b_t 为参数；t 为时间。该动态需求函数随着时间变化，不但价格与需求量都将发生变化，而且需求函数的形式也将发生改变。b_t 反映了污水再生利用企业通过产量对再生水价格的影响能力，在本研究中假设为常数，它可以通过估计线性需求曲线的斜率得到。θ_t 为随机变量，是需求

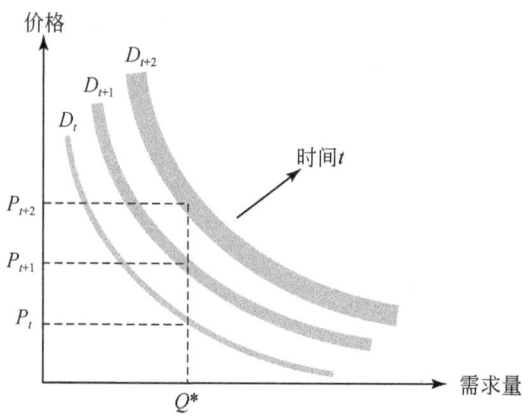

图 3-9 不确定性条件下再生水的需求曲线

函数中的不确定性因素。本研究假设需求变化参数这一随机变量遵循带飘移的几何布朗运动过程（geometric Brownian motion with drift）。

$$d\theta = \alpha\theta dt + \sigma\theta dz \quad \theta(0) = \theta_0 > 0 \quad (3\text{-}94)$$

式中，α 为飘移系数，它是需求变化参数的瞬时期望增加率；σ 为扩散系数，它是需求变化参数的瞬时标准差；dt 为时间变化；dz 为维纳过程（Wiener process）的增量；θ_0 是需求变化参数的初值。对于再生水项目的决策者而言，他能够掌握初始状态下的需求情况，并且知道未来的需求变化参数的变化遵循着对数正态分布。根据式（3-95），可以得到该随机变量的期望 E 和方差 v。需求变化参数的期望值是时间的指数函数，这是因为假设需求变化参数呈指数增长，同时该随机变量的不确定性（方差）也随着时间而指数增长。

$$E(\theta) = \theta_0 \cdot e^{\alpha t}, \ v(\theta) = \theta_0^2 \cdot e^{2\alpha t} \cdot (e^{\sigma^2 t} - 1) \quad (3\text{-}95)$$

如前所述，污水再生利用产业的供给方也同样面临着不确定性，但是在本研究中由于主要考虑需求的不确定性问题，因而假设供给方的成本函数形式是确定性的。事实上对于污水回用产业而言，这样的假设是比较合理的。因为污水再生利用技术较为成熟，因此对于成本的估计和控制相对比较可靠。由此得到再生水项目的净收益函数如式（3-96）所示，在不引起混淆的情况下可以省略各个变量的时间角标。在净收益函数中，再生水的产量 q 被视做控制变量，投资者通过控制产量以最大化每一期的利润。

$$\pi = \max\{\max_{q}[(p-c) \cdot q], \ 0\} \quad q \in [0, m] \quad (3\text{-}96)$$

由于受到最大规模 m 的限制，再生水的产量 q 的范围为 $[0, m]$。根据随机变量 θ 所在区间的不同，可以采用不同的产出策略。当再生水的价格低于其生产的平均可变成本时，本书认为再生水项目的投资运营方可以选择停产。再生水项目与自来水供给和污水处理不同，停止供给再生水可以采用自来水进行替代，而一般不存在强制运行的问题。通过求解式（3-97）可得产量策略如下：

$$q(\theta, m) = \begin{cases} 0 & \theta \in [0, c) \\ (\theta - c)/2b & \theta \in [c, c+2bm) \\ m & \theta \in [c+2bm, \infty) \end{cases} \quad (3\text{-}97)$$

根据式（3-96）与式（3-97）可以得到不同最优产量下的净收益值。净收益应当是 θ、m 和 q 的函数，由于 $q = q(\theta, m)$，因此净收益函数可以写做如下形式：

$$\pi(\theta, m) = \begin{cases} 0 & \theta \in [0, c) \\ (\theta - c)^2/4b & \theta \in [c, c + 2bm) \\ (\theta - c)m - bm^2 & \theta \in [c + 2bm, \infty) \end{cases} \quad (3\text{-}98)$$

3.7.2 再生水项目的价值

再生水项目的价值为该项目在未来（$t = 0 \to T$）净现金流（现金流入量–现金流出量）现值的期望，即前面所得到的各期净收益函数的现值之和，它是 θ 与 m 的函数。假设项目寿命期 T 定为 20 年，价值函数可以表示为

$$V(\theta, m) = E\left\{ \int_{\tau=0}^{T} \pi(\theta(t+\tau), m) \cdot e^{-r\tau} d\tau \right\} \quad (3\text{-}99)$$

式中，r 为贴现率（$r > 0$），并且 $r > \alpha$，这是因为如果贴现率小于再生水需求的增长率的话，该项目的净效益期望值永远为 0，因此不可能进行投资。为了计算的方便，这里采用了连续复利的形式。求解方程式（3-99）可以采用两种方法：一种是或有要求权分析；另一种为动态优化的方法（Dixit and Pindyck，1994）。本研究采用动态优化的方法进行求解，该方法是基于 Bellman 等提出的最优化原理。该原理指出，一个过程的最优策略具有这样的性质：无论初始状态及初始决策如何，对于先前决策形成的状态而言，其以后的所有决策应构成最优策略。根据这一思想，可以得到式（3-99）的贝尔曼方程（Bellman equation），它表示为

$$V(\theta, m) = \pi(\theta, m) dt + e^{-rdt} E[V(\theta, m) + dV(\theta, m)] \quad (3\text{-}100)$$

首先考虑 e^{-rdt}，它可以通过泰勒级数展开，当 $dt \to 0$ 时，有 $e^{-rdt} \to (1 - rdt)$，因此式（3-100）可以转化为

$$rV(\theta, m) dt = \pi(\theta, m) dt + (1 - rdt) dV(\theta, m) \quad (3\text{-}101)$$

由于 θ 遵循带飘移的几何布朗运动过程，因此为了得到 $V(\theta, m)$ 所遵循的随机过程，可以采用伊托公式（Ito's Lemma）展开，得到下式：

$$dV(\theta, m) = \frac{\partial V(\theta, m)}{\partial t} dt + \frac{\partial V(\theta, m)}{\partial \theta} d\theta + \frac{1}{2} \frac{\partial^2 V(\theta, m)}{\partial \theta^2} (d\theta)^2 \quad (3\text{-}102)$$

根据式（3-99）可知式（3-102）中 $\partial V(\theta, m)/\partial t = 0$；根据式（3-94）还可以得到 $(d\theta)^2 = (\sigma\theta)^2 dt$，将式（3-94）代入式（3-102）并忽略高阶无穷小量 $o(dt)$，可得，

$$E\{dV(\theta, m)\} = \left[\alpha\theta \frac{\partial V(\theta, m)}{\partial \theta} + \frac{1}{2} \sigma^2 \theta^2 \frac{\partial^2 V(\theta, m)}{\partial \theta^2} \right] dt \quad (3\text{-}103)$$

将式（3-103）代入式（3-101）并忽略高阶无穷小量 $o(dt)$，可以得到关于项目价值的偏微分方程。求解该方程，便能够得到项目价值。方程形式如下：

$$\frac{1}{2}\sigma^2\theta^2 \frac{\partial^2 V(\theta, m)}{\partial \theta^2} + \alpha\theta \frac{\partial V(\theta, m)}{\partial \theta} - rV(\theta, m) + \pi(\theta, m) = 0 \quad (3\text{-}104)$$

方程式（3-104）还必须满足以下的边界条件：

$$V(0, m) = 0 \tag{3-105}$$

$$V(\theta_i^-, m) = V(\theta_i^+, m), \quad i = 1, 2 \tag{3-106}$$

$$V_\theta(\theta_i^-, m) = V_\theta(\theta_i^+, m), \quad i = 1, 2 \tag{3-107}$$

边界条件式（3-105）表明，当 θ 为 0 时，净收益 π 也为 0，此时项目没有任何价值；因此 $\theta = 0$ 是项目价值这一随机变量的一个吸收点。边界条件式（3-106）和式（3-107）成立的原因是 θ 遵循布朗运动，因而可以自由地越过边界，其中 $\theta_1 = c$，$\theta_2 = c + 2bm$。同时应注意到，当 $\theta \to \infty$ 时，有

$$\lim_{\theta \to \infty} \{V(\theta, m)\} = E\left\{\int_{\tau=0}^{T} [(\theta - c)m - bm^2] \cdot e^{-r\tau} d\tau\right\}$$

$$= \left(\frac{\theta m}{r - \alpha} - \frac{bm^2 + cm}{r}\right)(1 - e^{-rT}) \tag{3-108}$$

利用偏微分方程式（3-104）及边界条件式（3-105）～式（3-107）即可解出污水再生利用项目的价值。在这里分两种情况进行讨论：当扩散系数 $\sigma = 0$ 时，为确定性问题；当扩散系数 $\sigma > 0$ 时，为不确定性问题。首先研究不确定性条件下的项目价值求解，根据边界条件式（3-105）可知方程式（3-104）所对应的齐次方程的一个解为

$$V(\theta, m) = A \cdot \theta^\beta \tag{3-109}$$

将式（3-99）代入方程（3-104）的齐次方程形式，可得关于 β 的二次方程：

$$\frac{1}{2}\sigma^2 \beta(\beta - 1) + \alpha\beta - r = 0 \tag{3-110}$$

方程式（3-110）的两个根分别为

$$\beta_{1,2} = 1/2 - \alpha/\sigma^2 \pm \sqrt{(\alpha/\sigma^2 - 1/2)^2 + 2r/\sigma^2} \quad (\beta_1 > 1, \beta_2 < 0) \tag{3-111}$$

所以偏微分方程式（3-104）的一般解可以写为

$$V_j(\theta, m) = A_{1,j} \cdot \theta^{\beta_1} + A_{2,j} \cdot \theta^{\beta_2} + V_j^*(\theta, m) \tag{3-112}$$

$V_j^*(\theta, m)$ 为方程式（3-104）的特解，它可通过将式（3-98）代入式（3-99）得到：

$$V_j^*(\theta, m) = \begin{cases} 0 & j = 1; \ \theta \in [0, c) \\ \dfrac{1}{4b}\left(\dfrac{\theta^2}{r - 2\alpha - \sigma^2} - \dfrac{2c\theta}{r - \alpha} + \dfrac{c^2}{r}\right)(1 - e^{-rT}) & j = 2; \ \theta \in [c, c + 2bm) \\ \left(\dfrac{\theta m}{r - \alpha} - \dfrac{bm^2 + cm}{r}\right)(1 - e^{-rT}) & j = 3; \ \theta \in [c + 2bm, \infty) \end{cases} \tag{3-113}$$

根据再生水项目价值模型及前面的参数假设，可以求得不同规模下的项目价值。当 $\sigma > 0$ 时，该模型为不确定性模型。对于 $\theta = 0$ 时，$V_1(\theta, m) = 0$；由于 $\beta_2 < 0$，所以 $A_{2,1}$ 必须等于 0。对于 $\theta \to \infty$，$V_3(\theta, m)$ 收敛于 V_3^*，由于 $\beta_1 > 1$，所以 $A_{1,3}$ 必须等于 0。根据边界条件式（3-106）和式（3-107）可以得到其他参数值的方程为

$$\begin{bmatrix} \theta_1^{\beta_1} & -\theta_1^{\beta_1} & -\theta_1^{\beta_2} & 0 \\ \beta_1\theta_1^{\beta_1-1} & -\beta_1\theta_1^{\beta_1-1} & -\beta_2\theta_1^{\beta_2-1} & 0 \\ 0 & \theta_2^{\beta_1} & \theta_2^{\beta_2} & -\theta_2^{\beta_2} \\ 0 & \beta_1\theta_2^{\beta_1-1} & \beta_2\theta_2^{\beta_2-1} & -\beta_2\theta_2^{\beta_2-1} \end{bmatrix} \begin{bmatrix} A_{1,1} \\ A_{1,2} \\ A_{2,2} \\ A_{2,3} \end{bmatrix} = \begin{bmatrix} V_2^*(\theta_1, m) \\ (\mathrm{d}V_2^*/\mathrm{d}\theta)|_{\theta=\theta_1} \\ V_3^*(\theta_2, m) - V_2^*(\theta_2, m) \\ (\mathrm{d}V_3^*/\mathrm{d}\theta - \mathrm{d}V_2^*/\mathrm{d}\theta)|_{\theta=\theta_2} \end{bmatrix}$$

(3-114)

当 $\sigma = 0$ 时，该模型为确定性模型，此时项目价值仍然可以通过偏微分方程式（3-104）及边界条件式（3-105）~式（3-108）进行求解。确定性条件下式（3-109）是方程的解，参数 β 通过求解式（3-110）可以得到：$\beta = r/\alpha$。确定性模型的一般解为

$$V_j(\theta, m) = A_j \cdot \theta^{\frac{r}{\alpha}} + V_j^*(\theta, m) \tag{3-115}$$

式（3-115）中的特解即式（3-113）所得到的结果。首先根据边界条件式（3-108）可知，$A_3 = 0$；其次根据边界条件式（3-106）及式（3-107），可以求得 A_1 和 A_2 的解：

$$A_1 = [V_3^*(\theta_2, m) - V_2^*(\theta_2, m)] \cdot \theta_2^{-\frac{r}{\alpha}} + V_2^*(\theta_1, m) \cdot \theta_1^{-\frac{r}{\alpha}} \tag{3-116}$$

$$A_2 = [V_3^*(\theta_2, m) - V_2^*(\theta_2, m)] \cdot \theta_2^{-\frac{r}{\alpha}} \tag{3-117}$$

3.7.3 最优投资规模的确定

如果投资决策者立即进行再生水项目的投资，他所面临的主要问题是确定最优的投资规模。根据边际收益等于边际成本的一般原理，当项目的边际价值等于项目的边际投资成本，此时所得到的项目规模为最优投资规模，即

$$\frac{\mathrm{d}V(\theta, m)}{\mathrm{d}m} = \frac{\mathrm{d}I(m)}{\mathrm{d}m}, \text{ i.e. } v(\theta, m^*) = k_1 k_2 (m^*)^{k_2-1} \tag{3-118}$$

因此关键问题在于确定 $\mathrm{d}V(\theta, m)/\mathrm{d}m$，将式（3-115）对 m 进行求导可得

$$v_j(\theta, m) = a_{1,j} \cdot \theta^{\beta_1} + a_{2,j} \cdot \theta^{\beta_2} + v_j^*(\theta, m) \tag{3-119}$$

式中，$a_{i,j} = \mathrm{d}A_{i,j}/\mathrm{d}m$，$v_j^*(\theta, m) = \mathrm{d}V_j(\theta, m)/\mathrm{d}m$，后者可由式（3-113）求导得

$$v_j^*(\theta, m) = \begin{cases} 0 & j=1; \theta \in [0, c) \\ \frac{1}{4b}\left(-\frac{2\theta}{r-\alpha} + \frac{2c}{r}\right)(1 - e^{-rT})\frac{\mathrm{d}c}{\mathrm{d}m} & j=2; \theta \in [c, c+2bm) \\ \left(\frac{\theta}{r-\alpha} - \frac{2bm+c}{r} - \frac{m}{r}\frac{\mathrm{d}c}{\mathrm{d}m}\right)(1 - e^{-rT}) & j=3; \theta \in [c+2bm, \infty) \end{cases}$$

(3-120)

同理，以上方程同样满足以下条件：

$$v(0, m) = 0 \tag{3-121}$$

$$v(\theta_i^-, m) = v(\theta_i^+, m) \quad i = 1, 2 \tag{3-122}$$

$$v_\theta(\theta_i^-, m) = v_\theta(\theta_i^+, m) \quad i = 1, 2 \tag{3-123}$$

并且它还满足：

$$\lim_{\theta \to \infty} \{v(\theta, m)\} = \left(\frac{\theta}{r-\alpha} - \frac{2bm+c}{r} - \frac{m}{r}\frac{\mathrm{d}c}{\mathrm{d}m} \right)(1 - \mathrm{e}^{-rT}) \tag{3-124}$$

当 $\sigma > 0$ 时，该模型为不确定性模型。当 $\theta = 0$ 时，$v_1(\theta, m) = 0$；由于 $\beta_2 < 0$，所以 $a_{1,2}$ 必须等于 0。当 $\theta \to \infty$，$v_3(\theta, m)$ 收敛于 v_3^*，由于 $\beta_1 > 1$，所以 $a_{3,1}$ 必须等于 0。根据边界条件式（3-121）和式（3-123）可以得到其他 4 个参数值的方程为

$$\begin{bmatrix} \theta_1^{\beta_1} & -\theta_1^{\beta_1} & -\theta_1^{\beta_2} & 0 \\ \beta_1\theta_1^{\beta_1-1} & -\beta_1\theta_1^{\beta_1-1} & -\beta_2\theta_1^{\beta_2-1} & 0 \\ 0 & \theta_2^{\beta_1} & \theta_2^{\beta_2} & -\theta_2^{\beta_2} \\ 0 & \beta_1\theta_2^{\beta_1-1} & \beta_2\theta_2^{\beta_2-1} & -\beta_2\theta_2^{\beta_2-1} \end{bmatrix} \begin{bmatrix} a_{1,1} \\ a_{2,1} \\ a_{2,2} \\ a_{3,2} \end{bmatrix} = \begin{bmatrix} v_2^*(\theta_1, m) \\ (\mathrm{d}v_2^*/\mathrm{d}\theta)|_{\theta=\theta_1} \\ v_3^*(\theta_2, m) - v_2^*(\theta_2, m) \\ (\mathrm{d}v_3^*/\mathrm{d}\theta - \mathrm{d}v_2^*/\mathrm{d}\theta)|_{\theta=\theta_2} \end{bmatrix}$$
$$\tag{3-125}$$

当 $\sigma = 0$ 时，该模型为确定性模型，项目的边际价值可以由方程式（3-119）、式（3-121）和式（3-122）得到。项目边际价值的一般解为

$$a_j(\theta, m) = a_j \cdot \theta^{\frac{r}{\alpha}} + v_j^*(\theta, m) \tag{3-126}$$

式（3-126）中参数 a_j 的解析解为

$$a_1 = [v_3^*(\theta_2, m) - v_2^*(\theta_2, m)] \cdot \theta_2^{-\frac{r}{\alpha}} + v_2^*(\theta_1, m) \cdot \theta_1^{-\frac{r}{\alpha}} \tag{3-127}$$

$$a_2 = [v_3^*(\theta_2, m) - v_2^*(\theta_2, m)] \cdot \theta_2^{-\frac{r}{\alpha}} \tag{3-128}$$

3.7.4 投资期权的价值及最佳投资时机

由上文可知，投资者拥有投资机会就如同拥有某种永久性期权，他可以自由选择在某一时机执行这项期权，当这项期权被执行时，同时也就放弃了期权的价值。因此，作出再生水项目的投资决策也就转变为何时执行这项期权的问题。同上文所用的方法一样，本节也采用动态规划的方法计算再生水项目投资期权的价值。将投资机会（也就是投资期权的价值）定义为 $F(\theta)$，由于在 t 期所得到的支付是 $V_t - I$，因此目标是最大化其现值：

$$F(\theta) = \max E[(V_T - I)\mathrm{e}^{-rT}] \tag{3-129}$$

式中，T 为开始进行投资（即执行期权）的时间。该最大化问题还受到式（3-93）的约束。为了使这个问题有意义，必须假定 $r > \alpha$，否则当时间足够长的时候，式（3-93）得到的结果会非常大，从而使得等待永远是最优策略，即不存在最优解的情况。在 T 期投资发生以前，投资期权不可能产生任何现金流，持有这种期权只能得到期权本身价值增值的收益，因而该动态优化问题的贝尔曼方程可以写为如下的形式：

$$rF(\theta)\mathrm{d}t = E[\mathrm{d}F(\theta)] \tag{3-130}$$

式（3-130）的左边表示在 $\mathrm{d}t$ 的时间内资本的期望收益值，等式右边表示投资机会在相同的时间里的期望收益值；求解该式仍然可以通过采用伊托公式进行展开，忽略高阶无穷小量之后可得

$$\frac{1}{2}\sigma^2\theta^2\frac{\mathrm{d}^2F(\theta)}{\mathrm{d}\theta^2} + \alpha\theta\frac{\mathrm{d}F(\theta)}{\mathrm{d}\theta} - rF(\theta) = 0 \quad (3\text{-}131)$$

方程式（3-131）必须满足以下边界条件：

$$F(0) = 0 \quad (3\text{-}132)$$

$$F(\theta^*) = V(\theta^*, m^*(\theta^*)) - I(m^*(\theta^*)) \quad (3\text{-}133)$$

$$F_\theta(\theta^*) = V_\theta(\theta^*, m^*(\theta^*)) - I_\theta(m^*(\theta^*)) \quad (3\text{-}134)$$

式中，θ^* 为需求变化参数的临界值，通过该临界值就可以判定是否到达最佳的投资时机；m^* 为最优的投资规模。边界条件式（3-133）称为配值条件（value matching），它表明在期权 $F(\theta)$ 和净收益 $V(\theta, m) - I(\theta)$ 这两条曲线在临界点上有相同的值，即在这一点上，投资期权的价值等于项目的净收益值（项目价值减去项目投资的沉没成本）。边界条件式（3-134）称为光滑粘连条件（smooth pasting），即 $F(\theta)$ 与 $V(\theta, m) - I(\theta)$ 这两条曲线在临界点上相切。方程式（3-131）的一般解为

$$F(\theta) = B_1 \cdot \theta^{\beta_1} + B_2 \cdot \theta^{\beta_2} \quad (3\text{-}135)$$

这里，β_1、β_2 也是二次方程式（3-107）的两个根，其中，$\beta_1 > 1$，$\beta_2 < 0$；由于 $F(0) = 0$，所以有 $B_2 = 0$。迭代后可得

$$B_1\beta_1(\theta^*)^{\beta_1-1} = \left[\frac{\partial V}{\partial \theta} + \left(\frac{\partial V}{\partial m} - \frac{\partial I}{\partial m}\right)\frac{\mathrm{d}m}{\mathrm{d}\theta}\right]\bigg|_{\theta = \theta^*, m = m^*} = \frac{\partial V(\theta^*, m^*(\theta^*))}{\partial \theta} \quad (3\text{-}136)$$

由式（3-131）~式（3-136）便可以求解出投资机会的价值函数及需求变化参数的临界值 θ^*，这时判断再生水项目的最佳投资时机可以采用一个简单的规则：当 $\theta < \theta^*$ 时，等待是最优的策略；当 $\theta \geq \theta^*$ 时，可以立即进行污水再生利用项目的投资，此时最优的投资规模为 $m^*(\theta^*)$。

3.8 城市污水系统可持续性估算模型

3.8.1 基于成本效益分析的建模方法

城市污水系统的可持续性是对城市污水系统经济性能、环境性能与资源性能的综合刻画，系统可持续性越强，表明该系统在经济、环境及资源方面的综合效益越好。为了能够合理科学定量地估算城市污水系统的可持续性，本研究构建了城市污水系统可持续性估算模型（urban wastewater system sustainability estimation model，WaSEM）（董欣，2009）。该模型综合考虑城市污水系统经济、环境和资源影响，核算得到城市污水系统全成本，由此定量表征城市污水系统的可持续性。系统的全成本越高，可持续性越弱，反之亦然。该模型能够为同一地区选择不同模式的污水系统提供决策支持，还能够识别同一种模式的污水系统应用于不同地区的可持续性差异。

本研究在成本效益分析（cost-benefit analysis，CBA）的框架下，利用物质流分析、不确定性分析、工程经济学及环境经济学等相关知识，构建了城市污水系统可持续性估算模型，模型框架如图 3-10 所示。该模型利用 CBA 的方法，计算城市污水系统的经济成本、

环境成本及资源效益,将系统的经济、环境和资源性能进行货币化,使得系统的各项性能之间具有公度性(Nas,1996)。

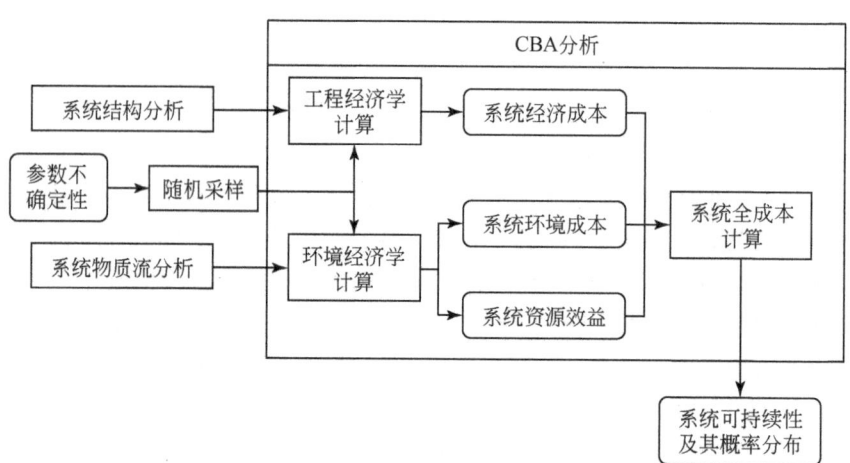

图 3-10　城市污水系统可持续性估算模型 WaSEM 的模型框架

3.8.2　模型结构与功能

城市污水系统可持续性估算模型中定量表征系统可持续性的系统全成本(life cost, LC)由分别表征系统经济、环境和资源性能的经济成本(economic cost, EcC)、环境成本(environmental cost, EnC)及资源效益(resource benefit, ReB)组成,如式(3-137)所示。

$$LC = EcC + EnC - ReB \tag{3-137}$$

城市污水系统的经济成本 EcC 即系统寿命期内的经济投资,包括系统内所有设施的建设费用和系统整个寿命期内的运行维护费用。由于不同模式城市污水系统的组成不同,其建设和运行维护成本的计算内容也不同。城市污水系统经济成本 EcC 的具体计算方法如式(3-138)所示。

$$EcC = CC + \frac{(1+i)^L - 1}{i(1+i)^L} \cdot OMC \tag{3-138}$$

式中,CC 为城市污水系统的建设成本;OMC 为系统在寿命期内的年运行维护成本;i 为折旧率;L 为系统的寿命。

城市污水系统的环境成本 EnC 采用排污收费的方法货币化,通过计算城市污水系统寿命期内向城市水体排放的化学耗氧量(chemical oxygen demand, COD)、总氮(total nitrogen, TN)及总磷(total phosphorus, TP)得到,计算方法如式(3-139)所示。

$$EnC = \frac{(1+i)^L - 1}{i(1+i)^L} \cdot (L_{COD} \cdot fee_{COD} + L_{TN} \cdot fee_{TN} + L_{TP} \cdot fee_{TP}) \tag{3-139}$$

式中,L_{COD}、L_{TN} 和 L_{TP} 分别为城市污水系统 COD、TN 和 TP 的年排放量,应根据不同模式系统的物质流分析结果及污染物去除效率计算得到；fee_{COD}、fee_{TN} 和 fee_{TP} 分别为单位 COD、TN 和 TP 排放的收费标准。

城市污水系统回收的物质为社会提供了相应的资源，减少了新资源的开采量，由此本研究采用市场上相应资源的实际价格将城市污水系统在整个寿命期内回收的水和营养物质（氮、磷）的量进行价值计算，确定系统的资源效益 ReB，如式（3-140）所示。

$$\text{ReB} = \frac{(1+i)^L - 1}{i(1+i)^L} \cdot (W \cdot p_W + N \cdot p_N + P \cdot p_P) \quad (3-140)$$

式中，W、N 和 P 分别为城市污水系统水资源、氮和磷的年回收量，根据不同模式系统的物质流分析结果及资源回收能力确定；p_W、p_N 和 p_P 分别为水资源价格、氮肥（折纯量）的价格和磷肥（折纯量）的价格。

3.9 城市污水系统布局规划决策支持模型

3.9.1 多目标空间优化的建模方法

可持续城市发展的要求，城市地区日益严峻的水与营养物质危机，膜技术、自动控制技术和传感器等技术的快速发展和应用，以及传统集中式污水系统管网维护、修复和管理的问题等诸多因素，使得处于水与营养物质流动耦合节点的城市污水系统开始发生质的变化。历时百年的单一结构特征的传统城市污水系统在结构和布局上开始从直线型集中式系统向闭环型组团式系统转变，在功能上开始从保证城市卫生条件向促进城市可持续发展转变。系统自身的变化使得城市污水系统规划决策的目标及可行的空间布局开始多样化。

为了能够在城市污水系统空间布局的过程中，合理地解决城市污水系统因为规划决策目标及可行空间格局多样化带来的规划复杂性问题，本研究构建了城市污水系统布局规划决策支持模型（urban wastewater system layout decision support model，WaSLaM）（董欣，2009）。该模型以城市污水系统的可持续性最大化为目标，即同时优化系统的经济、环境及资源性能，以城市污水系统内的水量水质要求及系统空间特征关系为约束，采用多目标空间优化的方法，通过连续计算、统计筛选的方式生成具有可持续性优势的城市污水系统空间布局方案集，确定系统内污水处理设施的个数及服务能力，为可持续城市污水系统的空间布局规划提供合理的定量化科学决策支持。

3.9.2 模型结构与功能

3.9.2.1 目标函数

城市污水系统布局规划决策支持模型 WaSLaM 是一个多目标优化模型，其目标函数为最大化污水系统的可持续性，即同时最小化系统的寿命期成本，最小化系统的污染负荷排放量，且最大化系统的资源回收能力。目标函数的具体表达形式如下：

$$\begin{cases} \min \text{LiC} = \text{CC} + \dfrac{(1+i)^L - 1}{i \times (1+i)^L} \times \text{OMC} = (\text{PCC} + \text{RCC} + \text{NCC}) + \dfrac{(1+i)^L - 1}{i \times (1+i)^L} \times (\text{POMC} + \text{ROMC} + \text{NOMC}) \\ \min \text{Load} = \alpha_{\text{COD}} \times \text{Load}_{\text{COD}} + \alpha_{\text{TN}} \times \text{Load}_{\text{TN}} + \alpha_{\text{TP}} \times \text{Load}_{\text{TP}} + \alpha_{\text{FC}} \times \text{Load}_{\text{FC}} \\ \max \text{Res} = \dfrac{\text{reuse}_{\text{actual}}}{\text{reuse}_{\text{potential}}} \end{cases}$$

(3-141)

表征城市污水系统经济性能的寿命期成本 LiC 由系统的建设成本 CC（包括系统内处理设施、调节设施和输送设施的建设成本 PCC、RCC 和 NCC），以及系统在寿命期内年运行维护成本 OMC（包括系统内处理设施、调节设施和输送设施的年运行维护成本 POMC、ROMC 和 NOMC）的折旧组成。

刻画城市污水系统环境性能的污染负荷排放量 Load 是集合了系统 COD、TN、TP 与粪大肠杆菌（fecal coliform，FC）排放量的污染当量数，其中，α_{COD}、α_{TN}、α_{TP} 与 α_{FC} 分别为 COD、TN、TP 与 FC 的当量换算系数；Load_{COD}、Load_{TN}、Load_{TP} 与 Load_{FC} 分别为城市污水系统排放 COD、TN、TP 与 FC 的年负荷量。

考虑到数据的可获得性，本研究目前仅采用城市污水系统对水资源的回收能力来描述系统的资源回收能力。模型中采用城市污水系统服务区域内再生水的实际用量 $\text{reuse}_{\text{actual}}$ 与潜在用量 $\text{reuse}_{\text{potential}}$ 的比值来表征城市污水系统的资源性能。

3.9.2.2 约束条件

城市污水系统布局规划决策支持模型 WaSLaM 通过三类约束反映了系统自身及服务区域对污水系统空间布局的要求，保证城市污水系统布局规划决策支持模型 WaSLaM 的合理性。这些约束条件分别如下。

(1) 保证城市污水系统空间特征的空间约束

在满足当地实际的空间条件下，系统内任意一个处理设施的服务区域必须具有空间完整性，即如果用系统的管网连接同一个处理设施服务区内的任意两个系统用户，管网所经过的区域均属于该处理设施的服务区。

$$\forall k = 1 \sim \text{NpL},\ i = 1 \sim n_k,\ j = 1 \sim n_k,\ (p_k)_{ij} \neq 0,\ \text{where}\ P_k = [(p_k)_{ij}] = S_k + S_k^2 + \cdots + S_k^{n_k}$$

(3-142)

式中，NpL 是污水系统服务区域内污水处理设施可能建设的个数；n_k 是第 k 个可能建设的污水处理设施所服务的最小规划单元数；S_k 为表示第 k 个可能建设的污水处理设施所服务的所有最小规划单元之间的空间关系临界矩阵。

(2) 保证系统服务区域内再生水用户需求得到满足的水质约束

系统中任意一个处理设施都应当满足其服务区域内再生水用户的水量水质要求：

$$Q_{D,k} \geq Q_{R,k},\ C_{k,m} \leq C_{\text{pU min},k,m}$$

(3-143)

式中，$Q_{D,k}$ 为系统内第 k 个污水处理设施的污水处理能力；$Q_{R,k}$ 为系统内第 k 个污水处理设施服务区域内的再生水需求量，两者均取决于规划区域内最小规划单元与处理设施的连接关系；$C_{k,m}$ 为系统内第 k 个污水处理设施所提供的再生水中污染物 m 的浓度；$C_{\text{pUmin},k,m}$ 为系统内第 k 个污水处理设施服务区域内再生水用户对再生水中污染物 m 浓度的限值，前者取决于处理设施的技术选择，而后者取决于最小规划单元的用户属性。

（3）保证系统建设合理性的可行性约束

任意一个城市污水系统用户能且仅能与系统内的一个处理设施相互连接，因此，在模型计算的过程中，任意一个最小规划单元都应当满足如式（3-144）所示的约束关系。

$$\sum_{k=1}^{\text{NpL}} y_{jk} \cdot x_k = 1 \tag{3-144}$$

式中，x_k 为 0-1 决策变量，用于描述第 k 个可能建设的污水处理设施是否被真实建设；y_{jk} 同样为 0-1 决策变量，用于描述第 j 个最小规划单元是否与第 k 个可能建设的污水处理设施相连接。

除此之外，城市污水系统内处理设施与调节设施建设时需要的用地面积必须不大于所在位置能够提供的土地面积，即

$$\text{Area}_k \leq \text{ApL}_k \tag{3-145}$$

式中，Area_k 为第 k 个污水处理设施或调节设施的占地面积，其取决于污水处理技术的选择或再生水季节调节量；ApL_k 为第 k 个污水处理设施或调节设施建设场地所能够提供的土地面积。

3.9.3 模型求解算法

城市污水系统布局规划决策支持模型 WaSLaM 具有较多的 0-1 决策变量，多个目标及多个约束，所求解的问题具有空间性，是一个典型的多目标、多约束空间 NP 优化问题。基于模型这样的特点，本研究采用随机采样、非支配遗传算法-Ⅱ（non-dominated sorting genetic algorithm-Ⅱ，NSGA-Ⅱ）（郑金华，2007；Deb，1999）、图论算法及非支配排序，构建了如图 3-11 所示的模型求解算法，解决了在空间上生成和筛选可持续城市污水系统空间布局方案的技术问题。

在整个模型算法的结构中，NSGA-Ⅱ算法是求解模型多目标优化的主体算法，其利用一种带有精英策略的非支配排序获得模型的 Pareto 最优解；图随机连通划分算法、图论中经典的 Dijkstra 最短路算法和广度优先搜索算法（breadth-first-search，BFS）通过对 NSGA-Ⅱ算法中"初始化种群、适宜度计算和交叉、变异算子执行"进行操作（戴一奇等，1995；谢政和戴丽，2003），使得以 NSGA-Ⅱ 为框架的城市污水系统布局规划决策支持模型 WaSLaM 的求解算法具有解决空间优化问题的能力。非支配排序将所有计算得到的可行解按照模型的目标函数值进行优劣筛选，得到模型的 Pareto 最优解集。

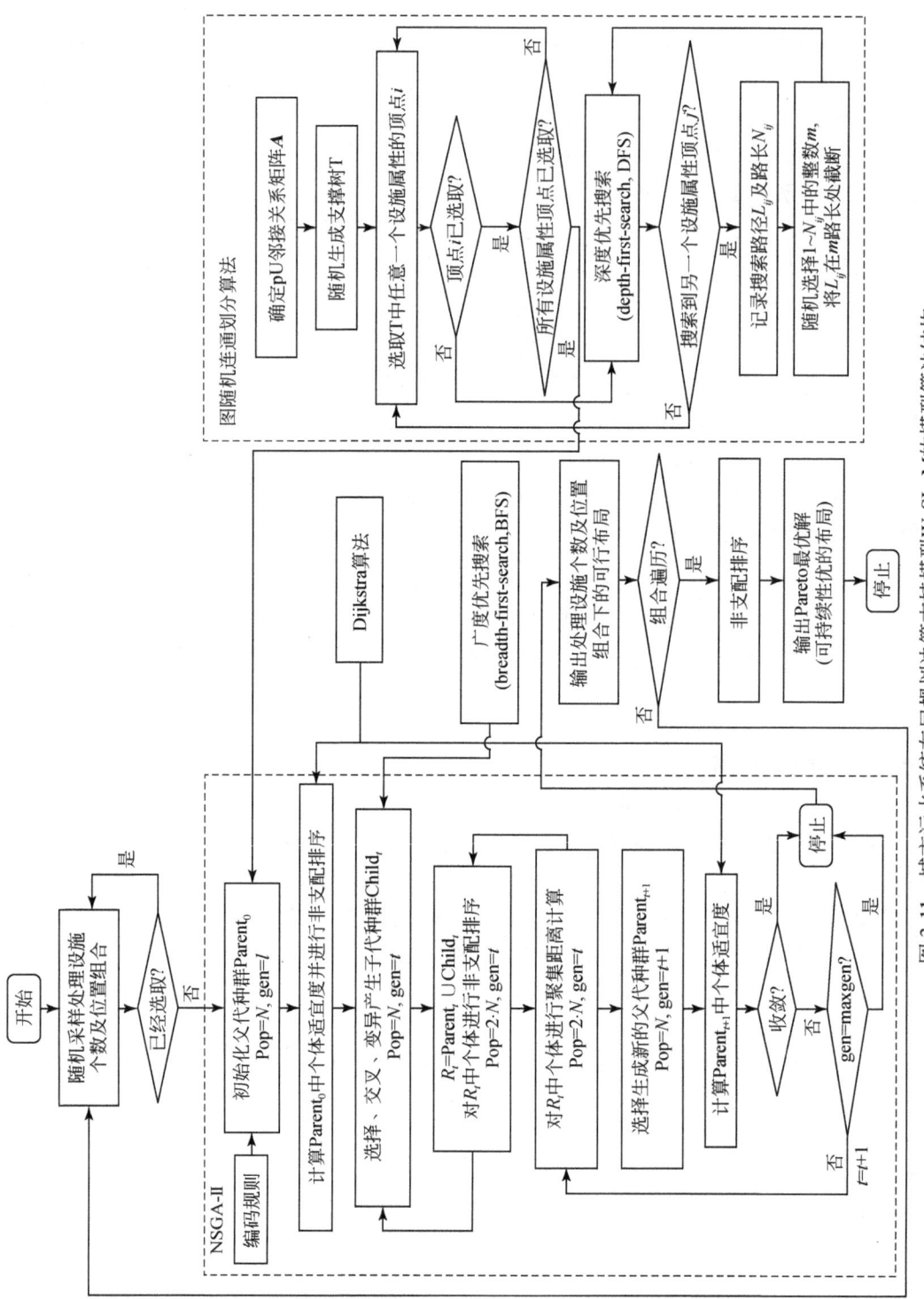

图 3-11 城市污水系统布局规划决策支持模型 WaSLaM 的模型算法结构

3.10 基于事件驱动的流域分布式非点源模型

城市作为影响流域水文水质的重要节点,有必要在流域尺度评估其水循环对于流域水循环的影响。基于事件驱动的流域分布式非点源模型 IMPULSE(integrated model of non-point sources pollution processes)是清华大学环境学院综合当前国际多种非点源模型的优势和我国实际应用需要而研制开发(张大伟,2006),通过亚流域划分技术,可以模拟几十到几百万平方公里尺度的流域非点源过程。由于模型支持城镇用地类型的非点源产汇流计算,因而能实现对包含城市的流域进行非点源模拟。

3.10.1 模型结构与功能

IMPULSE 模型的基本组成包括水文模型、土壤侵蚀模型、泥沙与化合物的输送三部分。它们之间关系如图 3-12 所示。

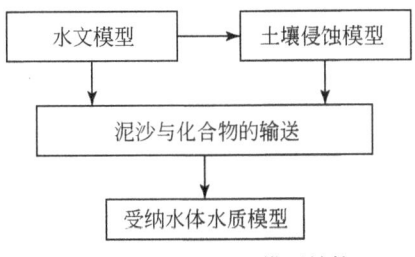

图 3-12 IMPULSE 模型结构

(1) 水文模型

由于 SCS 水文模型不仅计算简便而且能够反映土地利用类型、土壤、植被和农业管理措施等对径流量的影响,IMPULSE 模型采用 SCS 水文模型计算流域地表径流量、入渗量和峰值流量。曲线数(curve number, CN)是 SCS 水文模型中的唯一参数,它是反映降雨前土壤蓄水特征的一个综合参数,与土地利用类型、土壤、植被、农业管理措施及前期土壤湿润程度有关。模型开发者通过收集和分析大量实测结果,制作了 CN 表,列出了不同土地利用类型、土壤、植被覆盖、农田管理措施和土壤水文条件下的 CN 值,便于使用者查询。但是总的来说,CN 值的选用带有较大的不确定性。

(2) 土壤侵蚀模型

通用土壤流失方程(USLE)只能模拟多年平均侵蚀量而无法模拟单次降雨产沙量,因此 IMPULSE 模型采用了 USLE 的一种改进形式——MUSLE 作为侵蚀子模型,基本形式如下:

$$Y = \beta_1 (Q \cdot q_p)^{\beta_2} \cdot R \cdot K \cdot C \cdot P \cdot \text{LS} \tag{3-146}$$

式中,Y 为日降雨产沙总量;Q 为日降雨的总产流量;q_p 为径流峰值流量;β_1、β_2 为经验参数;R 为降雨侵蚀指数,表征降雨侵蚀力;K 为土壤侵蚀因子,反映土壤容易遭受侵蚀的程度；C 为作物因子，表示植物覆盖和作物栽培对防止土壤侵蚀的作用；P 为措施因子，反映土地处理措施对控制污染物的影响；LS 为地形因子，是坡长和坡度的综合影响因子。

在我国，通用土壤流失方程获得了非常广泛的应用，国内学者对其参数和应用条件做了大量讨论和研究，这些为 IMPLUSE 模型的土壤侵蚀计算中相关参数的选取和率定提供了重要参考。

(3) 泥沙与化合物的输送

泥沙的输移分成黏土（clay）、粉砂（silt）、砂（sand）、小团粒（small aggregates）及大团粒（large aggregates）五个颗粒等级来分别加以计算，总量的计算使用修正的 Bagnold 河川动力方程式。化合物的输移部分按溶解性污染物与泥沙吸附性污染物两部分计算。氮、磷与化学需氧量使用 CREAM 模型与 AGNPS 模型中的饲养场评估模块计算。

模型所需的输入参数分为两类：第一类是集总式参数，即在流域范围内无很大变化的降雨量、降雨时间、降雨含氮量等；第二类是分布式参数，即在各个单元格之间可能会发生变化的径流曲线数、土地坡度、坡长、土壤可蚀性因子和侵蚀控制措施因子等参数。模型支持包括径流量、悬浮物、总氮、总磷和 COD 在内的 5 种输出变量。

3.10.2 模型应用框架

城市化背景下土地利用/覆被的变化改变了陆地表层植被的截留量、土壤水分的入渗能力和地表蒸发等因素，进而影响着流域的水文情势和产汇流机制。利用 IMPULSE 模型，能够定量解析和评估城市化进程对流域径流量的影响。将 IMPULSE 模型用于城市化影响的模拟和评估框架如图 3-13 所示。

3.11 模型不确定性分析方法

本研究构建的多尺度城市二元水循环系统数值模拟体系包括城市自然水循环和社会水循环的众多过程，由于这些过程自身存在很大的随机性和可变性，如降雨过程的随机性、用水行为的随机性、水源水质的可变性、水系统设施空间布局的可变性等，该模拟体系的输入、变量、参数及输出结果等都会存在较大的不确定性。为了定量衡量模型的不确定性并考虑其对决策的影响，本研究基于贝叶斯理论展开不确定性分析。

3.11.1 不确定性分析的基本方法

贝叶斯理论为环境模型的不确定性分析提供了一个方法性框架，该方法能将有关参数的先验知识和实际观察样本数据相结合，结果以参数空间概率分布的形式表示，即参数的后验分布（posterior distribution）（Dilks et al.，1992；Borsuk and Stow，2000）。贝叶斯模型的基本形式如式（3-147）所示，即

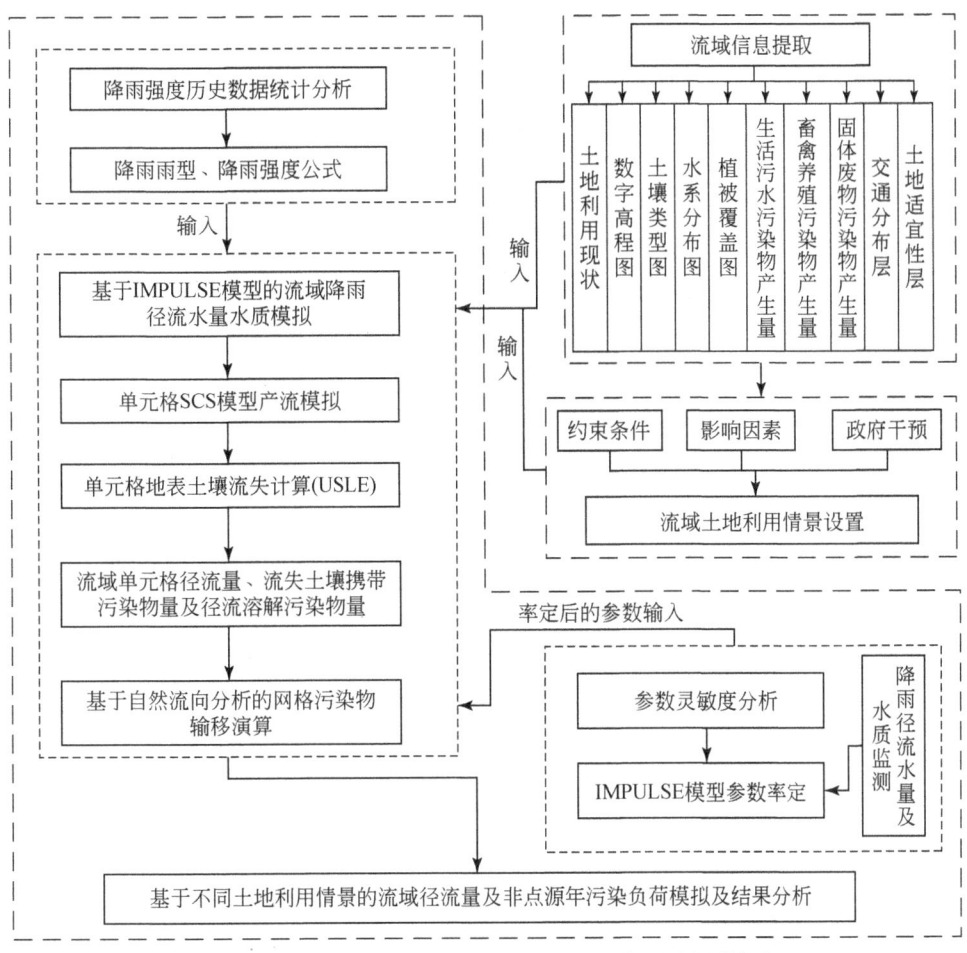

图 3-13 城市水循环对于流域自然水循环的影响评估框架

$$P(\theta|D) = \frac{P(D|\theta) \cdot P(\theta)}{\int P(D|\theta) \cdot P(\theta) \cdot d\theta} \tag{3-147}$$

式中，$P(\theta|D)$ 是参数 θ 的后验分布，$\int P(D|\theta) \cdot P(\theta) \cdot d\theta$ 是标化常数，使得 $\int P(\theta|D) \cdot d\theta = 1$，$P(\theta)$ 是参数的先验分布（prior distribution）；$P(D|\theta)$ 为似然度函数，表示模型输出序列和观测序列的吻合程度。根据 $P(D|\theta)$ 的差异，目前有两种方法计算率定参数的后验分布，即区域灵敏度分析方法（hornberge-spear-young，HSY）和普适似然不确定性估计（generalized likelihood uncertainty estimation，GLUE）方法（Spear and Hornberger，1980；Beck，1987；Beven and Binley，1992），这也是本研究开展模型不确定性时采用的基本方法。

HSY 算法中模型参数的可识别性可以用累积分布函数（cumulative distribution function，CDF）或概率密度函数（probability density function，PDF）来表征。参数先验分布与后验分布的差异越大，参数的灵敏度越大，可识别性越强。HSY 算法的主要步骤如下：在预先设定的参数先验分布空间内,通过随机采样方法获取模型的参数组合并运行模型,选定目标函数并将模型参数组分为可接受和不可接受两类,最后求出所有可接受参数的后验分布,并分析其不确定性。

GLUE 方法的基本步骤与 HSY 算法相似,与 HSY 算法对参数集进行"是"和"否"二元划分不同的是,GLUE 方法将似然度分析引入不确定性分析,认为与实测值最接近的模拟值所对应的参数应具有最高的可信度,离实测值越远,可信度越低,似然度越小。当模拟值与实测值的距离大于规定的指标时,就认为这些参数的似然度为 0。GLUE 方法既考虑到最优这一直观事实,同时又避免了采用单一最优参数组带来的预测风险。

无论 HSY 方法还是 GLUE 方法,都需要用目标函数来评价模拟值与观测值的吻合程度,常用的目标函数包括均方根误差[式(3-148)]、N-S 系数(Nash-Sutcliffe efficiency)[式(3-149)]、相关系数[式(3-150)]、百分标准偏差[式(3-151)]等。本研究采用多目标的不确定性分析方法,以提高模拟结果的可靠性。

$$\text{RMSE} = \sqrt{\frac{1}{n}\sum_{i=1}^{n}(Q_i^{\text{sim}} - Q_i^{\text{obs}})^2} \tag{3-148}$$

$$\text{NS} = 1 - \frac{\sum_{i=1}^{n}(Q_i^{\text{sim}} - Q_i^{\text{obs}})^2}{\sum_{i=1}^{n}(Q_i^{\text{obs}} - Q^{\text{av}})^2} \tag{3-149}$$

$$R = \frac{\sum_{i=1}^{n}(Q_i^{\text{obs}} - \overline{Q_i^{\text{obs}}})(Q_i^{\text{sim}} - \overline{Q_i^{\text{sim}}})}{\left(\sqrt{\sum_{i=1}^{n}(Q_i^{\text{obs}} - \overline{Q_i^{\text{obs}}})^2}\right)\left(\sqrt{\sum_{i=1}^{n}(Q_i^{\text{sim}} - \overline{Q_i^{\text{sim}}})^2}\right)} \tag{3-150}$$

$$\%\text{BIAS} = \frac{\sum_{i=1}^{n}(Q_i^{\text{obs}} - Q_i^{\text{sim}})}{\sum_{i=1}^{n}Q_i^{\text{obs}}} \cdot 100\% \tag{3-151}$$

式中,Q_i^{sim} 和 Q_i^{obs} 分别为时刻 i 的模拟值和观测值;Q^{av} 为观测值的平均值。

3.11.2 基于 Sobol 序列的 GLUE 算法

GLUE 方法采用常规的蒙特卡罗随机采样算法对大量分布式参数进行分析的时候,会遇到采样量过大、收敛速度过慢的问题,因此本研究引入了 Sobol 序列,以提高 GLUE 算法的收敛效率(何炜琪,2008)。

Sobol 序列的基本算法如下。

(1) 定义一个 q 次的以 2 为模的不可约多项式 P

$$P = x^q + a_1 x^{q-1} + a_2 x^{q-2} + \cdots + a_{q-1} + 1 \tag{3-152}$$

式中,$a_{i,\cdots,q-1} = \{0, 1\}$。

(2) 产生 w 个方向数 V_i，$i=1, 2, \cdots, w$

$V_i = m_i/2^i$，m_i 是奇数，且 $0 < m_i < 2^i$，$i=1, 2, \cdots, w$。

从而得到 V_1，V_2，$\cdots$，V_q 作为初始值，并利用多项式 P 的系数计算 V_{q+1}，V_{q+2}，$\cdots$，V_w，即

$$V_i = a_1 V_{i-1} \oplus a_2 V_{i-2} \oplus \cdots \oplus a_{q-1} V_{i-q+1} \oplus V_{i-q} \oplus [V_{i-q}/2^q], \quad i > q \quad (3\text{-}153)$$

式中，$\oplus$ 表示二进制按位异或（exclusive-or）。

(3) 产生随机数序列

$$x^{n+1} = x^n \oplus V_c \quad (3\text{-}154)$$

式中，c 是 n 的二进制数值中右边第一个值为 0 的位置。

Sobol 序列可以扩展到任意维度，多维 Sobol 序列只需要使用多个多项式 P 即可生成，简单高效，而且应用到复杂的随机过程中，Sobol 序列可以获得很好的收敛性。

基于 Sobol 序列的 GLUE 算法的流程如图 3-14 所示，包括以下几个步骤：①给定每个待分析参数的先验分布，一般情况下给出其分布区间内的均匀分布；②通过 Sobol 序列产生随机数，在参数的先验分布中进行随机采样，从而构造出新的带有随机扰动的参数样本；③将参数样本代入模型进行模拟计算，根据模型输出结果计算其似然度；④重复②、③直到似然度分布收敛。

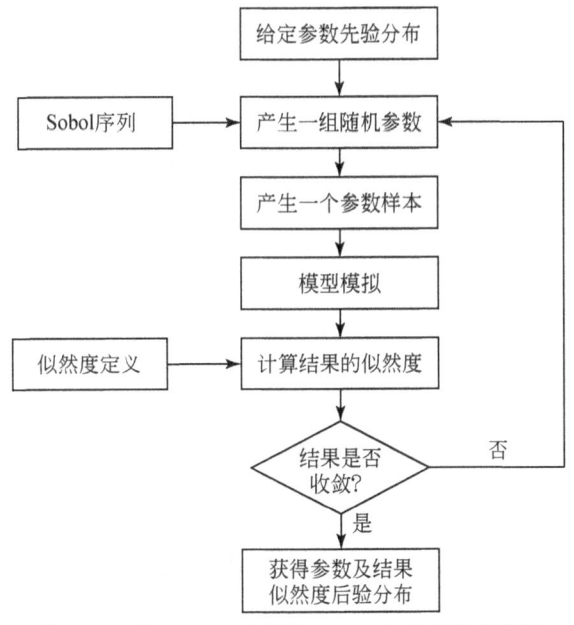

图 3-14 基于 Sobol 序列的 GLUE 法的算法流程图

3.11.3 基于空间信息统计学的参数空间相关性分析方法

参数的空间相关性分析是分布式参数模型不确定性分析和模型结构理论分析的重要内

容。本研究在空间信息统计学理论的基础上，构建了参数空间自相关函数和不同参数之间的空间相关函数，用于定量描述和评价分布式参数的空间相关性。

结合分布式模型参数的特点及其不确定性分析需要，定义参数的空间自相关函数，即在指定方向 v 上，相距 h 的两个网格的参数 j 取值 $\theta_j(x)$ 和 $\theta_j(x+h)$ 之间的相关度，如图 3-15 所示。

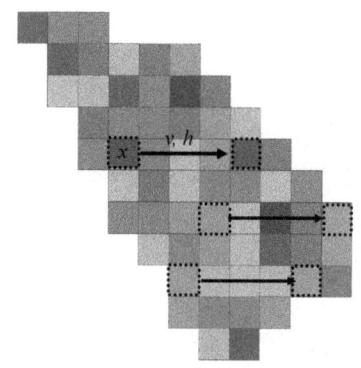

图 3-15 空间自相关函数定义示意图

从定义可以看出，相关度是没有方向的，即 $\theta_j(x)$ 和 $\theta_j(x+h)$ 之间的相关度应该等于 $\theta_j(x+h)$ 和 $\theta_j(x)$ 之间的相关度，因此针对空间上大量的参数点对之间进行相关度求解时，应该对各个点对的值进行排序。参数空间自相关函数的具体定义如下：

$$\gamma_j(h, v) = R[\lambda_1(x, h), \lambda_2(x, h)], \quad \forall x \in \Omega \tag{3-155}$$

式中，Ω 表示整个研究区域，$\lambda_1(x, h)$、$\lambda_2(x, h)$ 是对参数点对的排序，即

$$\lambda_1(x, h) = \min[\theta_j(x), \theta_j(x+h)] \tag{3-156}$$

$$\lambda_2(x, h) = \max[\theta_j(x), \theta_j(x+h)] \tag{3-157}$$

$R(\lambda_1, \lambda_2)$ 是相关度函数，定义为

$$R(\lambda_1, \lambda_2) = \frac{\sum (\lambda_1 - \overline{\lambda_1})(\lambda_2 - \overline{\lambda_2})}{\sqrt{\sum (\lambda_1 - \overline{\lambda_1})^2 \sum (\lambda_2 - \overline{\lambda_2})^2}} \tag{3-158}$$

$R(\lambda_1, \lambda_2)$ 为 1 时表示 λ_1、λ_2 两个数列之间完全线性相关，为 0 时表示这两个数列线性独立，没有线性相关性。

因此，通过空间相关性函数，可以考察任意方向上，参数点之间的相关度随着距离的变化情况。一般来说，参数的空间自相关性随着距离的增加而减少，所以与空间变异性函数（半方差函数）类似，在大多数情况下相关度是距离的单调减函数，即随着 $|h|$ 由小增大，$\gamma(h)$ 逐渐减小，当 $|h|$ 增大到某一数值时，由于边界效应，$\gamma(h)$ 可能会稍微增加，如图 3-16 所示。因此，可以通过给定相关度水平阈值 R_0，从空间自相关性函数曲线中求出空间自相关半径 D_0。对于具有空间自相关性的参数，可以降低其监测和检验的空间布点密度，减少分布式参数模型应用中参数获取的工作量。同时，参数的空间自相关性也是分布式参数模型的重要参数结构信息，对于深入研究模型结构具有重要意义。

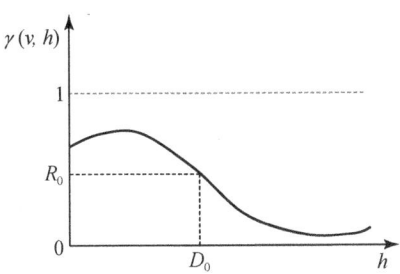

图 3-16　空间自相关函数曲线示意图

与参数的空间自相关性定义类似，定义参数之间的空间相关函数，即参数 i 和参数 j 在指定方向 v 上相距 h 的两个网格的取值 $\theta_i(x)$ 和 $\theta_j(x+h)$ 之间的相关度。

$$\gamma_{ij}(h, v) = R[\lambda_1(x, h), \lambda_2(x, h)], \quad \forall x \in \Omega \tag{3-159}$$

式中，Ω 表示整个研究区域，$\lambda_1(x, h)$、$\lambda_2(x, h)$ 是对参数点对的排序，即

$$\lambda_1(x, h) = \min[\theta_i(x), \theta_j(x+h)] \tag{3-160}$$

$$\lambda_2(x, h) = \max[\theta_i(x), \theta_j(x+h)] \tag{3-161}$$

$R(\lambda_1, \lambda_2)$ 是相关度函数，定义同前，见式（3-158）。如果一个分布式参数模型的参数具有显著的空间相关性，说明模型内部结构存在问题，分布参数不是最简的（空间相关的参数之间可以互相表达），因此一定程度上意味着存在冗余的分布式参数，应该进一步改造模型结构。

3.11.4　基于图论的空间采样方法

城市水系统中管网的空间结构不仅影响着城市水系统的性能及其可持续性，还影响着城市水系统的演化规律。因此，在构建城市二元水循环系统数值模拟体系时，应当通过对管网空间结构的大规模随机采样来识别管网空间结构不确定性的影响。然而，由于众多的节点及复杂的连接关系，城市水系统的管网存在着复杂的图结构，采用通常的蒙特卡罗等采样方法不能高效地实现管网空间结构的采样。为了解决这一问题，本研究开发了基于图论的空间采样方法，如图 3-17 所示。

对于给定的管网服务区域，根据用户所在管网节点的空间邻接关系，首先，确定在服务区域地物约束条件下的管网节点邻接关系矩阵 A；其次，按照确定的邻接关系，随机生成管网节点的支撑树 T；再次，在 T 中任意选取一个建设处理设施的节点 i，从该节点开始，对支撑树 T 进行深度优先搜索，直到搜索到另一个处理设施节点 j，记录搜索路径 L_{ij} 及路长 N_{ij}，在 $1 \sim N_{ij}$ 随机选取整数 m，将 L_{ij} 在 m 处截断，使得 L_{ij} 上的所有节点分为两部分，分别由处理设施 i 与 j 服务；最后，重复上述过程，直至支撑树 T 中的所有处理设施节点被遍历，则完成一次空间随机采样。对于同一个支撑树 T，随机选择 L_{ij} 上的不同截断位置，能够生成不同的管网空间结构，与此同时，根据管网节点的邻接关系，还可以随机生成若干不同的支撑树。两种图运算的叠加，保证了算法采样的均匀性，同时也大幅度提

高了管网空间结构的采样效率，使得其能够在多项式时间内完成采样。

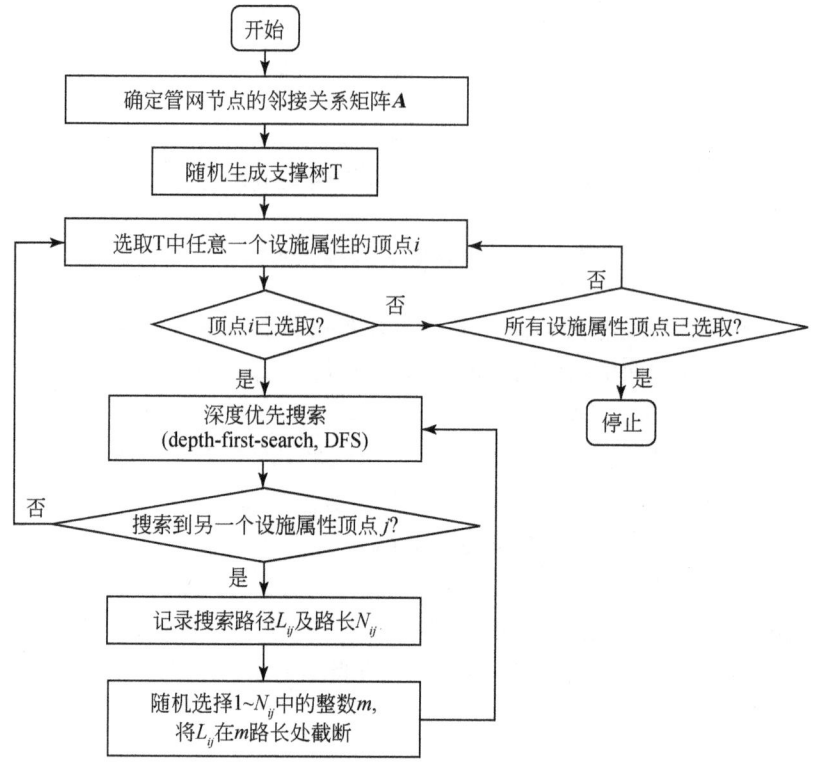

图 3-17　基于图论的空间采样算法结构

第4章 城市二元水循环系统演化机制与规律研究

4.1 基于水质再生的城市水资源量

规律1：仅考虑污水再生利用，单个城市在理论极限状况下最大可用水资源量能够达到取水量的1.87倍。通过采用包括污水再生和雨水利用的多水源综合集成与调控优化，在北方典型缺水城市经济成本可接受范围内，经由水质再生得到的最大可用水量能达到城市地表和地下取水量的1.3~1.7倍。

4.1.1 单个城市最大可用水资源量理论极限值

第3章式（3-1）给出了城市可用水资源量Q的表达式，从该式可以看出，在其他所有参数确定的情况下，Q取决于城市总取水量Q_1和城市雨水利用量Q_{01}。考虑到Q_{01}与城市区域的汇水面积和汇水区特征有关，不适宜进行一般情况下的理论推导，因此本节推导单个城市最大可用水资源量理论极限值时暂不考虑雨水利用。

设定式（3-1）中主要参数取值如下：输水损失系数α_1取0.08；配水管网损失系数α_2取0.215；污水管网损失系数α_4取0.14；污水直接排放率α_5取0.1；再生水管网损失系数α_7取0.1；城市耗水系数α_3和α_8取0.2。另外，联合式（3-1）和式（3-2）可以看出，α_6和β_3越小，Q越大，当二者均取0，即处理后的污水全部再生回用且所有再生水全部回用于城市内部时，Q可取最大值，因此计算中α_6和β_3均取0。

根据上述取值，仅考虑污水再生利用时，单个城市最大可用水资源量可以达到其总取水量的1.87倍。此时城市处理后的污水全部通过水质再生回用到城市社会水系统中，不排入环境水体。通过对理论极限值的计算可以看出，污水再生利用能够为城市增加近一倍的水资源量，因而具有解决城市缺水问题的巨大潜力。

4.1.2 多个城市全流域最大可用水资源量理论极限值

为了考察流域尺度上多个城市上下游关系的影响，本节对多个城市可用水资源量的理论极限值进行估算。首先考虑两个城市的情况，假设多个城市均从同一地表水体取水，该水体的最大可取用水量为q_0，则两个城市的可用水资源量可表示为

$$Q = (K_1 - K_2 + K_2 K_{e1})Q_{11} + (1 + K_2)q_0 \tag{4-1}$$

续表

变量/参数	含义	取值	变量/参数	含义	取值
α_8	再生水利用耗水系数	0.77	C_{02}	直接利用的雨水利用单位成本/(元/m³)	1.53
α_9	雨水直接利用率	—	C_{10}	地表取水供水单位成本/(元/m³)	2.83
α_{10}	雨水管网损失系数	0.1	C_{20}	地下取水供水单位成本/(元/m³)	2.07
α_{11}	雨水利用耗水系数	0.77	S_{10}	地表水多年平均水资源量/亿 m³	17.72
S_{01}	北京市城区每年可利用的雨水量/亿 m³	2.3	S_{20}	天然地下水可供使用的水资源量/亿 m³	19.67
D	北京市全社会需水量/亿 m³	42.8	D_4	回灌渗透（补充地下水）/亿 m³	7.97
D_1	环境用水（河湖补水、绿化灌溉）/亿 m³	3.57	Q_{01}	雨水实际利用量/亿 m³	—
D_2	城市杂用（道路喷洒、洗车、冲厕）/亿 m³	2.16	$\bar{C}$	城市年度总投入费用/亿元	—
D_3	工业用水（循环冷却水）/亿 m³	2.71			

(3) 最优化模拟结果分析

根据表4-1的参数取值，在不考虑成本约束时，北京市能够获得的最大可用水资源量为63.68亿 m³，总投入约204.02亿元。由于本研究设定了地下水回灌的水量限制，在达到最大可用水资源量时，北京市地下水和地表水的取水量都达到最大取水量，雨水全部回灌地下水，再生水约72.4%回灌地下水。这一结果也意味着，北京市最大可用水资源量为63.68亿 m³，即使经济投入高于204.02亿元也不会使得可用水量增加。

考虑城市水系统投入占城镇居民可支配收入总量不同比例（2.5%~5%）时，得到北京市可用水资源量及其水资源配置情况的结果如表4-2所示。从表中可以看出，当城市水系统投入为110.61亿元，即占城镇居民可支配收入总量的比例为2.5%时，不能满足模型的各项约束条件，因此模型无解；当投入达到132.73亿元，即比例为3%时，北京市最大可用水资源量为48.74亿 m³，为其取水量的1.3倍；当投入达到204.02亿元，即比例为4.6%时，最大可用水资源量与不考虑成本约束时结果一致，达到63.68亿 m³，为其取水量的1.7倍；进一步增大投入到221.21亿元，即比例为5%时，最大可用水资源仍为63.68亿 m³，但水资源配置方案有所不同。

从表4-2还可以看出，随投入成本的增加，为了获得最大可用水资源量，地表水和地下水的取水量 Q_{10} 和 Q_{20} 都持续增长，处理后污水回用的比例和回灌地下水的比例也有所提高；由于雨水回灌地下水的处理成本低于再生水，在各种投入情景下雨水均全部处理后回灌地下水；地表水取水量由于没有额外的水源补充，在较少成本投入时就已达到17.72亿 m³的满额取水量，而地下水由于再生水和雨水回灌得到补充，设定回灌水的留存时间为6个月，在不超采的前提下，地下水可取水量可增大到39.34亿 m³。

表 4-2　北京市可用水资源量最优化结果

参数	成本						
	110.61	132.73	154.85	176.97	199.09	204.02	221.21
α_6	—	0.1851	0.2354	0.0872	0	0	0
α_9	—	0	0	0	0	0	0.7625
β_1	—	0.2530	0.2357	0.1800	0.1513	0.1488	0
β_2	—	0.3451	0.3215	0.2455	0.1612	0.1273	0.2030
β_3	—	0.4018	0.4429	0.5745	0.6875	0.7239	0.7970
$Q_{01}/亿\ m^3$	—	2.30	2.30	2.30	2.30	2.30	2.30
$Q_{10}/亿\ m^3$	—	12.66	17.72	17.72	17.72	17.72	17.72
$Q_{20}/亿\ m^3$	—	27.64	28.68	33.37	38.20	39.34	39.34
K_1	—	0.3502	0.3265	0.3883	0.4221	0.4205	0.4174
K_{01}	—	0.0846	0.0789	0.0938	0.1019	0.1016	0.1008
$C_{00}/亿元$	—	132.73	154.85	176.97	199.09	204.02	209.63
$maxQ/亿\ m^3$	—	48.74	54.84	59.53	63.29	63.68	63.68
$maxQ/D$	—	1.14	1.28	1.39	1.48	1.49	1.49
$maxQ/Q$	—	1.30	1.47	1.59	1.69	1.70	1.70

4.2　城市生活节水技术的扩散特征

规律 2：城市生活节水技术从进入市场至达到稳定占有率需要 5~10 年的时间，稳定期的长短则取决于相互竞争技术的研发速度和费用效益。参照当前各类器具的技术结构，洗衣机和便器节水技术推广及淋浴器节水技术研发是未来需水管理的重点。

4.2.1　节水器具扩散规律

本研究开展的调查表明，约 60% 的消费者在现有器具不更换时不会考虑选购高效用水器具，10% 会在这类器具普及后考虑更换。因此，高效用水技术的研发与扩散存在一定的延滞效应。从图 4-1 和图 4-2 可以看出，各类技术在市场中的占有率基本呈现"扩散—稳定—淘汰"三个过程。某项技术从进入市场到形成占有率稳定期（即基本达到峰值）需要 5~10 年的时间。对比水龙头和便器的技术变化曲线可以看出，替代技术的形成时间对某项技术的占有率稳定期长短具有直接影响。根据这一规律，我国人口峰值将在 2030 年前后出现，在不考虑技术效应的前提下，对应人口增长形成的需水高峰可能在 2030~2040 年到来。考虑到技术选择的锁定效益和延滞效应，应对需水高峰的高效用水技术研发和推广应至少提前 5~10 年开展。

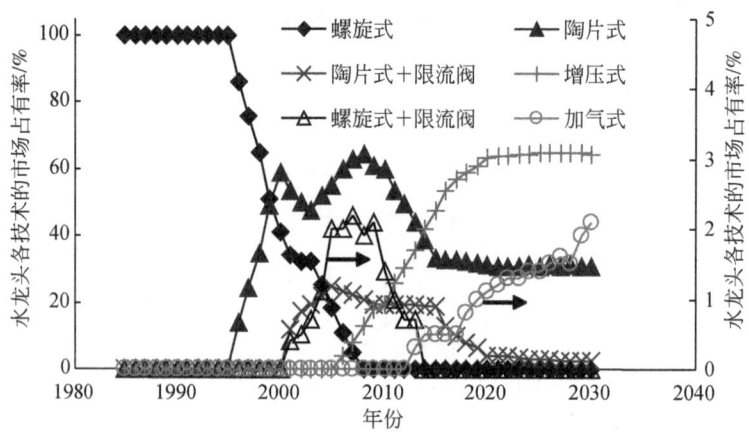

图 4-1 我国不同类型水龙头的市场扩散规律

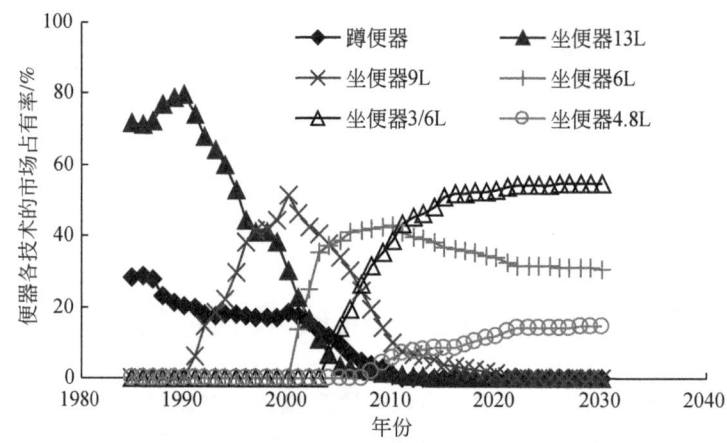

图 4-2 我国不同类型便器的市场扩散规律

4.2.2 居民用水结构变化和节水器具未来发展趋势

用水器具普及率的增长和用水效率的变化，直接导致居民家庭用水的器具结构从原来的"水龙头和便器独大"的格局逐渐演变为"多类器具并重"的特点。如图 4-3 所示，水龙头用水比例基本维持在 30% 左右；洗衣机用水比例随着器具普及率的提高逐步增大，但在 2020 年以后受技术进步主导，逐步回落至 20% 左右；淋浴器用水比例在 2000 年以前经历了显著的跃升，此后在行为频率略有增加和器具效率提高的双重作用下，比例基本维持在 20% 左右；便器用水量受技术水平的提升影响最为显著，其相应的用水比例也逐渐下降，到 2030 年同样处于 20% 左右的水平。

结合各类用水器具市场占有情况的变化分析，目前淋浴器的节水技术在价格和使用的方便程度方面较难为家庭用户所接受，因而用水效率的提升过程相对缓慢，未来应以高效用水技术的研发为重点。水龙头用水比例基本不变，表明其技术进步水平与生活用水效率

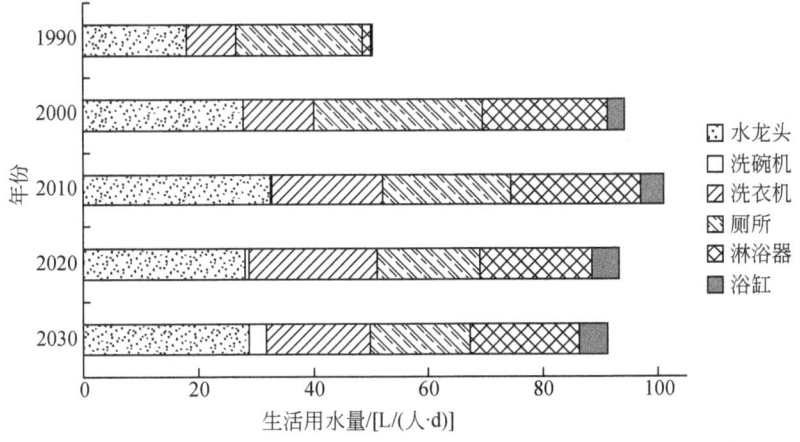

图 4-3　北京市 1990~2030 年居民家庭用水结构变化

提升的速度相当，因为多数水龙头取水以水量为目标，故其在用水量上较难有明显降低。波轮式与滚筒式洗衣机目前在市场上呈现激烈竞争的态势，由于滚筒式洗衣机用水效率很高，更省水的洗衣方式的研发恐怕短期内难以在成本上具有市场竞争优势，因此洗衣机用水量能否进一步下降将取决于技术扩散。便器用水技术近年来发展较快，市场上已有较多节水产品可供选择，但考虑到冲刷效率和无水型厕所在居民家庭中的接受程度等问题，目前的节水重点仍是现有节水技术的推广。

4.3　工业节水技术的发展规律

规律 3：工业技术发展水平将直接决定用水效率。按当前的技术进步特征划分，我国高耗水行业可划分为以造纸为代表的直线加速型、以钢铁和石化等为代表的直线加速向加速减缓过渡型，以及以纺织印染为代表的加速减缓型三种主要类型。到 2030 年生产技术的进步为高耗水行业带来的节水潜力占总节水潜力的 42.8%，重复用水和非常规水资源利用占 57.2%。

4.3.1　工业技术发展水平判断

如图 4-4 所示，近 10 年来我国高耗水行业的用水效率均有所提高。其中，造纸行业节水潜力的实现主要集中在超高得率制浆技术、纸机白水封闭循环和回收、中浓技术及漂白技术等几项关键技术上。因此，在这些技术的综合作用下，造纸行业的用水效率提升将继续保持直线加速的特征。钢铁和石化行业的重复用水率已达到 95% 以上，由此带动单位产品的用水量显著下降，并已逐步接近国际先进水平。由于行业生产的特点，这两个行业通过生产工艺改进带来的用水效率提升较小，节水量主要依靠水的重复利用和回用技术实现，因此尽管生产工艺的改进将继续推进未来的工业用水效率提高，但由于重复用水率提

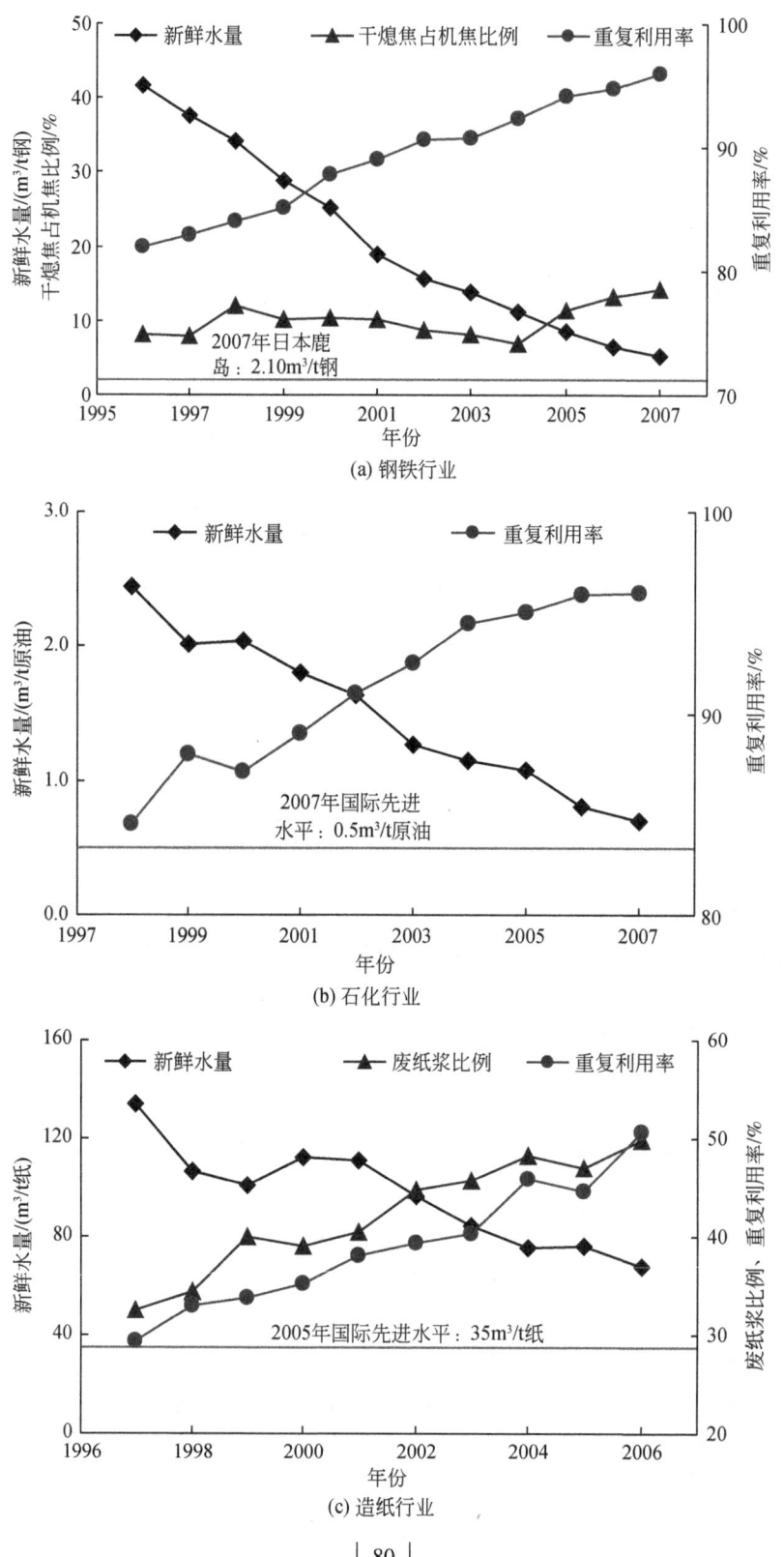

(a) 钢铁行业

(b) 石化行业

(c) 造纸行业

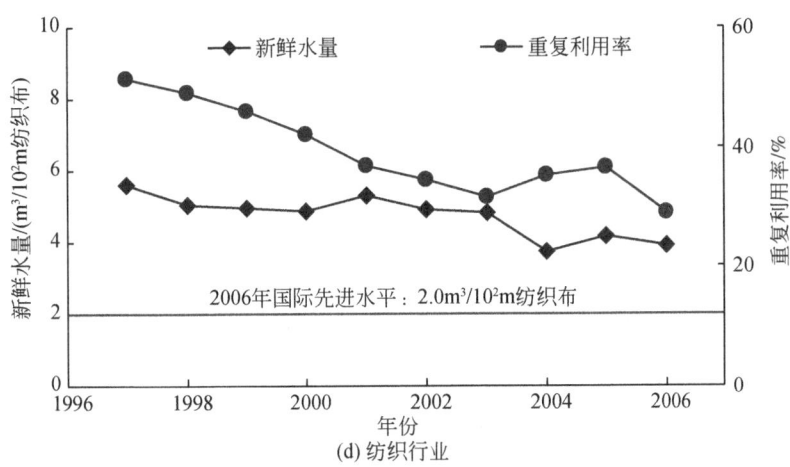

图 4-4 我国部分工业行业水资源利用情况和技术发展水平

升空间较小，因而技术进步驱动的用水效率提升将由直线加速逐步向加速减缓过渡。与钢铁、石化行业类似，重复用水对纺织印染行业用水效率的提高同样具有重要影响。但近年来，技术、资金等原因，纺织印染企业对水资源重复利用缺乏重视，导致我国纺织印染行业用水效率提升缓慢。但与钢铁、石化等行业相比，这类行业仍具有较大的节水空间。

4.3.2 技术进步对节水潜力的影响识别

未来工业节水潜力能否得到最大程度的挖掘和发挥，取决于是否能够在工业用水关键技术的研究、应用和推广方面取得突破。模型研究表明，在不同的技术发展水平下，工业用水效率具有十分明显的差异。在火电行业，空冷技术、清洁煤发电技术的应用和推广对于发挥行业节水潜力至关重要；在造纸行业，节水潜力的实现主要集中在超高得率制浆技术、纸机白水封闭循环和回收、中浓技术及漂白技术等几项关键技术上，其中中浓技术更是体现了巨大潜力；在钢铁、纺织和石化行业，生产过程技术优先级别高，但实现节水量相对较小，节水量主要依靠水的重复利用和回用技术满足，行业关键共性技术发挥了重要作用。虽然这三个行业的生产过程技术节水潜力相对偏小，但对于行业整体技术升级和结构优化的推动力度很大，这些行业中的关键技术还包括钢铁行业的近终形连铸连轧技术、直接还原铁和熔融还原铁技术及干熄焦技术，纺织行业的节水和无水印染新技术，化肥行业的水溶液全循环节能增产工艺等。

综合来看，生产工艺改进和水资源的重复利用和回用技术，对控制工业用水增长都将具有重要意义。通过 I-WaDEM 模型的测算结果，到 2030 年生产技术的进步为高耗水行业带来的节水潜力占总节水潜力的 42.8%，重复用水和非常规水资源利用占 57.2%。技术费用效益的综合评估结果表明，生产过程技术的节水效益远大于单纯的水重复利用和回用技术，因此在多数行业中，生产工艺改进仍属于优先考虑的技术进步类型。但结合行业技术发展特征和生产特征，重复用水和非常规水资源利用仍是部分行业实现用水控制的重要措施。

4.4 常规处理工艺下城市饮用水水质风险特征

规律 4：在我国给水处理工艺中占主导地位的常规给水处理系统已经不能有效应对饮用水源污染和生活饮用水卫生标准日趋严格的双重压力。即使水源水质达到《地表水环境质量标准》中Ⅲ类水标准，饮用水质仍然存在较高风险，COD_{Mn}的超标概率可能高于10%，而NH_3-N和总THMs的超标概率可能达到20%以上。

4.4.1 城市饮用水水质风险评价标准

本研究选取《生活饮用水卫生标准》（GB 5749—2006）中的高锰酸盐指数（COD_{Mn}）、氨氮（NH_3-N）、余氯和三卤甲烷（THMs）四类水质指标开展给水系统水质风险评价，表4-3列举了各指标的类型及其在标准中的浓度限值。

表4-3 给水系统水质风险评价指标及其浓度限值

指标	指标类型		单位	限值		备注
				水厂出厂水	管网末梢水	
COD_{Mn}	感官性状和一般化学指标	常规	mg/L	3	3	水源限制，原水COD_{Mn}>6mg/L时为5
NH_3-N	感官性状和一般化学指标	非常规	mg/L	0.5	0.5	
余氯	消毒剂指标	常规	mg/L	≥0.3，≤4	≥0.05	
$CHCl_3$	毒理指标	常规	mg/L	0.06	0.06	
$CHBrCl_2$	毒理指标	非常规	mg/L	0.06	0.06	
$CHBr_2Cl$	毒理指标	非常规	mg/L	0.1	0.1	
$CHBr_3$	毒理指标	非常规	mg/L	0.1	0.1	
TTHMs	毒理指标	非常规	—	1	1	该类化合物中各种化合物的实测浓度与其各自限值的比值之和

COD_{Mn}是表征有机物含量的综合性指标。虽然COD_{Mn}不如TOC能准确代表所有有机物，也不代表具体的有机物类别，并且与人体健康风险也没有明确的关系，但其测定方法简单，对仪器要求低。因此，在我国供水企业现状的水质检测能力下，以COD_{Mn}作为饮用水中有机物含量的控制指标更具操作性（王占生和张晓健，2001；王占生，2005）。同时，COD_{Mn}也是我国水源水质污染的主要指标之一，而传统给水处理工艺对其去除效率较低（陈国光，2005；王占生，2005）。

在饮用水常见的浓度范围内，NH_3-N不会对人体健康产生直接的不良影响，因此它没有基于健康风险的浓度限值（WHO，2011）。但 NH_3-N 是水体受到人为或粪性污染的良好指示性指标，并且它可能影响消毒效率，引起饮用水味、嗅问题，导致管网中亚硝酸盐的生成等（Chang et al.，1999；WHO，2011）。同样，NH_3-N 也是我国水源水质污染的主要指标之一，并且传统给水处理工艺对其去除效率较低（Chang et al.，1999）。

基于健康风险的氯浓度限值为 5mg/L（WHO，2011），因此在饮用水常见的浓度范围内氯不会对人体健康产生不利影响。为了防止输水过程中微生物再生长，保持水的持续杀菌能力，降低微生物再污染的可能性，给水系统通常在出厂水和管网中维持一定浓度的余氯。同时，余氯也是饮用水污染的指示性指标，测定方法简单、快速，而且可以在线测定，因此也是衡量水质安全性的重要指标。

THMs 是氯消毒剂与水中有机物反应产生的消毒副产物（disinfection by-products, DBPs）。大量流行病学调查和动物毒理学实验的研究结果表明，THMs 可能增加膀胱癌、结肠癌、直肠癌、肝癌、肾癌等癌症风险，并且可能对生殖和发育产生不利影响（USEPA，2006）。同时，饮用水中 THMs 的多少还间接表征了其他 DBPs 的浓度水平。我国《生活饮用水卫生标准》中不仅规定了 $CHCl_3$、$CHBrCl_2$、$CHBr_2Cl$ 和 $CHBr_3$ 四种 THMs 的浓度限值，而且规定了总 THMs（TTHMs）的限值，如表4-3所示。我国水源水质有机污染严重，并且氯消毒仍然是主流的消毒工艺，因此 THMs 受到供水企业和公众的较多关注。

4.4.2 饮用水源水质参数

我国《地表水环境质量标准》（GB 3838—2002）依据地表水水域环境功能和保护目标，按功能高低依次划分为5类，即 I~V 类。该标准规定，只有水质达到或优于Ⅲ类的地表水才可用做集中式生活饮用水地表水源。该标准中 I~V 类水体的 COD_{Mn} 和 NH_3-N 的浓度限值如表4-4所示。因此，模型输入条件中 COD_{Mn} 和 NH_3-N 的取值范围分别为 0~15mg/L 和 0~2mg/L。在利用 IWaSS 模型模拟得到 COD_{Mn} 和 NH_3-N 在整个取值范围内的水质风险后，以各类水源的比例作为权重，即可在宏观层次上评价区域整体的给水系统水质风险。

表4-4 水源水质类型划分

NH_3-N/(mg/L)	COD_{Mn}/(mg/L)					
	(0.0, 2.0]	(2.0, 4.0]	(4.0, 6.0]	(6.0, 10.0]	(10.0, 15.0]
	I	II	III	IV	V
(0.0, 0.15]	I	I	II	III	IV	V
(0.15, 0.5]	II	II	II	III	IV	V
(0.5, 1.0]	III	III	III	III	IV	V
(1.0, 1.5]	IV	IV	IV	IV	IV	V
(1.5, 2.0]	V	V	V	V	V	V

4.4.3 给水处理工艺参数

本研究以我国主导的给水处理工艺即"前加氯→混凝→沉淀→过滤→后加氯"为例，评价该常规处理工艺在不同水源水质条件下的饮用水安全风险。各个工艺单元的设计和运行参数如表4-5所示，且本研究假设所有的模型输入均服从均匀分布。

表4-5 给水系统水质风险评价的模型输入条件

工艺流程	输入	简称	单位	分布类型	最小值	最大值
前加氯	投氯量	CD1	mg/L	均匀	1	4
混凝	混凝剂投加量	PAC	mg/L	均匀	10	40
	平均速度梯度	G	1/s	均匀	20	80
	停留时间	RT1	min	均匀	10	30
沉淀	停留时间	RT2	h	均匀	1	3
	表面负荷	SL	mm/s	均匀	2.0	3.5
过滤	滤层厚度	FD	m	均匀	0.7	1.6
	滤速	FV1	m/h	均匀	5	12
	反冲洗周期	PB	h	均匀	12	36
	反冲洗水 COD_{Mn}	CODB	mg/L	均匀	0	3
	反冲洗水 NH_3-N	NH3B	mg/L	均匀	0.0	0.5
	反冲洗水浊度	TUB	NTU	均匀	0	1
	反冲洗水余氯	Cl2B	mg/L	均匀	0	2
后加氯	投氯量	CD2	mg/L	均匀	1	4
	停留时间	RT3	h	均匀	0.5	2.5

4.4.4 不同水源水质条件下的饮用水安全风险

图4-5所示为常规给水处理工艺在保证余氯达标的前提下不同水源水质时水厂出水的水质风险。从图中可以看出，即使水源水质达到《地表水环境质量标准》中的Ⅲ类水标准，水厂出水中 COD_{Mn} 的超标概率仍有可能高于10%，而 NH_3-N 和 TTHMs 的超标概率则可能达到20%以上。当水源水质劣于Ⅲ类时，水质超标概率急剧上升，常规给水处理工艺已经无法满足饮用水安全的要求。

4.4.5 海河流域的饮用水安全风险

以海河流域为例，2006~2009年海河流域21个重点饮用水源地水质状况如图4-6所示，从图中可以看出近年来海河流域重点饮用水源地水质有所改善，以Ⅱ类水质为主，其数量和蓄水量比例分别达到71.4%和82.7%。

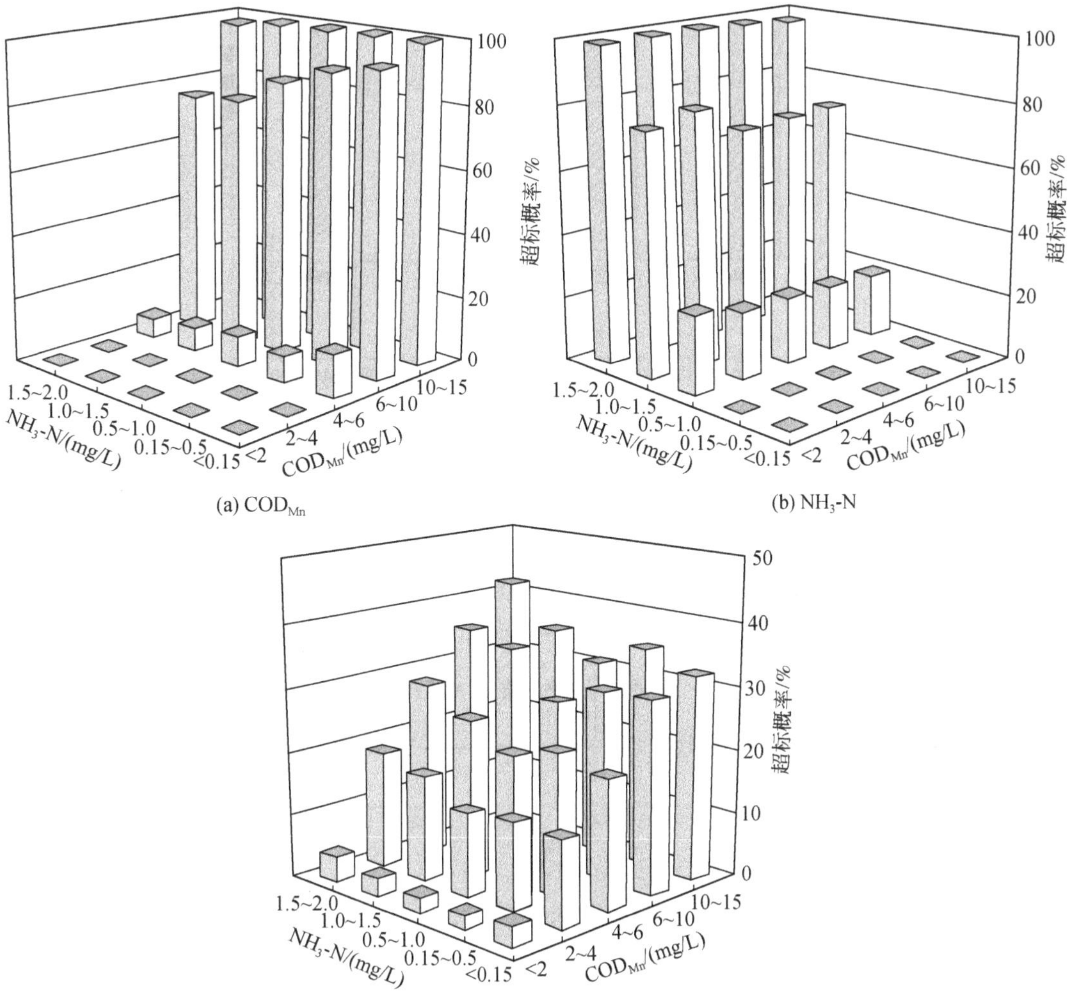

| 第 4 章 | 城市二元水循环系统演化机制与规律研究

(a) COD$_{Mn}$

(b) NH$_3$-N

(c) TTHMs

图 4-5 余氯达标控制下不同水源水质时出厂水的水质风险

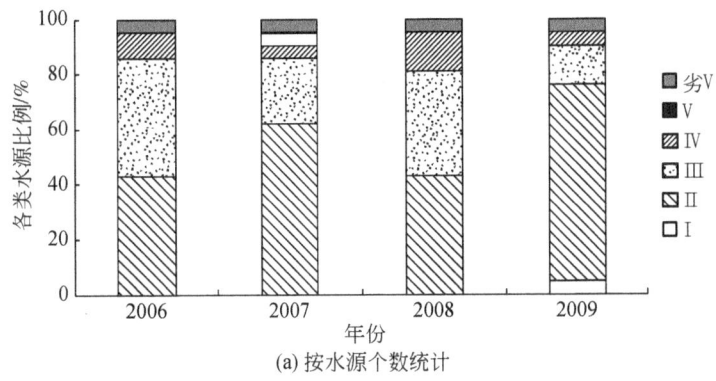

(a) 按水源个数统计

6.76 万 m³。2020 年时，研究区域内的最高日供水量预计将达到 24 万 m³/d，并且全部由新建的地表水给水厂供给，而现状的 7 个地下水给水厂仅作为备用和应急水厂。依据规划中的给水管网布局图，在 EPANET 中对其进行概化。管网概化结果如图 4-8 所示，其中包含 808 个节点、1370 个管段、1 个清水池和 1 个泵站。

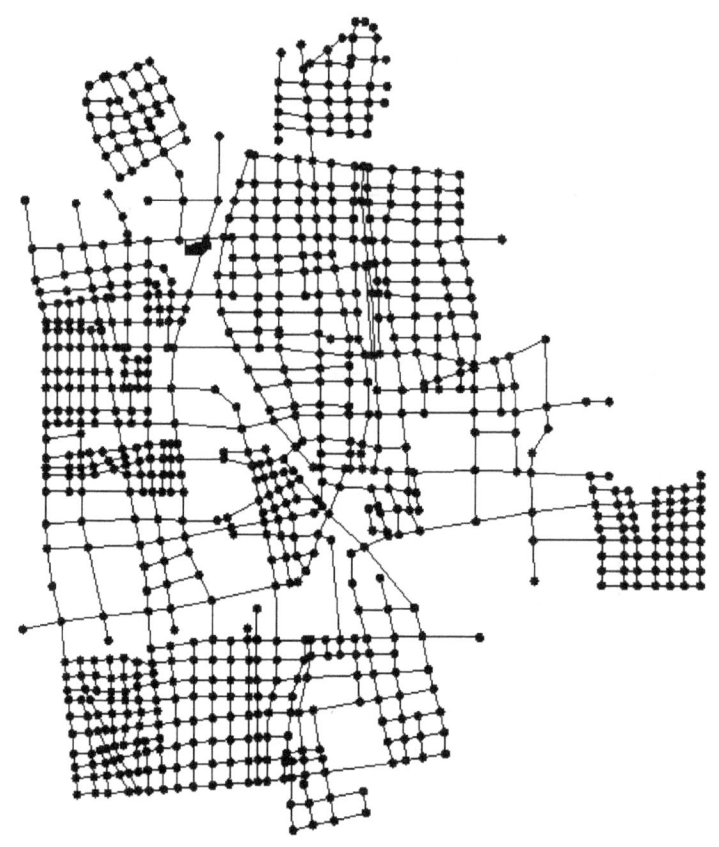

图 4-8 研究区域的城市给水管网概化图

4.5.2 模拟情景设计

研究表明，居民家庭的人口年龄、户规模等社会经济特征都会对居民家庭的生活需水量产生影响，老年人的生活需水量可能高于年轻人，而家庭户规模减小也可能增加人均需水量。因此，本研究设定 A1 和 A2 及 S1 和 S2 情景，分别考察人口年龄结构和家庭户规模对城市需水量和给水管网的影响，各种情景的主要参数设置见表 4-6，模拟结果分别如图 4-9 和图 4-10 所示。

本研究考察了人口规模未达到预定规模对城市给水管网的影响，即表 4-6 中 BAU27 和 BAU45 两种情景，二者考察的人口规模分别为 27 万和 45 万，分别相当于研究时人口和

2010年规划人口。这也可以体现城市住宅空置率对给水管网的影响，模拟结果如图4-11所示。

表4-6 模拟情景及其主要参数

考察因素	模拟情景编号	人口规模/万	65岁及以上人口比例/%	家庭户规模/(人/户)	职住一致人口比例/%
基准情景	BAU	60	10.2	2.59	100
人口年龄结构	A1	60	15.0	2.59	100
	A2	60	20.0	2.59	100
家庭户规模	S1	60	10.2	2.35	100
	S2	60	10.2	2.10	100
人口规模/住宅空置率	BAU27	27	10.2	2.59	100
	BAU45	45	10.2	2.59	100
职住分离	BAU30	60	10.2	2.59	30
	BAU70	60	10.2	2.59	70

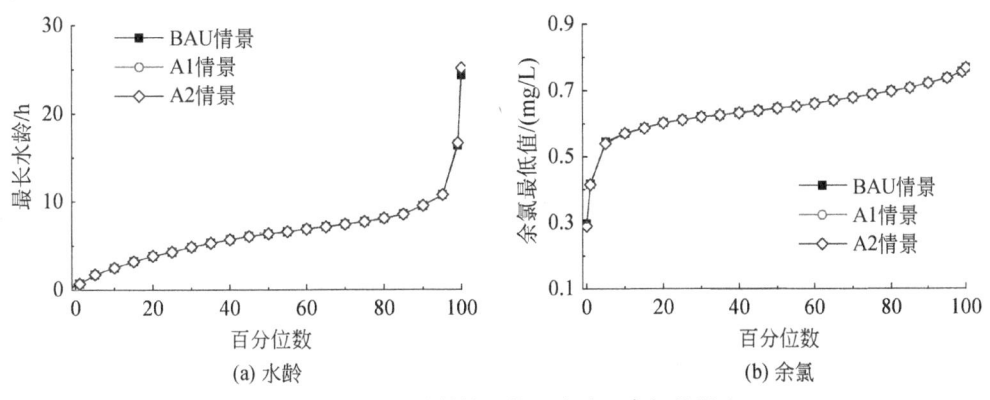

图4-9 人口年龄结构对管网水龄和余氯的影响

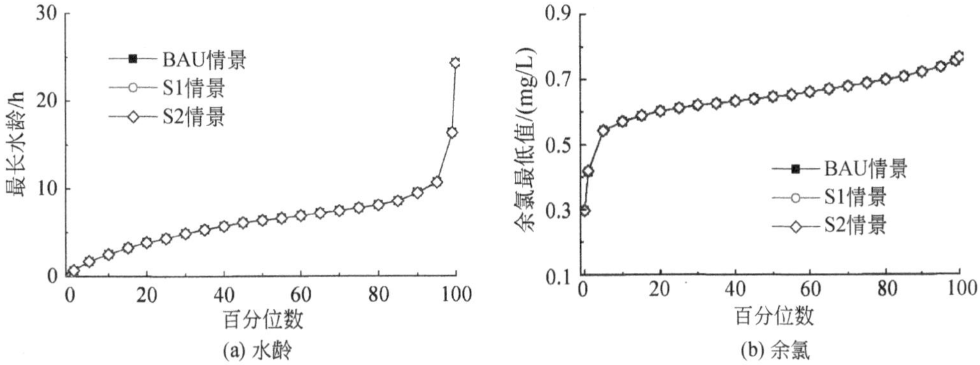

图4-10 家庭户规模对管网水龄和余氯的影响

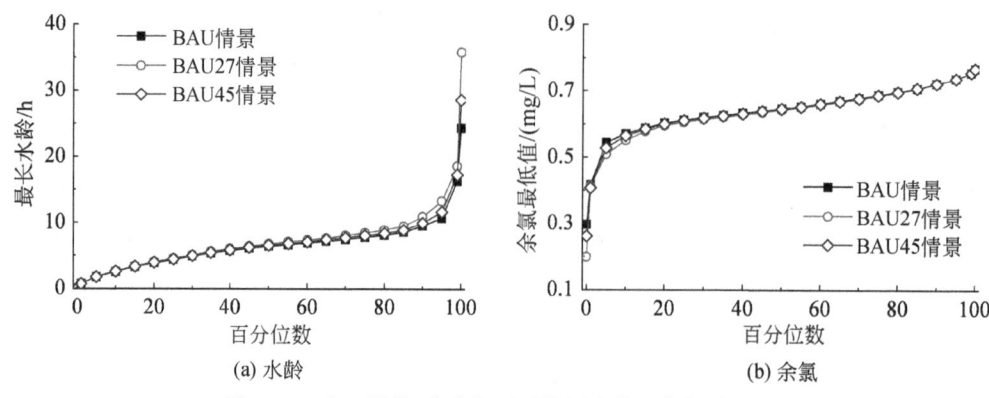

图 4-11 人口规模/住房空置对管网水龄和余氯的影响

考虑到城市规模扩大造成的居民居住地和工作地分离的状况，本研究设定了职住一致人口的不同比例的情景，考察研究区域内的产业发展规模不足以支撑全部劳动人口的就业和其他物质文化需求时城市给水管网受到的影响。如表 4-6 所示，在 BAU30 和 BAU70 两种情景下，分别有 30% 和 70% 的人口居住在研究区域内，但工作、学习和消费行为发生在研究区域之外，模拟结果如图 4-12 所示。

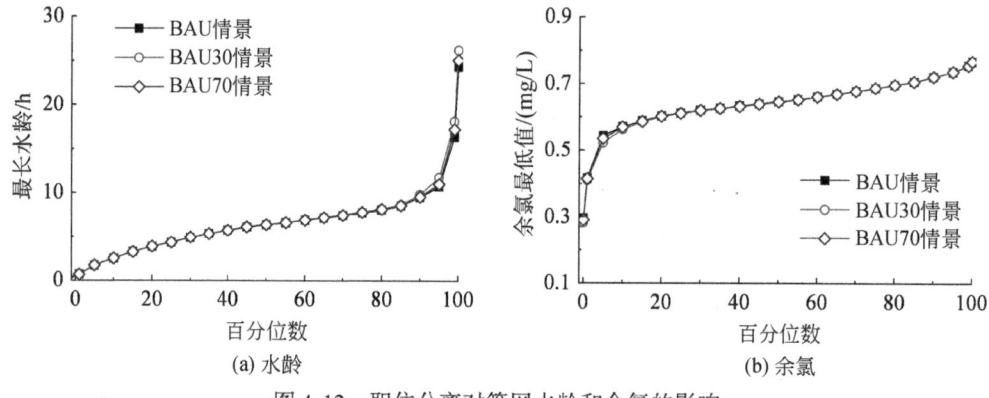

图 4-12 职住分离对管网水龄和余氯的影响

本研究还考察了居民家庭用水技术进步对城市给水管网的影响，对比了 BAU 情景与节水情景的模拟结果。其中，节水情景假设居民家庭户的便器全部普及为 3L/6L 双冲式坐便器，洗衣机全部普及为滚筒式洗衣机，模拟结果如图 4-13 所示。

4.5.3 模拟结果分析

从图 4-9 可以看出，对于案例研究区域，人口年龄结构变化大约使 5% 的管网节点水龄略有增大，对水质影响较小，而从图 4-10 可以看出，家庭户规模变化对管网节点水龄和水质的影响均非常小。

当城市人口规模未达到预期发展目标或城市存在大量住房空置现象时，城市给水管网

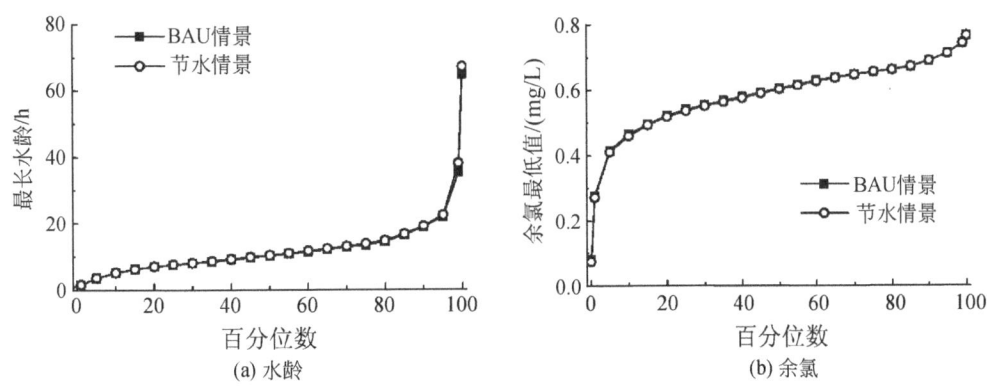

图 4-13 节水技术对管网水龄和余氯的影响

可能出现水质恶化现象。如图 4-11 所示,案例研究中,当城市人口规模仅达到预期目标的 45% 和 75% 时,城市给水管网中分别有 98.0% 和 96.4% 的节点水龄长于基准情景,即人口规模达到预期目标时的水平,水龄增加量最大值分别为 11.8h 和 4.6h;分别有 90.3% 和 87.0% 的节点水质劣于基准情景时的水平,余氯降低量最大值分别为 0.13mg/L 和 0.07mg/L。其中,最长水龄高于 10h 的约 10% 的管网节点受到的影响较为显著。

当城市发展中出现严重的工作地和居住地不平衡即职住分离现象时,城市给水管网也可能出现水质恶化现象。如图 4-12 所示,案例研究中,当仅有 30% 和 70% 的城市居民在供水区域工作时,人均日用水量分别降低 21.4L 和 9.1L,城市给水管网中分别有 93.7% 和 90.7% 的节点水龄长于基准情景时的水平,水龄增加量最大值分别为 1.87h 和 0.74h;分别有 82.7% 和 79.1% 的节点水质劣于基准情景时的水平。其中,最长水龄高于 10h 的约 10% 的管网节点受到的影响较为显著。

居民家庭用水技术进步导致居民家庭生活用水量减少,管网流速下降,从而管网节点水龄增大,水质变差。如图 4-13 所示,案例研究中,城市给水管网中 87.6% 的节点水龄长于基准情景,水龄增加量最大值为 8.82h;85.3% 的节点水质劣于基准情景时的水平,余氯降低量最大值为 0.08mg/L。同样,最长水龄高于 10h 的管网节点受到的影响较为显著。

4.6 典型下垫面污染物初期冲刷效应

规律 6:城市降雨累积径流量-累积污染负荷曲线表明,屋面和路面径流中颗粒物、有机物、营养物质、阴离子、金属离子均存在初期冲刷现象。其中,颗粒物冲刷现象最为明显,10% 累积径流量包含 30%~60% 的颗粒物总污染负荷;对于其他污染物,10% 累积径流量分别包含 20%~50% 的有机物总污染负荷、20% 的营养物质总污染负荷、20%~30% 的阴离子总污染负荷和 20%~30% 的金属离子总污染负荷。

对于不同的降雨事件,降雨径流中的污染物变化通常采用累积污染物负荷-累积径流量曲线表示。如果累积污染负荷与累积径流量是正比关系,那么在累积污染负荷-累积径流量图上就应表现为一条过原点的直线。如果污染负荷增长速率超过径流量的增长速率，则说明存在污染物的冲刷效应（flush effect），研究者发现，降雨初期径流中更容易产生冲刷效应，这种现象被称为初期冲刷效应（first flush effect，FFE）（李养龙和金林，1996；Smullen et al.，1999；陈玉成等，2004）。

4.6.1 颗粒物初期冲刷效应

图 4-14 以 SS 表征颗粒物的初期冲刷效应。曲线位于对角平分线左上部分，则说明存在初期冲刷效应；反之，则不存在。从图中可以看出，除了一场降雨之外，其余各场降雨的 SS 均表现出强烈的初期冲刷效应，前 10% 的径流量中包含 30%~60% 的颗粒物负荷。

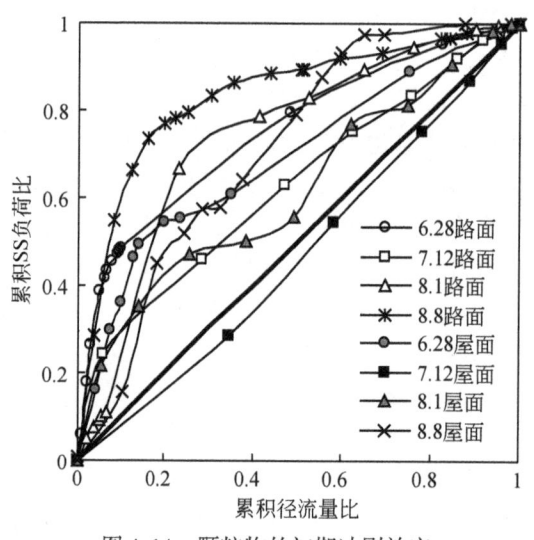

图 4-14 颗粒物的初期冲刷效应

4.6.2 有机物和营养物质初期冲刷效应

分别以 TOC 和 TN 表征有机物和营养物质，初期冲刷效应曲线如图 4-15 和图 4-16 所示。从图中可以看出，TOC 和 TN 的初期冲刷效应明显弱于 SS，并且 TN 的初期冲刷效应尚弱于 TOC。前 10% 的径流量中包含了 20%~50% 的有机物负荷和 20% 的营养物质负荷。

4.6.3 其他物质初期冲刷效应

图 4-17 为以 SO_4^{2-} 表征阴离子的初期冲刷效应曲线，图 4-18 为 Pb、Fe、Mn、Zn 等金

属离子的初期冲刷效应曲线。从图中可以看出，阴离子和金属离子也存在一定程度的初期冲刷效应，但都不及 SS 初期冲刷效应强烈。前 10% 的径流量中包含 20%～30% 的阴离子负荷和金属离子负荷。

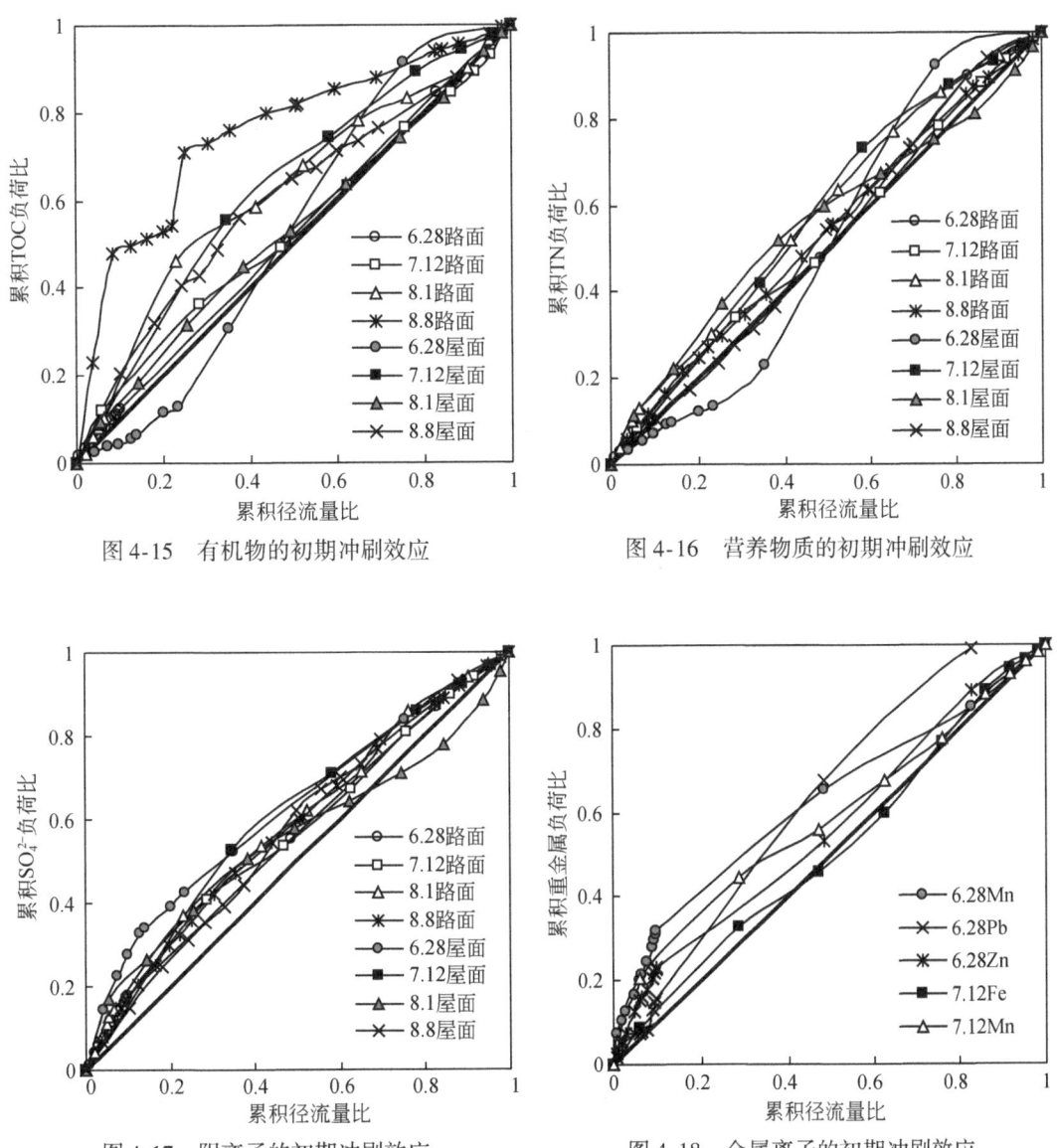

图 4-15　有机物的初期冲刷效应　　　　图 4-16　营养物质的初期冲刷效应

图 4-17　阴离子的初期冲刷效应　　　　图 4-18　金属离子的初期冲刷效应

综合以上结果可以发现以下几点：

1）各类物质大多存在初期冲刷现象。

2）初期冲刷效应与污染物种类具有相关性。SS 与对角线的偏离程度最大，初期冲刷现象最为明显。

3）污染的冲刷过程与降雨强度和雨型有关。例如，6 月 28 日降雨初期的强度较小，屋面监测结果显示有机物和营养物质不易被冲刷，不存在初期冲刷现象。但在降雨强度峰值出现早的降雨中，从一开始就存在初期冲刷效应。

影响初期冲刷效应的因素很多，流域特征（面积和形状）、地表污染物累积程度、降雨特征、排水体制、干期长度、污染物种类等都影响污染物的输出与初期冲刷效应的程度。但要想在这些因素与初期冲刷效应之间建立确定的关系十分困难。尽管如此，在实验的基础上识别特定区域和气候特征条件下径流初期冲刷效应的存在性及其特征在径流污染的管理中仍具有意义。

4.7 BMP在城市径流污染控制中的去除规律

规律7：实施强力度的工程与非工程综合控制措施可以有效降低城市非点源污染的峰值浓度及径流冲击负荷，能使城市径流COD峰值浓度降低30%左右，COD总径流负荷削减可达45%左右。

4.7.1 控制措施的选择

以海河流域典型城市北京市为案例，研究城市径流最佳管理措施（BMP）（Bell et al.，1995；The Low Impact Development Design Group，2005）在城市径流污染控制中的去除规律。由于北京市人口密度大、建筑密集，因此在北京市中心城区的非点源污染控制适于采取微观的源头控制策略，如对屋面径流采用雨水桶和地下蓄水池进行收集；对公共用地增加绿化面积、尽量减少不透水铺装路面比例；在道路中间或路边采用铺草湿沼地/植物带、渗透沟或生物滞留区等综合性的控制措施；对雨水管道采用水质浮选雨水口或雨水收集器等设施。

在采用工程性措施的同时，应实施一些宣传和法规制度等非工程性管理措施。例如，环卫部门与气象部门紧密合作，及时获取降雨预报信息，增加降雨前的道路清扫频率和强度；增加垃圾桶的密度，加强垃圾桶的管理，从源头减少地表径流中的污染物含量；对市民进行宣传教育，制定相关法律法规引起市民对非点源污染的重视，促进城市非点源污染的防治措施在北京市的广泛使用。

4.7.2 控制措施方案制订与模拟分析

以污染物COD为例，城市非点源污染控制措施对COD的处理效率主要通过对模型参数的变更进行模拟。对适于在北京市推广和实施的非点源污染控制的具体措施进行筛选，这些措施对模型参数的影响见表4-7（Brown et al.，1993；van Roon，2005；Elliott and Trowsdale，2007）。

表 4-7　非点源控制措施的实施对模型参数的影响

类别	措施名称	汇水区面积	不透水率	渗透参数	地表曼宁系数	污染物最大累积量	BMP 去除率
工程性措施	多孔铺装		√	√	√	√	
	雨水桶/蓄水池/井	√					
	铺草湿沼地/植物带		√	√	√	√	
	水质浮选雨水口						√
	雨水收集器						√
	渗透沟		√	√	√	√	
	生物滞留区		√	√	√	√	
非工程措施	增加垃圾桶数量						√
	增加雨前道路清扫频率和强度						√
	制定相关法律法规					√	
	宣传教育					√	

对表 4-7 所列的控制措施结合相关文献报道，通过设定控制措施对城市排水系统模拟模型参数的影响程度，将北京市城区非点源污染的控制措施设定为如下情景进行模拟分析。

（1）道路

具体措施包括以下几个。

1）逐步对北京市的道路进行改造，在路中央及路边设渗透沟、铺草湿地、植物带、生物滞留区等，辅路采用多孔铺装，模型参数变更为道路的汇水区不透水率减少 10%；

2）对非点源污染较严重道路段（如环路及主要道路的公交车站旁）的雨水入水口采用水质浮选雨水口，模型参数变更为道路 BMP 去除效率为 5%；

3）增加垃圾桶的数量，加强对垃圾桶的管理和对市民的宣传，模型参数变更为道路 BMP 去除效率为 5%。

（2）屋面

对市区各种建筑推广雨水收集利用设备，在屋顶面积较小的建筑下设置雨水桶，对于有条件的小区修建地下集水池，假设有 30% 的屋面采用了集水设备，则参数变更为屋面汇水面积减少 15%。

（3）综合性用地（包括停车场、广场和娱乐区）

具体措施包括以下两个。

1）在综合性用地的停车场采用透水性较好的新材料铺装，模型参数变更为综合性用地的汇水区不透水率减少 5%；

2）在广场和景观区域修建集水塘，增加下凹绿地比例，模型参数变更为综合性用地的汇水面积减少 10%，BMP 去除效率为 10%。

综合上述分析，初步的非点源污染控制措施导致模型参数的变化如表 4-8 所示。

表 4-8　初步控制措施方案的模拟参数变化表　　　　　　　　（单位:%）

土地利用类型	汇水面积减少比例	汇水区不透水率降低比例	COD 最大累积量减少比例	BMP 去除效率
道路	—	10	—	10
屋顶	15	—	—	—
综合用地	10	5	—	10

对上述控制方案进行模拟分析，COD 年负荷量的统计结果如图 4-19 所示。可以看出，实施 BMP 措施后，整个预测区间向左平移，非点源污染负荷明显降低，概率密度最高的负荷量由 38 600t 降低到 29 500t，削减约 9100t，削减率约为 24%。

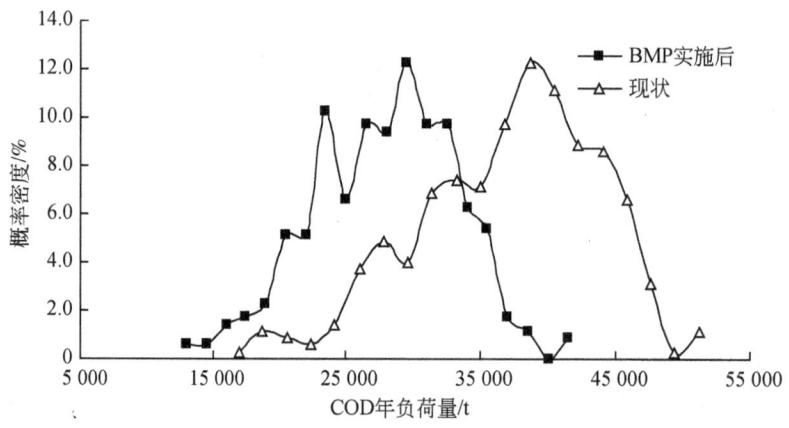

图 4-19　采取初步控制措施后的 COD 年负荷量模拟结果概率分布

在以上初步方案的基础上，如果将控制措施的实施力度和广度都加强，设定汇水面积减少比例、汇水区不透水率降低比例和 BMP 去除效率都比原来增加 1 倍，则模型参数变化如表 4-9 所示。

表 4-9　控制措施力度增强后情景模拟参数变化表　　　　　　（单位:%）

土地利用类型	汇水面积减少比例	汇水区不透水率降低比例	COD 最大累积量减少比例	BMP 去除效率
道路	—	20	—	20
屋顶	30	—	—	—
综合用地	20	10	—	20

从图 4-20 的计算结果可以看出，对控制措施的实施力度增强后，COD 年负荷量的整个预测区间向左平移，出现概率密度最高的值由 38 600t 降低到 26 400t，削减约 12 200t，削减率约为 31%。

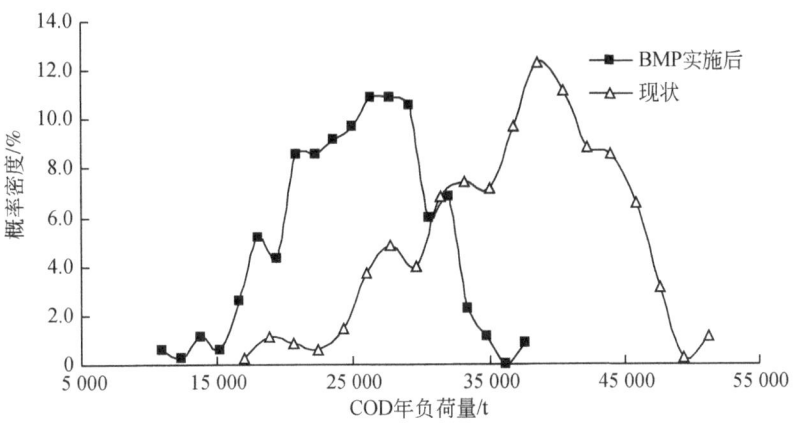

图 4-20 控制措施实施力度增强后的 COD 年负荷量模拟结果概率分布

在以上控制方案的基础上，如果需要进一步控制非点源污染总量，可考虑采用非工程型的措施，如增强道路和公共用地的雨前清扫频率和强度，将道路和综合用地的污染物最大累积量分别削减 50% 和 30%，则采用非工程措施后的参数变更如表 4-10 所示。对该控制方案进行模拟分析，结果如图 4-21 所示。

表 4-10 采取更多非工程措施后情景模拟参数变化表　　　　（单位:%）

土地利用类型	汇水面积减少比例	汇水区不透水率降低比例	COD 最大累积量减少比例	BMP 去除效率
道路	—	20	50	20
屋顶	30	—	—	—
综合用地	20	10	30	20

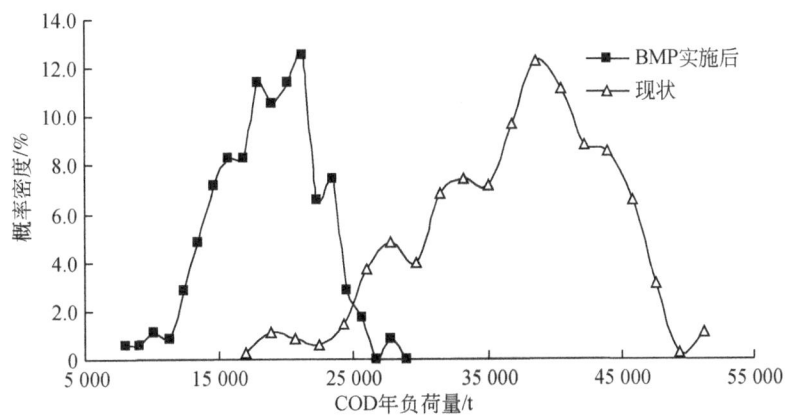

图 4-21 增加雨前清扫后的 COD 年负荷量模拟结果概率分布

从图 4-21 可以看出，增加"提高道路和公共用地的雨前清扫频率和强度"控制措施后，COD 年负荷量的整个预测区间向左平移，出现概率密度最高的值由 38 600t 降低到 21 200t，削减约 17 400t，削减率约为 45%。

从表 4-12 可以看出，当再生水的价格从 1.25 元/m³ 上升到 1.5 元/m³ 的时候，再生水的需求量发生了急剧的变化，而在此之后随价格的升高需求量变化较小；当再生水价格等于自来水价格时又重复了同样的情况。所以在制定再生水定价策略的时候，应当充分考虑到这一重要的需求特征。

需求曲线的构造是在需求量为价格的一元函数的假设条件下进行的，但在前面支付意愿函数的研究中发现居民的环境意识、收入及教育水平对支付意愿都有着重要的影响，因此在构造需求函数的过程中也应当将这些因素考虑在内。为了简化分析，本研究只考虑将居民的环境意识纳入到需求函数中，并以此为基础讨论不同环境意识的人群对再生水需求的差异。经过修改以后的需求函数形式如下：

$$\frac{Q_{r,i}}{Q_{w,i}} = q_i\left(\frac{P_r}{P_w}, \theta_i\right) \tag{4-6}$$

式中，$Q_{r,i}$ 为第 i 类人群对再生水的需求量；$Q_{w,i}$ 为第 i 类人群的总用水量；θ_i 为第 i 类人群的环境意识。一般来说，这类需求函数存在两种情况：第一种情况，消费者剩余随着 θ_i 的增加而增加，这种情况被称为弱单调性（weakly monotonic）；第二种情况，需求随着 θ_i 的增加而递增，这种情况被称为强单调性（strong monotonic）。再生水需求函数究竟会出现哪种情况，需要对数据作进一步分析。

以北京市的调查结果为例，构造按照环境意识进行分类的需求曲线。与上文一致，本研究中环境意识采用居民对污水处理费的支付意愿进行表征，并以此将环境意识水平分为低、中、高三类，这三类人群对污水处理费的支付意愿与自来水价格之比分别为 0.1~0.2、0.3~0.4 和 0.5 以上，构造需求曲线如图 4-23 所示，其中环境意识的区分标准参照了目前实际征收的污水处理费。

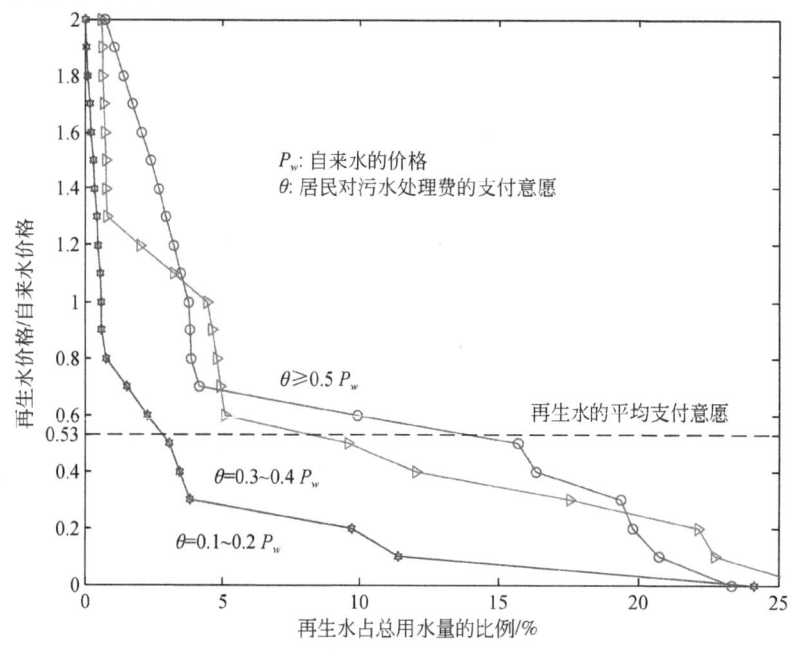

图 4-23 北京市不同环境意识人群的再生水需求曲线

从图 4-23 中可以看出，环境意识低的人群的需求曲线完全低于环境意识中等的人群，因此可以认为这两者需求函数的对比具有强单调性；但是环境意识高的人群与环境意识中等人群的需求曲线呈现相互交叉的特征，因此只能采用弱单调性的假设。综合这两种情况，可以认为当居民的环境意识达到中等水平或以上时，其再生水的需求函数的形式不具有明显的差异性，但是他们与环境意识水平较低的人群存在明显差异。

4.9 投资再生水项目的最优规模和最佳时机

规律 9：相比远距离调水方案，污水再生利用具有更高的成本优势，尤其是在考虑到阶梯曲线效应时，优势将进一步放大。再生水的价格是影响污水再生利用经济可行性的最敏感因素，而扩大工业、居民家庭及市政杂用的再生水需求也有助于提升可行性。再生水项目投资的价值和最佳规模随着未来需求变化及其不确定性的增加而增大。

4.9.1 污水再生利用工程的经济可行性

污水再生利用工程的经济可行性是投资再生水项目的基础。实际上水基础设施的投资是动态的，任何一个方案都要放在一个长时间序列中进行考虑，因此应当对污水再生利用和调水进行动态的费用-效果比较。污水再生利用和调水的供给时间特征具有阶梯性，即供给能力的提高是呈阶梯性递增的（WHO，1994）。由于两种供水方式的最小有效规模不同，它们的阶梯大小也有所不同，这种情况如图 4-24 所示。

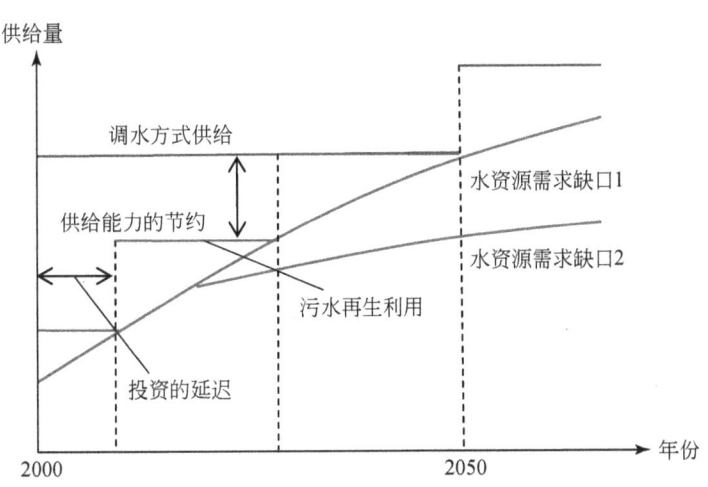

图 4-24　污水再生利用与远距离调水工程的阶梯曲线效应

从图 4-24 中可以看出，这种投资的阶梯曲线效应（step-curve effect）使得污水再生利用有可能在成本上得到很大的节约。在存在水资源供需缺口的情况下，出于规模经济的考虑，远距离调水通常需要考虑到数十年后的水需求量，并以此确定调水工程的规模，那么在很长一段时间内必定会造成一部分供水能力的闲置。而污水再生利用工程的供给规模相对较小，项目周期也较短。因此在这种情况下，采用污水再生利用方式能够节约水资源的供给能力，并且还延迟了投资的发生，这两方面都加强了污水再生利用的成本有效性。

在水资源的供需缺口具有不确定性的情况下，污水再生利用更加能够发挥其灵活性的优势。尤其是当技术进步、产业结构调整或者水价调整导致大规模的节水行为时，未来的水需求量与预期发生较大的下降，那么远距离调水工程就会出现工程投资的更大浪费。而污水再生利用工程规模较小，可以根据实际需求不断作出调整，因而具有更好的机动性和成本节约的效果。对于分散型污水再生利用设施而言，其阶梯曲线效应则会更加有利。

4.9.2 再生利用工程经济可行性的敏感影响因素分析

对再生水项目而言，其经济可行性的主要影响因素有固定资产投资、运行及维护成本和再生水的价格等。本研究以内部收益率作为基准指标进行敏感性分析，其分析结果如表4-13及图4-25所示。

表4-13 内部收益率的单因素敏感性分析

影响因素	+10%	+5%	0	−5%	−10%
固定资产投资	0.0494	0.0547		0.0666	0.0733
运行及维护成本	0.0524	0.0565	0.0604	0.0643	0.0682
再生水的价格	0.0796	0.0702		0.0503	0.0399

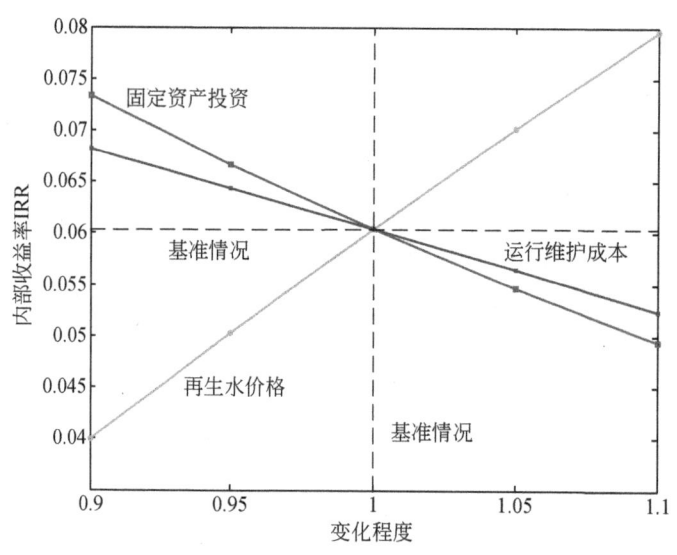

图4-25 内部收益率的单因素敏感性分析图

从表4-13及图4-25中的敏感性分析结果可以得到如下结论：①内部收益率随着固定资产投资和运行维护成本的增加而降低，其中固定资产投资的影响要大于运行成本；②内部收益率随着再生水的价格升高而得以改善，并且再生水的价格是影响污水再生利用经济可行性的最敏感因素。

除了上述三个因素，通过具体工程案例研究发现，项目规模和再生水的需求（用户）结构也能够使项目的经济可行性发生重大的改变。污水再生利用工程具有很明显的规模经济特征，在不同的规模下污水再生利用的平均成本具有很大的差异；随着规模的增大，污水再生利用工程的制水、经营和运营成本都将下降，从而改善项目的经济可行性。需求（用户）结构的变化对项目经济可行性的影响则可能是两方面的，它取决于变化的具体情况。在缺乏相应制度保障的前提下，依靠供给环境生态用水维持再生水厂的运营在经济上是不可行的，并且这一部分用水量越大，经济可行性就越差。解决这一问题的关键在于发展工业用水，这一部分用户支付能力强，需求量大。发展居民家庭及小区的市政杂用水也是较好的选择，因为目前居民对再生水的支付意愿已经能够满足成本回收的要求。

4.9.3 投资再生水项目最优规模和最佳时机的影响因素

根据项目边际价值的解析公式，当 σ 取不同的值时，可以得到项目的价值如图4-26所示。从图中可以看出，当未来需求的不确定性越大时，项目的价值越大。这是因为本研究假设当需求变化参数 θ 值低于一定值时（此时再生水的价格小于企业生产的平均可变成本），企业可以选择不生产；而 θ 值的上升则没有上限，因而这种情况导致了不确定性越大，项目的价值越大。

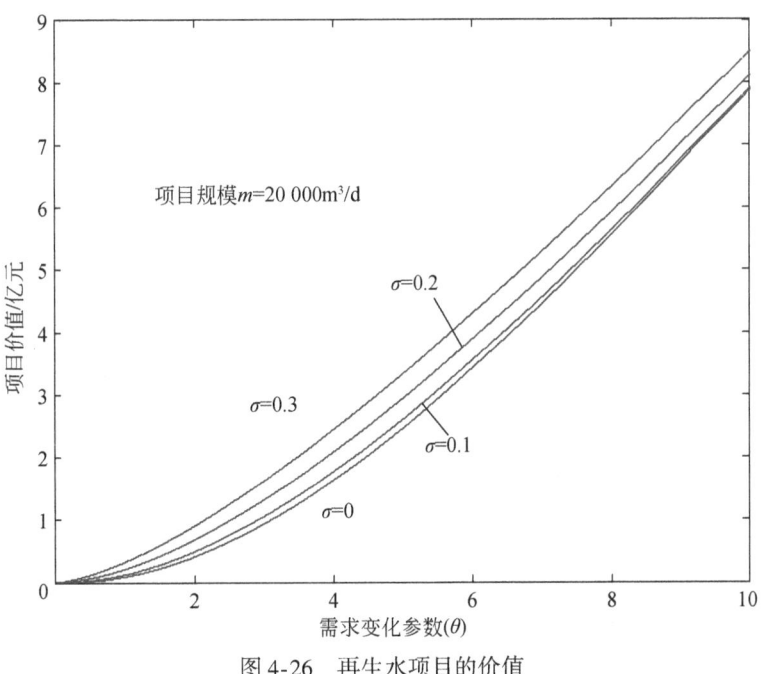

图4-26 再生水项目的价值

在项目边际价值的计算中，所有外生变量及参数均与上文取值相同。当 σ 取不同的值时，可以得到项目的边际价值如图4-27所示。从图中可以看出，与项目价值的变化趋势一样，当未来需求的不确定性越大时，项目的边际价值越大。

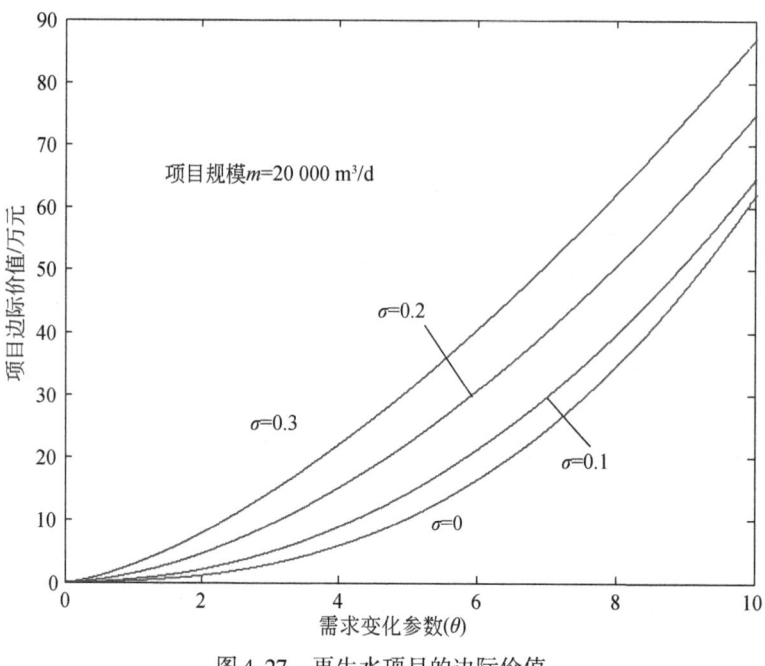

图 4-27 再生水项目的边际价值

最优投资规模由边际项目价值和边际投资成本决定，由于再生水项目边际价值的函数形式非常复杂，因此只能够通过数值计算的方法得到最优投资规模的数值解。假设需求变化参数 $\theta = 3.0$，可以通过图 4-28 求解最优规模。

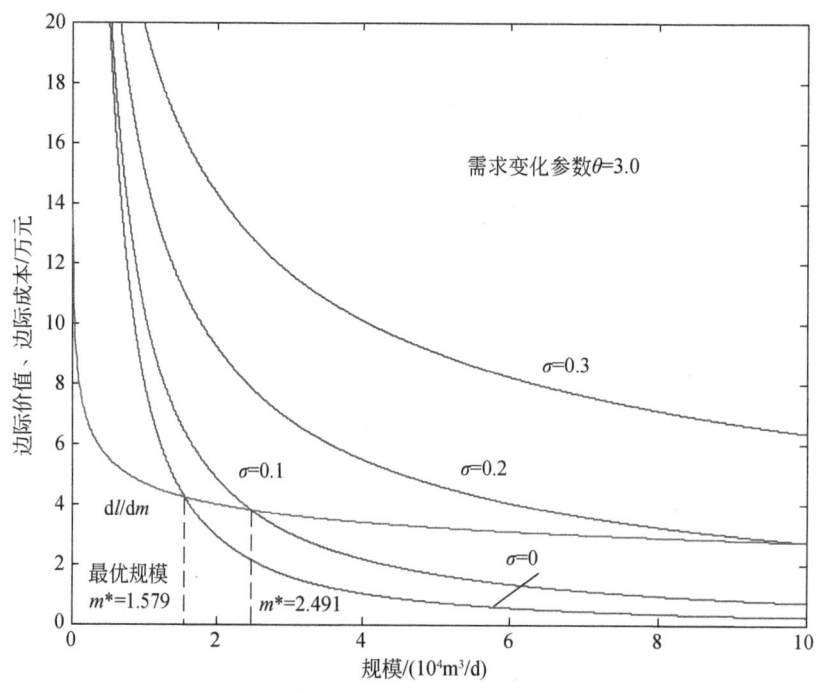

图 4-28 再生水项目的最优投资规模

从图 4-28 可以看出，最优投资规模与需求变化参数有很大的关系。不同参数下再生水项目的最优规模计算结果如表 4-14 所示，最佳投资时机和最优投资规模结果见表 4-15。从表中可以看出，当项目的不确定性越大时，项目的边际价值就越大，项目的最优投资规模也就越大；项目的需求变化参数越大，项目的需求量就越大，项目的最优规模也越大。

表 4-14　不同参数下最优投资规模

需求变化参数	$\sigma=0$	$\sigma=0.05$	$\sigma=0.10$	$\sigma=0.15$	$\sigma=0.20$	$\sigma=0.25$
$\theta=3.0$	1.579	1.776	2.491	4.350	9.944	33.549
$\theta=6.0$	5.796	6.964	11.744	27.608	97.485	610.869

表 4-15　最佳投资时机及最优投资规模

扩散系数 σ	0.050	0.075	0.100
最佳时机 θ^*	1.47	2.87	9.51
最优规模 $m^*(\theta^*)$	0.95	2.35	32.74

落实到具体工程应用中，投资期权价值和项目最大净收益两条曲线的切点是需求变化参数的临界值。净收益和期权价值都随着需求变化参数的增加而单调递增，但期权价值的递增速度更快。当需求变化参数小于临界值时，投资期权的价值高于项目的净收益。当需求变化参数等于该临界值时，即到达了最佳的投资时机。在这种情况下，投资者将会执行期权，即进行污水再生利用项目的投资，因此这两条曲线的切点同时也是投资机会价值曲线的终点。

4.10　城市污水系统结构与布局对城市可持续性的影响

规律 10：城市污水系统的结构与空间布局决定了系统的可持续性。在我国城市建设污水回用模式和源分离模式系统的平均全成本分别为传统模式系统的 **0.77** 倍和 **0.91** 倍，污水回用模式和源分离模式系统优于传统模式系统的概率分别为 **74.2%** 和 **61.8%**。组团式的城市污水系统在保证系统环境性能的基础上，能有效降低污水回用模式系统的经济成本，并且提高系统再生水利用的空间匹配效率。

4.10.1　城市污水系统结构对城市可持续性的影响

城市污水系统是城市水资源与营养物质流动耦合的节点，是具有自然和社会双重属性的基础设施之一。城市化进程的加快、社会福利水平的提高、技术的进步等诸多因素使得以污水回用及污水源分离为典型代表的新型城市污水系统开始出现。与传统的直线型简单系统相比，新型城市污水系统具有闭环的系统结构、多样的系统功能及复杂的系统布局（陈吉宁，2005；Prihandrijanti et al.，2008）。

本研究利用开发的城市污水系统可持续性估算模型 WaSEM，在保持现有环境资源的政策下，对传统模式（T）、污水回用模式（TR）及污水源分离模式（SR）三种城市污水系统在我国城市应用的可持续性进行估算。

4.10.1.1 经济成本（EcC）

图 4-29 与图 4-30 分别给出了三种模式的污水系统应用于我国城市的经济成本均值及其概率分布。从图 4-29 中可以看出，在我国城市建设 T 模式、TR 模式和 SR 模式污水系统所需要的经济成本依次升高。从统计平均的意义上看，SR 模式系统所需要的经济成本是 TR 模式系统的 1.3 倍，是 T 模式系统的 1.5 倍；TR 模式系统所需要的经济成本是 T 模式系统的 1.2 倍。因此，建设 T 模式系统具有明显的经济优势。

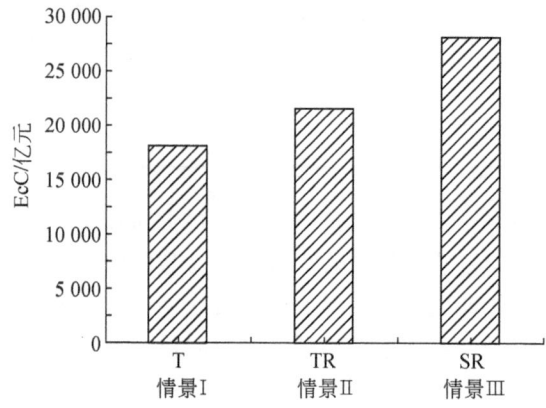

图 4-29　三种模式污水系统建设的经济成本均值

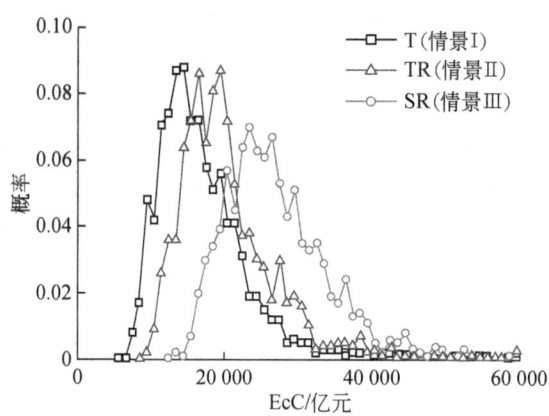

图 4-30　三种模式污水系统建设的经济成本概率分布

进一步统计三种模式污水系统经济成本的概率分布可以发现，T 模式系统经济成本低于 SR 模式系统经济成本的概率 P（TEcC<SREcC）为 87.1%；T 模式系统经济成本低于 TR 模式系统经济成本的概率 P（TEcC<TREcC）为 66.8%；TR 模式系统经济成本低于 SR 模式系统经济成本的概率 P（TREcC<SREcC）为 77.6%。这表明，建设 T 模式系统所具

有的经济优势具有一定的显著性。

4.10.1.2 环境成本（EnC）

图 4-31 与图 4-32 是三种模式城市污水系统的环境成本计算结果。从图中可以看出，建设 T 模式污水系统的环境成本最高，是建设 TR 模式系统的 1.6 倍，是建设 SR 模式系统的 24 倍；建设 TR 模式系统的环境成本次之，是建设 SR 模式的 15 倍。因此，从统计平均的意义上讲，建设 SR 模式系统具有绝对的环境成本优势，而建设 T 模式与 TR 模式系统在环境成本方面相当。

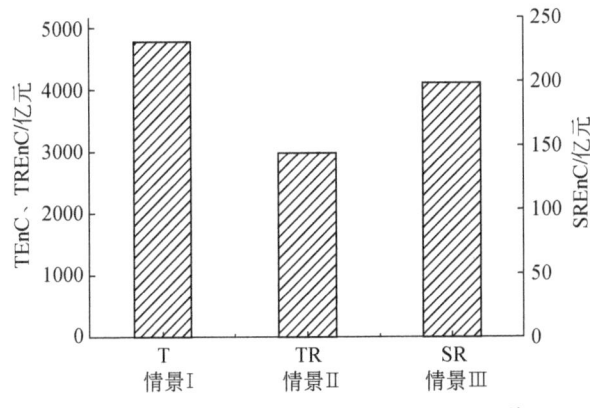

图 4-31　三种模式污水系统的环境成本均值

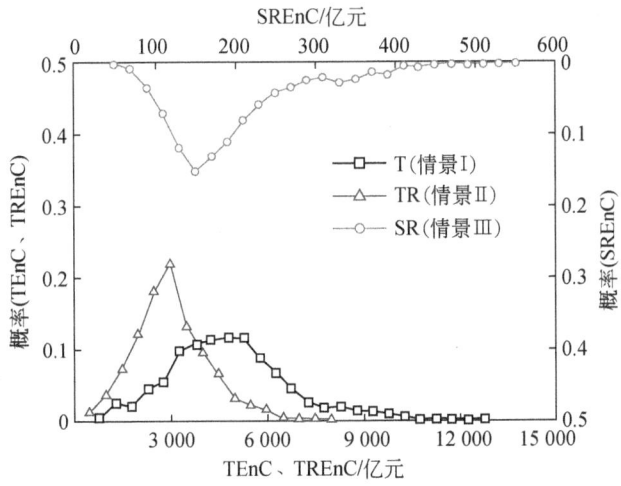

图 4-32　三种模式污水系统环境成本的概率分布

同样，进一步对三种模式污水系统的环境成本进行概率的统计。图 4-32 的结果表明，建设 SR 模式污水系统在环境成本方面具有显著优势；而对于 T 模式和 TR 模式系统来说，建设 TR 模式系统的环境成本优势更为明显，TR 模式系统环境成本低于 T 模式系统环境成

本的概率 P（TREnC<TEnC）为 80.7%。

4.10.1.3 资源效益（ReB）

三种模式污水系统的资源效益计算结果如图 4-33 和图 4-34 所示。SR 模式系统由于不仅可以回收利用水资源，还可以回收污水中的氮磷元素，因此具有较高的资源效益。从统计平均意义上看，SR 模式系统的资源效益是 TR 模式系统的 1.2 倍；从概率统计意义上看，SR 模式系统资源效益大于 TR 模式系统的概率 P（TRReB<SRReB）为 85.1%。

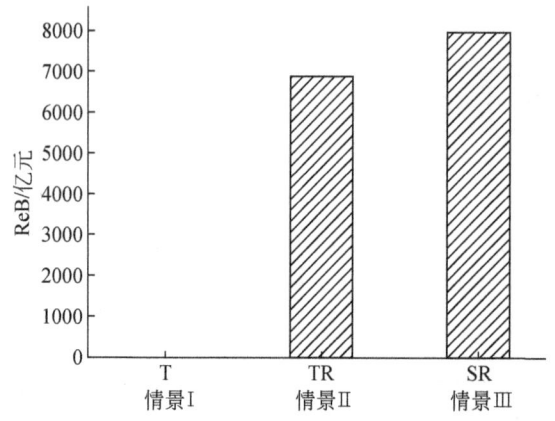

图 4-33 三种模式污水系统的资源效益均值

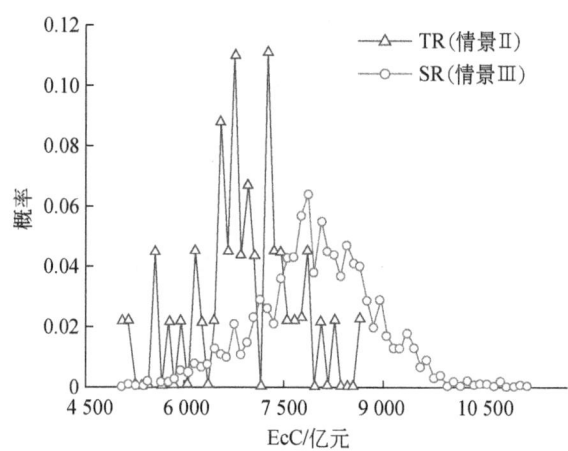

图 4-34 三种模式污水系统资源效益的概率分布

4.10.1.4 不同模式系统的可持续性

基于上述经济成本、环境成本和资源效益的评价，图 4-35 与图 4-36 给出了三种模式污水系统可持续性估算的结果，结果表明以下几点。

1) 从统计平均的意义上来看（图 4-35），建设 TR 模式污水系统的情景Ⅱ具有最小的全成本，其次为建设 SR 模式系统的情景Ⅲ，而建设 T 模式系统的情景Ⅰ全成本最高，是情景Ⅱ的 1.3 倍，是情景Ⅲ的 1.1 倍。根据城市污水系统可持续性估算模型 WaSEM 的定义，系统的全成本越大，系统的可持续性越差。因此，与 T 模式系统相比，在我国城市使用新型的 TR 模式污水系统的可持续性较强，其次为 SR 模式系统。

2）从概率统计的意义上来看（图 4-36），建设 TR 模式污水系统的全成本小于建设 T 模式系统的概率，即 TR 模式系统可持续性优于 T 模式系统的概率 P（TR>T）为 74.2%；建设 SR 模式系统的全成本小于建设 T 模式系统的概率，即 SR 模式系统可持续性优于 T 模式系统的概率 P（SR>T）为 61.8%。由此可见，在我国城市建设 TR 模式和 SR 模式两种新型城市污水系统的可持续性优势具有一定的显著性和广泛性。

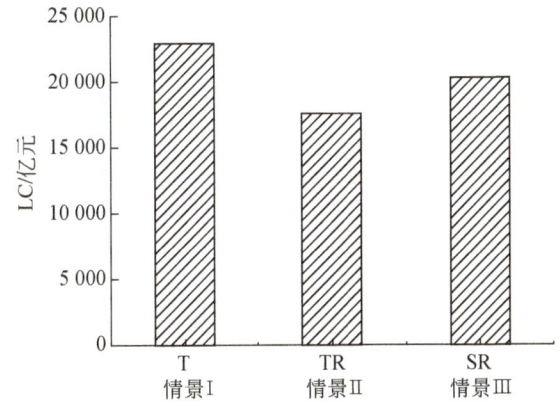

图 4-35　我国城市建设三种模式污水系统的全成本

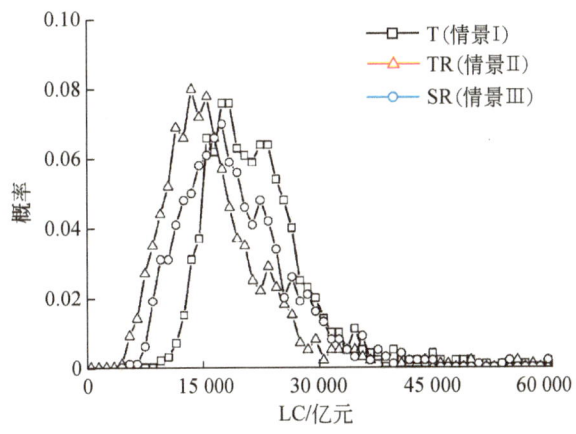

图 4-36　我国城市建设三种模式污水系统的全成本概率分布

4.10.1.5　三种模式系统在各地区的可持续性差异

考虑我国地区之间的差异，在保持现有环境资源的政策下，本研究利用城市污水系统可持续性估算模型 WaSEM 对传统模式 T、污水回用模式 TR 及污水源分离模式 SR 三种城市污水系统在我国不同地区城市应用的可持续性进行了估算。基于同一地区三种模式污水系统的可持续性排序，可以对我国 31 个省市的城市进行分类，如表 4-16 所示。从分类结果可以看出：在Ⅰ、Ⅱ、Ⅴ类地区中，建设 TR 模式和 SR 模式的新型污水系统较传统 T 模式具有明显的可持续性优势；而对于Ⅲ、Ⅳ、Ⅵ类地区来说，TR 模式和 SR 模式两种新型城市污水系统的可持续性优势并不明显，在部分地区 T 模式的系统还要优于 SR 模式的系统。从空间分布上来看，对于与海河流域城市类似的我国大部分北方地区水资源短缺、水价较高的城市来说，污水回用模式 TR 及源分离模式 SR 两类新型城市污水系统是具有可持续性优势的城市污水系统。

表 4-16　各省份三种模式系统优势比较的分类结果

类别	特征	包含区域
Ⅰ	SR>TR>T	内蒙古
Ⅱ	TR>SR>T	北京、云南、重庆
Ⅲ	TR>T>SR	广东、广西、湖北
Ⅳ	TR>（T≈SR）	安徽、福建、贵州、海南、湖南、青海、上海、四川、浙江
Ⅴ	(TR≈SR)>T	甘肃、河北、河南、黑龙江、吉林、辽宁、宁夏、山东、山西、陕西、天津、新疆
Ⅵ	(TR≈T)>SR	江苏、江西、西藏

注：A>B 表示 A 方案优于 B 方案；A≈B 表示 A 方案与 B 方案类似。

4.10.1.6　灵敏性分析

上述对 T 模式、TR 模式和 SR 模式三种城市污水系统在全国层面应用的可持续性分析是在现有环境资源政策基础上进行的。也就是说，在对各种模式系统进行可持续性估算的过程中，与环境和资源价值相关的输入均采用现状值，包括污染物排放收费标准 fee_{COD}、fee_{TN} 和 fee_{TP}，以及资源价格 p_W、p_N 和 p_P。考虑到我国未来环境资源政策发展的趋势及其对城市污水系统可持续性的可能影响，本节对这些收费和价格因素开展灵敏度分析，考察环境资源价值的变化对不同模式系统可持续性的影响。由于 fee_{COD} 与 fee_{TN} 和 fee_{TP} 具有相关性，因此这里只对 fee_{COD}、p_W、p_N 和 p_P 四个因素进行灵敏性分析。将 fee_{COD}、p_W、p_N 和 p_P 的取值在现状值的基础上增加 10%，分别计算三种模式污水系统的全成本均值及任意两种系统可持续性差异的概率分布，结果如图 4-37 与图 4-38 所示。

如图 4-37 所示，fee_{COD} 的增加使得城市污水系统的环境成本增加，进而导致系统全成本的增加，可持续性减小，其中受到影响最为显著的是 T 模式系统，其次为 TR 模式系统。由于 T 模式系统不具有水资源的回收能力，因此 p_W 的变化只对 TR 和 SR 模式系统的全成本产生影响。p_W 的增加使城市污水系统的资源效益增加，进而使得全成本降低，可持续性增大。当 p_W 增加 10% 时，TR 和 SR 模式系统全成本均值将减少 3% 以上。由于只有 SR 模式的系统具有氮磷的回收能力，因此 p_N 和 p_P 的变化只对 SR 模式系统的全成本均值产生影响。与 p_W 类似，当 p_N 和 p_P 增加时，SR 模式系统的全成本将降低，可持续性将提高。根

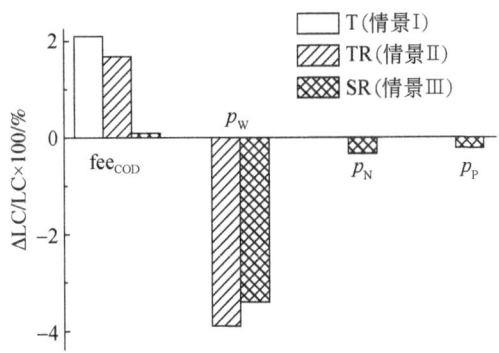

图 4-37　三种模式系统 LC 均值的变化

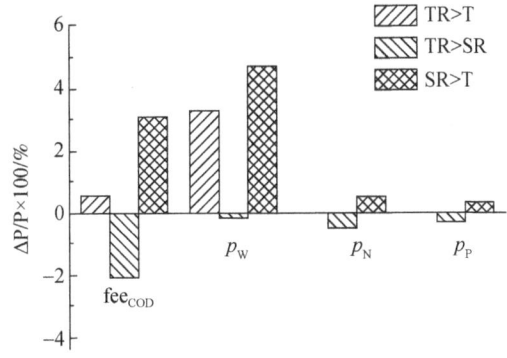

图 4-38　三种模式系统可持续性差异比较的概率分布

据图 4-37 的结果，针对三种系统模式将 fee_{COD}、p_W、p_N 和 p_P 按照灵敏性排序，可以得到：T 模式系统的全成本只对 fee_{COD} 敏感；TR 模式系统的全成本对 p_W 最为敏感，其次为 fee_{COD}；SR 模式系统的全成本同样也对 p_W 最为敏感，其余依次为 p_N、p_P 和 fee_{COD}。由此可见，对于 TR 模式和 SR 模式两种新型城市污水系统来说，p_W 是影响其可持续性大小的关键因素，p_W 越大，新系统的可持续性优势越大。因此，从系统自身可持续性大小的角度来看，目前水资源价格不断上涨的趋势将促进 TR 模式和 SR 模式两种新型城市污水系统可持续性的凸显。

图 4-38 描述了 fee_{COD}、p_W、p_N 和 p_P 的变化对任意两种系统可持续性差异的影响。可以看出，fee_{COD} 与 p_W 产生的影响相似，两者增大都会使得 P（TR>T）和 P（SR>T）增大，使得 TR 模式系统可持续性优于 SR 模式系统可持续性的概率 P（TR>SR）减小。这表明，fee_{COD} 和 p_W 的增大将使得 TR 与 SR 模式系统可持续性优势的显著性增加。p_N 与 p_P 产生的影响相似，两者的变化只对 P（TR>SR）和 P（SR>T）产生影响。当两者增加时，P（TR>SR）将减小，P（SR>T）将增大，这表明 p_N 和 p_P 的增大将使得 SR 模式系统可持续性优势的显著性增加。根据图 4-38 的结果，将 P（TR>T）、P（SR>T）和 P（TR>SR）对 fee_{COD}、p_W、p_N 和 p_P 的灵敏度进行排序，可以得到：P（TR>T）对 p_W 最为敏感，其次为 fee_{COD}；P（SR>T）对 p_W 最敏感，其余依次为 fee_{COD}、p_N 和 p_P；P（TR>SR）对 fee_{COD} 最敏感，其余依次为 p_N、p_P 和 p_W。由此可见，对于 TR 模式和 SR 模式两种新型城市污水系统

来说，p_W是影响其可持续性优势显著性的关键因素，p_W越大，新系统可持续性优势的显著性越强。因此，从系统可持续性优势显著的角度来看，目前水资源价格不断上涨的趋势将促进 TR 模式和 SR 模式两种新型城市污水系统可持续性优势的可靠性提高。

综上可知，随着我国城市的不断扩张，人们对环境和资源价值认识的不断深刻，水资源的价格将越来越高，排污收费的标准将越来越严格。这些环境与资源政策的变化将使得 TR 模式和 SR 模式两种新型城市污水系统的优势不断凸显，优势的显著性也不断提高，这为在我国城市建设这两种模式的新型城市污水系统提供了契机。

4.10.2 城市污水系统布局对城市可持续性的影响

污水再生利用的引入将使得城市污水系统的理想规模小型化，这意味着对于同一服务区域来说，采用污水回用模式的城市污水系统比采用传统模式的系统空间布局更趋向于分散化和组团化。本研究利用构建的城市污水系统布局规划决策支持模型 WaSLaM，以北京市南部的大兴新城地区为案例，对污水回用模式系统的空间布局展开了研究。

图 4-39 给出了 WaSLaM 模型计算得到的大兴新城污水系统布局规划推荐方案库中所有方案的再生水需求满足率 WrR 的统计结果。从图 4-39（a）的统计结果可以看出，如果在大兴新城建设回用模式的污水系统，综合考虑到污水系统的可持续性及再生水季节性调节设施占地等因素，在 95% 的置信概率下，大兴区域的再生水需求满足率不会超过 80%。此结论及统计图形能够对大兴新城污水系统规划过程中再生水需求满足率的制定提供决策支持，为决策者提供了一定置信概率下，在大兴新城建设可持续性回用模式污水系统所能够达到的再生水利用率，避免了因再生需求满足率选择过低或过高而导致的污水系统不具有可持续性或者再生水利用率无法实现的问题。

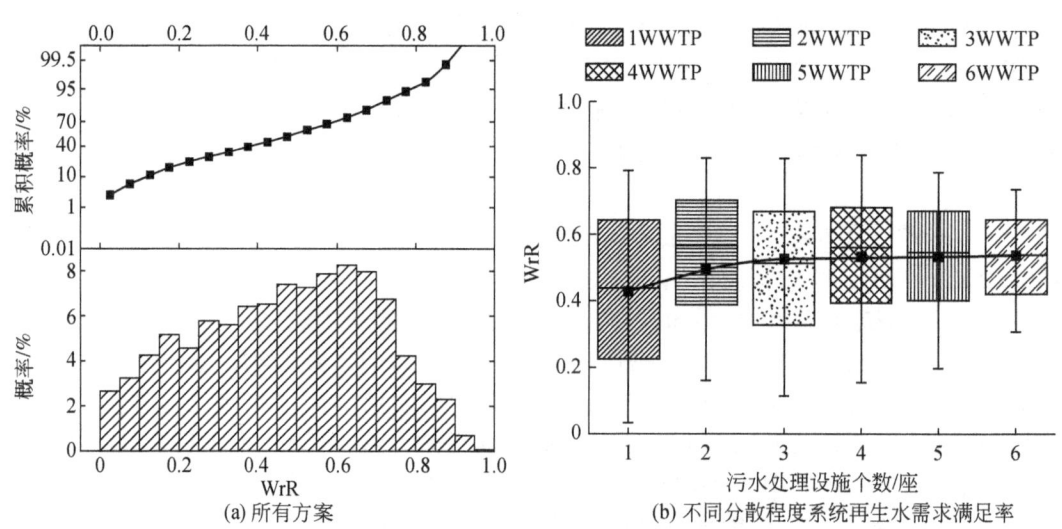

图 4-39 大兴新城系统布局规划推荐方案库中所有方案 WrR 的统计结果

此外，根据布局规划推荐方案库中各方案建设处理设施个数的不同，重新对方案库中各方案的再生水需求满足率 WrR 进行了统计，结果如图 4-39（b）所示。统计结果表明，对于系统内处理设施个数不同的各类方案，统计得到的 WrR 的均值相差不大，均为 0.4 ~ 0.6。随着系统内污水处理设施个数的增多，WrR 逐渐增大。此外，随着系统内处理设施的个数增多，WrR 分布的方差将逐渐减小，这意味着对于规划给定的再生水需求满足率 WrR，分散的污水系统对其实现的置信概率要大于集中的污水系统。在指定再生水利用率的情况下，这一结果可以为确定系统内的处理设施个数提供决策支持。

利用上述对 WrR 统计的方法，图 4-40 对大兴新城污水系统布局规划推荐方案库中所有方案的污染负荷排放当量 Load 进行了统计。图 4-40（a）给出了 2020 年在新城地区建设回用模式污水系统情景下，新城区域年污染负荷排放当量的取值范围及概率分布，这一结果能够为决策者制定该区域污水系统环境性能目标提供依据。从图中可以看出，在 95% 的置信概率下，建设回用模式污水系统可以将该区域的污染负荷排放当量控制在 3.5 万 t/a 以内。如果在大兴新城制定污染物排放目标时选取了高于 3.5 万 t 的数值，则低估了污水系统的能力，使得依照此目标规划出的污水系统不能很好地改善大兴新城的地表水环境质量；如果选取了过小的数值作为目标，则高估了污水系统的能力，使得区域的水环境目标无法实现。

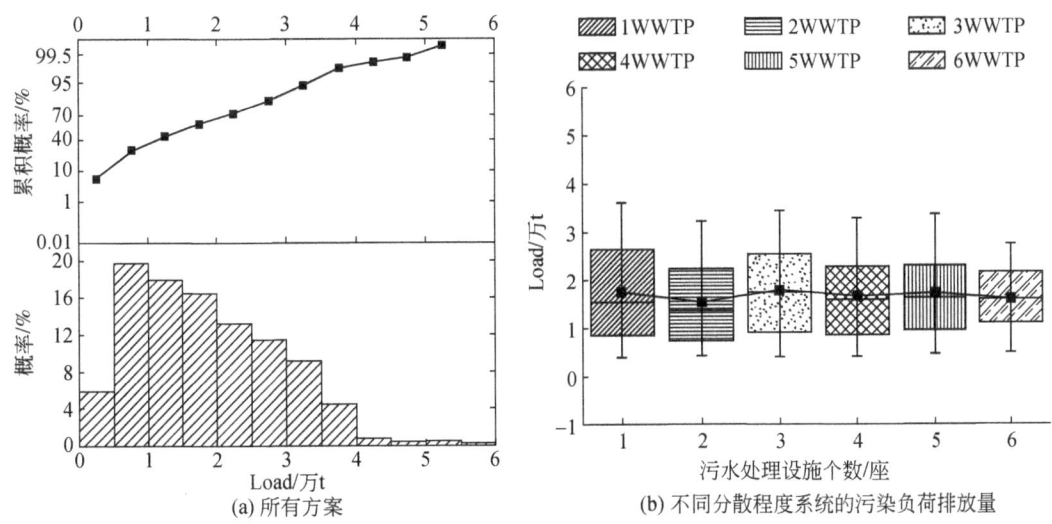

图 4-40　大兴新城系统布局规划推荐方案库中所有方案 Load 的统计结果

图 4-40（b）依照系统内处理设施个数对推荐方案库中的方案分类统计了其污染负荷年排放当量 Load。从图中可以看出，系统处理设施的分散程度对系统污染负荷排放当量 Load 的均值影响不大，不论在系统内建设几个处理设施，大兴新城 Load 的均值都大致为 1.5 万 t。但从 Load 分布的方差来看，系统内处理设施的个数越多，系统分散程度越大，Load 的方差越小。与上述 WrR 统计所提供的污水系统规划决策支持类似，这一结论也可以为大兴新城在给定区域污染负荷排放当量的约束下选择系统内处理设施个数提供决策

支持。

图 4-41 是大兴新城污水系统布局规划推荐方案库中各方案寿命期内投资成本 LiC 的概率分布。从图 4-41（a）可以看出，如果在大兴新城建设回用模式污水系统，其生命周期内的全成本投资 LiC 在 95% 的置信概率下将小于 2 亿元。从图 4-41（b）可以看出，对于不同分散程度的污水处理系统来说，LiC 在均值和方差上的差异较大，并且随着系统分散程度的提高，系统 LiC 的均值和方差都逐渐降低，但降低的速率不断减缓。上述信息能够支持对系统的规划方案进行生命周期内的投资分析，并且能够在给定区域污水系统 LiC 的条件下，为系统内处理设施个数的选择提供决策依据。

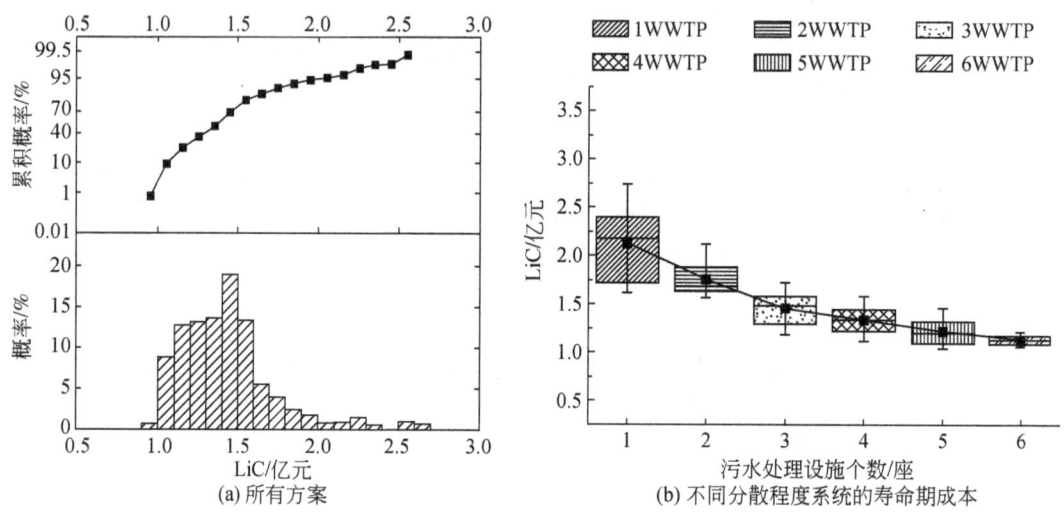

图 4-41　大兴新城系统布局规划推荐方案库中所有方案 LiC 的统计结果

按照区域内污水设施的个数对模型计算生成的污水系统空间布局方案进行统计，结果如图 4-39（b）、图 4-40（b）及图 4-41（b）所示。从系统污染物的排放量来看，系统布局的分散程度对其没有显著性影响，在区域内建立 1~6 座污水处理设施时，污水系统对该区域污染物的去除能力相当。但对于系统的寿命期成本及区域再生水需求的满足率来说，系统的分散程度对其有明显的影响。具有 1 座污水处理设施的系统其平均寿命期成本约为具有 6 座污水处理设施系统平均成本的 1.88 倍。在保证系统综合效益最优即可持续性最佳的条件下，具有 6 座污水处理设施的系统能够使得区域再生水需求的满足率平均达到 53.9%，而具有 1 座污水处理设施的系统只能实现平均 43.0% 的再生水需求满足率。由此可见，组团式城市污水系统在保证系统污染物去除能力的前提下，能够显著降低系统的经济成本，使得区域再生水利用的空间匹配效率提高，促进城市污水系统朝可持续的方向发展。

4.11　污水再生利用条件下污水系统的理想服务规模

规律 11：城市污水系统的理想服务规模对技术进步存在依赖性，污水再生利用的引入使得城市污水系统的理想规模出现小型化的趋势，污水回用模式下城市污水系统对应的理

想服务规模可以降低为传统模式系统的 0.5 倍。

对于只有一个污水处理设施的集中式城市污水系统来说，随着系统服务规模的增长，污水处理设施的规模效应使得系统处理污水的单位成本不断降低。但是，系统服务规模的增大要求系统具有更加庞大的输送系统，这就使得系统输送污水的单位成本不断升高。综合考虑系统的处理成本和输送成本，城市污水系统的单位成本与其服务规模之间呈非单调的曲线关系，该关系曲线的最低点，即城市污水系统单位成本最小的点对应的系统服务规模称为城市污水系统的理想规模（董欣，2004）。

对于传统模式的城市污水系统来说，处理成本指污水处理厂的建设和运行成本，而输送成本指污水管网及污水泵站的建设和运行成本。而对于较为复杂的污水回用模式系统来说，处理成本不仅包括污水处理厂的建设和运行成本，还包括再生水处理设施的建设和运行成本；输送成本不仅包括污水管网及污水泵站的建设和运行成本，还包括再生水管网及再生水泵站的建设和运行成本。成本计算边界的变化必然使得两种模式污水系统的"系统单位成本–系统服务规模"曲线存在差异性。

4.11.1 污水系统单位成本曲线规律识别

本研究根据"城市中心学说"，基于北京市的地理特征参数，随机生成不同规模的城市空间情景，并利用城市污水系统布局规划决策支持模型 WaSLaM 中管网铺设、管径确定及系统成本计算的模块，以传统模式污水系统为例，对污水系统的"系统单位成本–系统服务规模"曲线进行了理论模拟。

在"系统单位成本–系统服务规模"曲线的理论模拟过程中，假定情景城市建立在地势平坦地区，符合一般城市的发展规律，呈同心圆状发展，即先在中心区进行建设，当中心区的建设率达到一定水平后，开始向城市郊区扩张。情景城市中人口分布符合中心密集、周边稀少的规律，即城市中心的人口密度最大，随着城市区域半径的不断增大，人口密度不断减少。情景城市中污水处理厂建设在城市郊区，并处于常年的下风向；回用水厂与污水处理厂建设在一起，污水处理的出水经过深度处理后进行回用；污水管道采用枝状管网布置，为重力流管；回用管道在平面位置上与污水管道重合，也采用枝状管网，但为有压流管。

在上述情景设计的基础上，图 4-42 给出了传统模式污水系统"系统单位成本–系统服务规模"曲线的理论模拟结果。从图中可以看出，污水的处理成本随着污水处理厂的服务规模增大而降低，这种现象被称为污水处理的规模效应，是污水处理设施费用成本的基本特征。随着污水系统服务规模的增大，污水输送管线的长度将会增加，管径将会增大，这就导致了污水系统的输送成本随着系统服务规模的增大而升高。正是由于污水处理成本和输送成本有着上述不同的变化规律，污水系统的总成本才会随着系统服务规模的增大呈现出非单调变化的规律。当城市污水系统服务规模较小时，污水处理的成本在总成本中占的比例较大，总成本的变化规律与处理成本的变化规律相同，随着服务规模的增大而降低；当城市污水系统服务规模较大时，系统输送成本在总成本中占的比例较大，总成本的变化规律与输送成本的变化规律相似，随着系统服务规模的增大而增大。

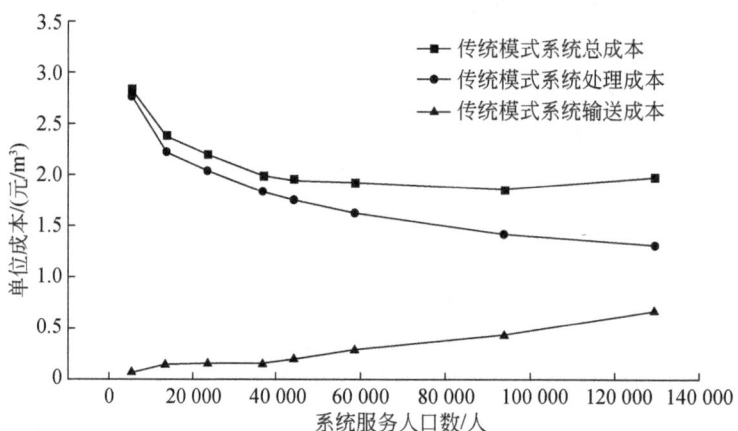

图 4-42　传统模式污水系统"系统单位成本–系统服务规模"的模拟曲线

4.11.2　传统模式与污水回用模式污水系统理想规模的差异

采用上述同样的方法，对污水回用模式的城市污水系统"系统单位成本–系统服务规模"曲线进行模拟，并与传统模式系统的"系统单位成本–系统服务规模"曲线进行比较，如图 4-43 所示。研究结果表明以下几点。

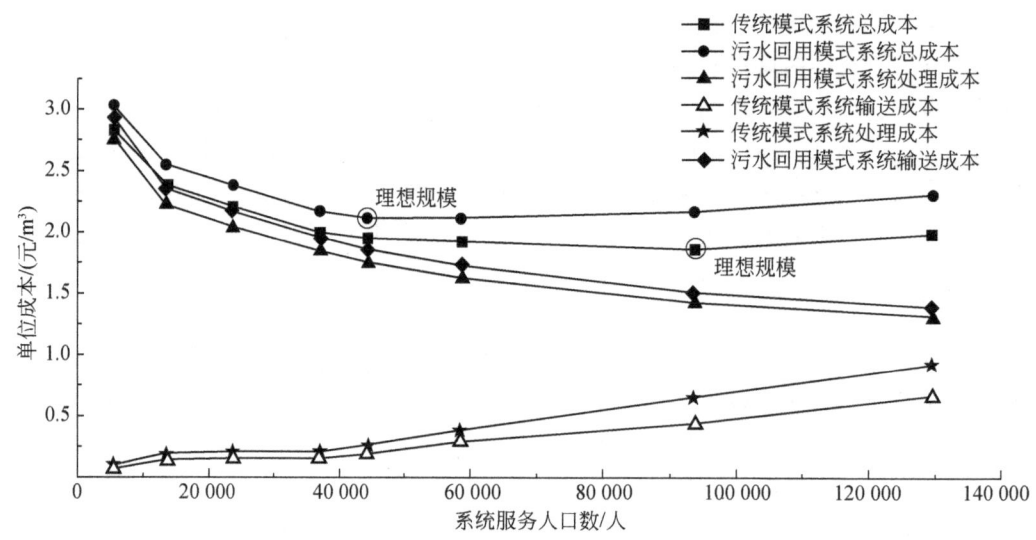

图 4-43　两种模式污水系统的"系统单位成本–系统服务规模"曲线

1）对于相同服务规模的两种城市污水系统来说，由于污水回用模式系统的组成结构复杂，其处理、输送及系统总投资的单位成本均高于传统模式系统。两种模式的处理单位成本差别基本不随系统服务规模的增大而变化，但由于系统服务规模增大而导致的再生水管网及泵站规模的增大使得两种模式系统的输送单位成本差别随系统服务规模的增大而增大。因此，对于服务规模较小的城市污水系统来说，采用传统模式与采用污水回用模式的总成本差异较小，但这种差异将随着系统服务规模的增大而变得显著。

2）污水回用模式城市污水系统的理想规模约为4.5万人，传统模式城市污水系统的理想规模约为9.4万人。由此可见，城市污水回用的引入使得城市污水系统的理想规模明显小型化。在本研究的理论计算中，污水回用模式系统的理想规模仅为传统模式系统理想规模的一半。对于一定的污水系统服务区域，如果采用污水系统的理想规模来确定系统内污水处理设施的个数，那么采用污水回用模式的污水处理设施的个数将多于采用传统模式的系统，也就是说，污水回用模式的城市污水系统空间布局更趋向于分散化和组团化。

第 5 章　城市二元水循环系统调控机制研究

5.1　城市节水潜力预测与实现途径

社会经济的发展将带动城市人口规模的增大和工业产品产量的增加，城市居民对生活质量的要求也日益提高，这些因素将对城市用水规模的增长产生驱动力。但是，节水意识的提高及高效用水器具和先进工业技术的产生和推广，将带来城市用水效率的提高。未来海河流域城市用水规模的发展变化将受到这两个方面因素的共同作用。

D-WaDEM 和 I-WaDEM 模型的预测结果表明，2020 年海河流域城市生活和工业总用水量为 119.2 亿 m^3，其中，生活用水量占 33.6%；2030 年用水规模略有下降，至 108.6 亿 m^3，生活用水比例上升为 41.6%。相比 2008 年，2020 年和 2030 年海河流域城市生活和工业用水总量分别增加了 17.3% 和 6.9%；但全流域城市人均综合生活用水量相比 2008 年分别减少 12.4% 和 13.7%，单位工业增加值的用水量相比 2008 年则分别降低 52.5% 和 67.5%。由用水总量和用水效率的变化情况可见，技术进步带来的节水效应在短期内尚无法完全抵消城市和工业规模扩大带来的流域城市用水量增加的趋势，但随着技术的不断升级和扩散，其节水效应逐步扩大，流域城市用水量将在 2020 年前后呈现下降趋势。海河流域是我国水资源缺乏最为严重的区域，而流域内的北京、天津等城市的功能定位决定了未来城市和工业发展的规模仍将保持一定速度，因此加大技术升级和推广力度，带动技术节水效应的提升，将是保障流域城市水资源供给和可持续发展的长远举措。

5.1.1　海河流域城市生活用水节水潜力分析与管理对策

如图 5-1 所示，根据现行规划对海河流域各行政区人口数量的预测，2020 年和 2030 年流域内城市生活用水量将分别达到 40.0 亿 m^3 和 45.2 亿 m^3，其中北京市和河北省的城市生活用水量各占流域总量的 30% 以上。在城市发展过程中，伴随着生活用水量的变化，生活用水的结构也发生了一定变化，对城市用水和节水管理产生一定影响。以北京市为例，随着城市社会经济的发展，居民住房的设施水平不断改善，具有独立厨房、浴室和卫生间已逐步成为城市住宅的基本要求，这一变化带来城市生活用水结构的变化。如图 5-2 所示，公共用水中与居民日常基本用水行为相关的水量在 1985~2010 年出现了显著的下降过程，这一变化与城市住宅的基本构造具有显著的关系。此外，随着生活水平的提高，旅游行业的发展带动了城市餐饮、宾馆等行业用水量的显著增加。历史数据分析和模型预测表明，对流动人口的数量产生直接影响的城市功能定位（区域政治中心、旅游型城市等）

将相应地对公共用水的结构产生明显影响，因此在未来城市水资源管理中应结合城市功能定位加强重点用水部门的需水管理。

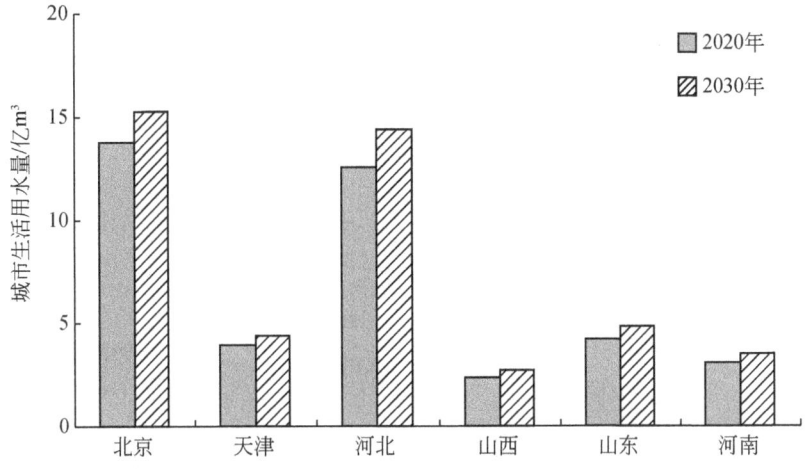

图 5-1 2020 年和 2030 年海河流域城市生活用水量（按行政区域划分）

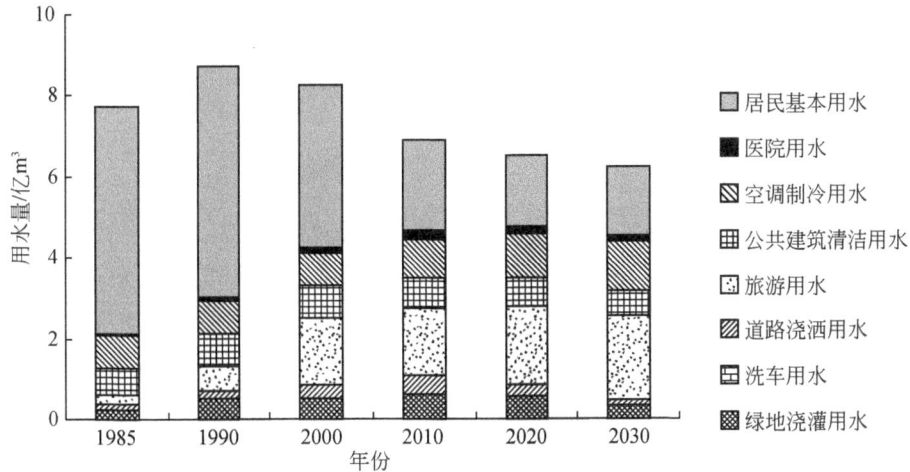

图 5-2 北京市 1985~2030 年公共生活用水量结构变化

城市居民家庭人均用水水平呈现先增后降的"三段式"发展特征。20 世纪 80 年代是我国居民家庭生活水平迅速提高的时期，便器、淋浴器等用水器具在居民家庭中的普及率不断增加，居民家庭用水在城市生活用水中的比例也大幅度提升，这一时期居民家庭人均日生活用水量显著增加，从 1985 年的 34.8L/(人·d) 的水平上升到 2000 年的约 100L/(人·d) 的水平。2000~2010 年，城市居民家庭用水的增长幅度已明显放缓，这一时期的用水量变化已不再是用水器具普及率提升主导驱动的，而是生活水平提高带来的用水行为规律改变、节水器具标准实施带来的器具效率提升等多重因素共同作用的结果。北京市居民家庭人均用水量将在 2010 年前后达到峰值，此后由于高效用水器具的扩散效应带来的影响逐渐增强，人均用水量将呈现缓慢的下降趋势。

如图 5-3 所示，在人口增加、社会经济变化、技术进步等多重因素的共同作用下，北京市城市生活用水总量将在 2010～2015 年出现平台期，表明在这一阶段高效生活用水技术的推广带来的用水效率的提高基本可以抵消人口增长和生活水平提高带来的用水需求增加。但随着节水器具普及率的逐步提升并趋于相对饱和，城市规模的扩大带来的资源效应将再次凸显。从图中的水量曲线中可以看出，按目前的人口规划数据，2015 年以后北京市城市生活用水总量将缓慢增加，这些增量主要来自居民家庭生活用水。

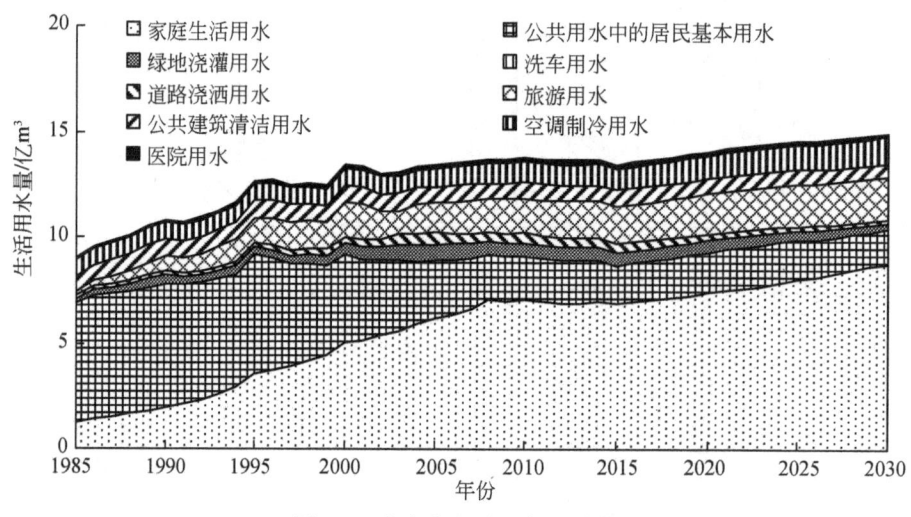

图 5-3 北京市生活用水量预测

如图 5-4 所示，参照城市生活用水效率的变化测算结果，海河流域城市居民（消费者）认可并实际接受的器具替换、再生水回用等行为带来的节水潜力在 2020 年和 2030 年分别达到 5.67 亿 m^3 和 6.78 亿 m^3，其中，2030 年北京市、河北省和天津市的节水潜力分别为 2.72 亿 m^3、1.89 亿 m^3 和 0.66 亿 m^3。对比 2020 年和 2030 年的节水潜力结构发现，2020 年源自居民家庭用水的节水潜力约占总潜力的 65.0%，表明这一阶段居民家庭生活用水效率的提升较公共用水效率的提升更为显著；2030 年生活节水潜力则有 59.0% 源自公共用水，表明按目前的节水技术发展水平和器具价格变化趋势，在更长的时间尺度下，公共用水效率提升的空间将大于居民家庭生活用水效率。因此，对城市水资源管理部门而言，未来除充分利用公共用水效率提升的空间外，还需进一步研究影响居民家庭用水效率的因素，制定合理政策，进一步挖掘节水潜力。

如图 5-5 所示，不同收入水平的居民家庭在用水效率上表现出一定差异。受用水行为发生频率、器具选择决策影响，收入水平处于前 20% 的城市家庭人均用水量明显高于其余四类居民户。相比而言，其余四类家庭的用水效率差异并不明显，且用水水平并不是简单随着收入水平增加而提高。收入水平最低的 20% 的用户的用水量并不处于最低水平，其主要原因是当前的水价并不足以在短时间内弥补不同效率或性能的用水器具之间的价格差异，部分家庭因此选择用水效率较低的用水器具。

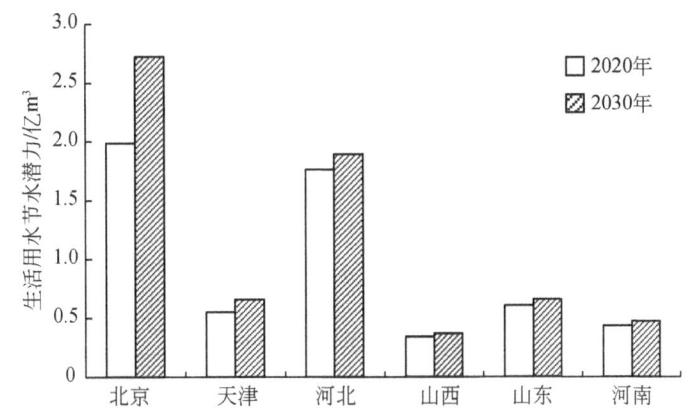

图 5-4　海河流域 2020 年和 2030 年生活用水的社会可接受节水潜力

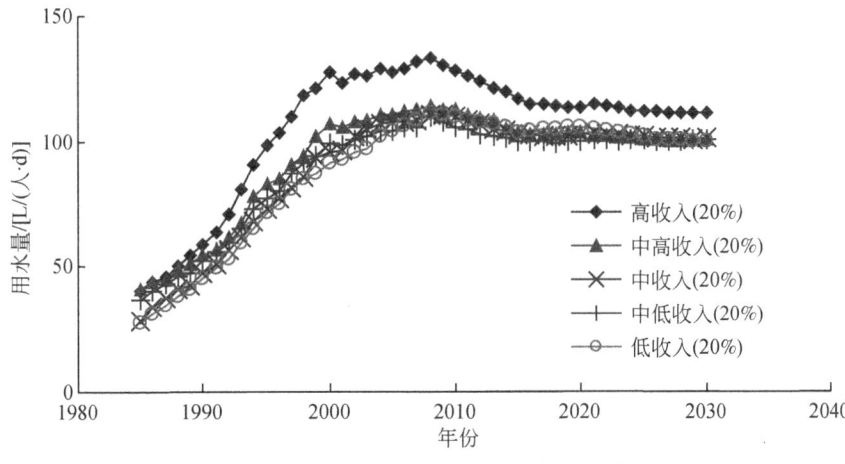

图 5-5　不同收入居民家庭用水量差异

用水器具的普及程度和效率变化直接关系城市生活用水的总体效率。在水资源短缺的背景下，随着用水器具的技术不断发展，逐渐增强的居民节水意识促进了节水型器具在居民家庭中普及率的不断提升。但由于器具购买后存在一定的使用周期，便器等器具的周期更可达 10 年以上，单纯依靠居民自主选择，可能因为不同的选购决策和器具淘汰的延滞效应减缓城市生活用水效率的提高。因此，国家或城市水务部门应通过推行用水器具的节水标准，从市场中淘汰用水效率较低的器具，鼓励节水型器具的发展。

图 5-6 反映了不采取技术限制措施、分别按当前节水器具标准和市场最优技术作为 2008 年以后用水器具限制措施等三种器具控制政策对居民家庭用水量的影响。与按当前节水技术控制标准的情景相比，不采取任何控制措施将导致 2030 年用水量增加 12.1%，而采用当前市场最优的技术作为控制标准将在 2030 年带来 10.6% 的水量下降，并且对用水器具技术的管理带来的用水量变化随着时间的推移逐渐增大。由此可见，随着现有的器具逐渐被替换，采取的控制措施越严格，居民家庭用水量的减少幅度就越明显。当然，居民选购用水器具仍主要通过市场机制控制，市场上可供选择的器具种类也十分丰富，图中反

其中，高耗水行业带来的节水潜力占工业总量的70%左右；在两个时间段内，火电行业的节水潜力分别占工业总量53.3%和62.0%，钢铁行业分别占12.2%和4.3%。

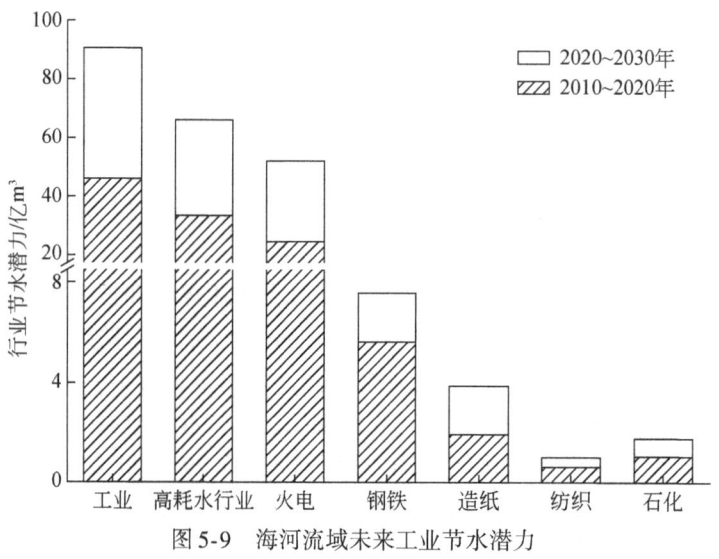

图5-9 海河流域未来工业节水潜力

如图5-10所示，高效用水技术的应用使行业用水效率显著提升。在中方案情景下，火电行业单位发电量的取水量将从2007年的26.4L/(kW·h)下降至2030年的14.5L/(kW·h)；钢铁行业吨钢新水水耗将从5.1L/t下降至3.7L/t。直流冷却系统改造为循环冷却系统、提高循环冷却倍率、空冷系统运用、干排渣和干储灰等是火电行业节水的典型技术。特别是对水资源严重匮乏的海河流域而言，空冷技术能直接节约占火电用水量70%左右的冷却用水。尽管这项技术会增加建设费用和煤耗，但由于其节水效益显著，正在流域内的火电厂中得到推广。直接还原炼铁、"三干"技术、近终形连铸连轧和空冷、汽冷技术是钢铁行业的主要节水技术。同时考虑技术的节能效益，近终形连铸连轧、直接还原炼铁、干熄焦、干式TRT和炼焦热导油技术应作为钢铁行业未来优先发展的技术。在中方案情景的技术发展水平下，海河流域钢铁行业技术进步和产能规模调控将促使行业用水规模在2030年以前小于现有规模。

图5-11反映的是2020年造纸和石化两个行业的技术优先序与节水效益的关系。造纸行业耗水量大、规模集中度小，节水潜力相对较大。行业最具节水潜力的技术集中在少数几项关键技术上，如超高得率制浆技术、纸机白水封闭循环和回收、中浓技术（包括生产过程中浓和中浓封闭筛选技术）、漂白技术等，节水效益明显。石化行业则表现出与造纸行业不同的特征，该行业生产过程技术的节水效益高，技术优先级别高，如水溶液全循环尿素节能节水增产工艺、碱洗电精制替代工艺、废氢及惰性气体代替蒸汽汽提等，但这些技术实现节水量相对较小，节水量的实现还主要依靠水的重复利用和回用技术来满足。因此，提高不同行业的用水效率应根据该行业的特征加以区分，选择最优的技术路径。

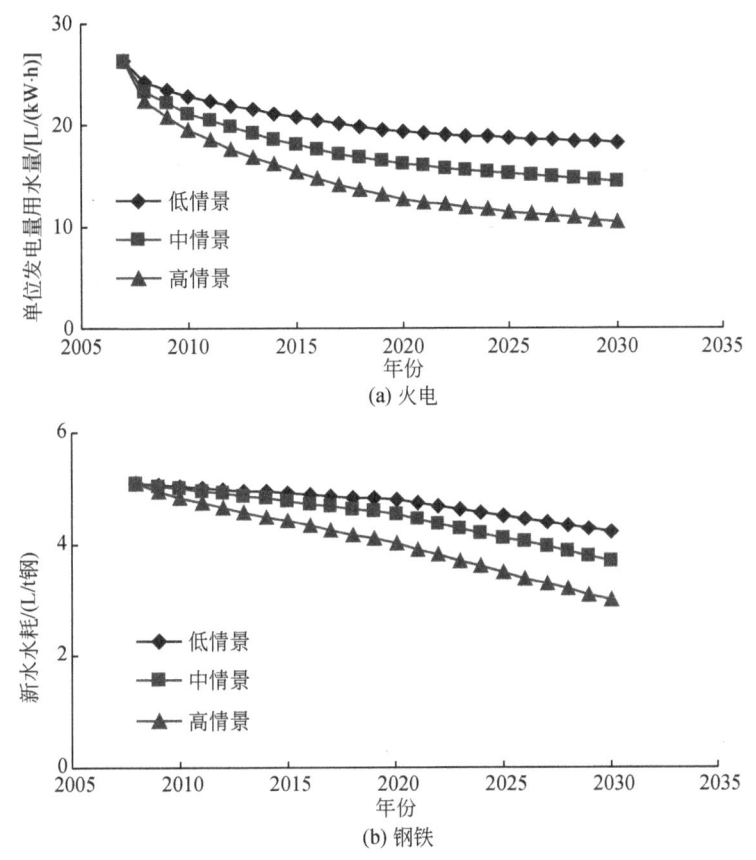

图 5-10 部分行业单位产品用水量预测

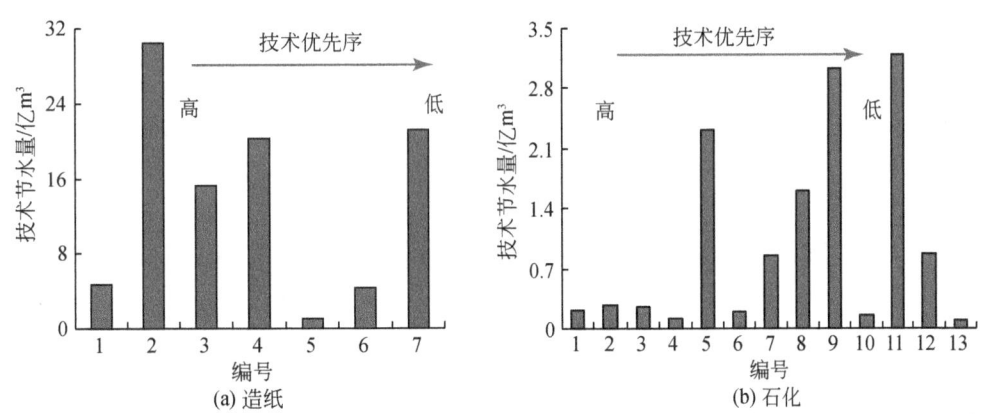

图 5-11 部分行业 2020 年高效用水技术优先序和节水效益

造纸行业技术编号：1. 超高得率制浆技术；2. 纸机白水封闭循环和回收技术；3. 生产过程中浓技术；4. 中浓封闭筛选；5. 制浆蒸煮黑液高效碱回收和冷凝水回收技术；6. 现代漂白技术（TCE、ECF 等）和逆流洗涤；7. 中段废水的治理与回用。石化行业技术编号：1. 加氢精制等工艺取代碱洗电精制工艺；2. 水溶液全循环尿素节能节水增产工艺；3. 废氢及惰性气体代替蒸汽汽提；4. 合成氨原料气净化精制双甲工艺；5. 回收凝结水技术；6. 干式蒸馏；7. PSA；8. 物料换热优化和低温余热利用技术；9. 海水冷却；10. 采用 CO_2 和 NH_3 汽提工艺；11. 合成氨 NHD 等新型气体净化新工艺；12. 城市污水深度处理回用；13. 全低变工艺就全行业耦合的情况看,若要求高耗水行业 2020 年的用水量控制在当前水平,需要重点依靠火电、钢铁和造纸等实现节水目标相对容易的行业来实现;尤其是火电行业,发电新技术的推广将具有较大的用水效率提升空间。通过技术优先排序和综合效益评估分析,2020 年高耗水行业用水量维持当前水平的情景下,应重点推广的前 10 项技术均为生产过程技术。由此可见,加强技术研发,促进工业技术进步,提高行业技术准入条件,将是未来工业行业用水管理的重要手段。其中,最具代表性的几项典型生产技术为纺织行业的天然彩棉原料,火电行业的空冷技术和清洁煤发电技术,钢铁行业的近终形连铸连轧技术及直接还原铁和熔融还原铁技术,以及造纸行业的超高得率制浆技术等。

在技术升级的同时,行业规模优化也将带来一定的节水潜力。其中,火电行业规模优化主要应围绕发电机组以大代小和清洁发电机组的应用展开;钢铁行业规模调整应向设备大型化、现代化发展,淘汰落后中小型设备生产能力,逐步淘汰土法炼焦(含改良焦炉)、炭化室高度小于 4.3m 焦炉、180m^2 以下烧结机、1000m^3 以下高炉、120t 以下转炉和 70t 以下电炉等;石化行业的行业规模结构优化应使生产能力向现代化、大型化企业聚集。在炼油行业,争取 2010 年后炼油主流装置规模达到 1000 万 t 以上,乙烯主流装置达 80 万 t 以上,提高以天然气为原料的大型合成氨的比例,逐步淘汰以煤为原料的小合成氨。

海河流域具有较丰富的煤炭资源,区域内工业发展也可以依托环渤海的物流优势,在全国资源分布和发展水平的统筹考虑下,其工业发展结构也决定了未来布局和结构调整的方向。由于水资源匮乏,海河流域需限制水力冷却的火力发电,重点发展空冷机组;但在天津等滨海区域可以借助海水冷却等方式发展火电。区域内钢铁行业已存在产能过剩的问题,未来不宜新建钢铁企业,也不宜大规模扩张产能。石化行业布局优化要依托现有企业和环渤海区位优势,建成具有世界级规模的炼化一体化企业群和石油化工产业集群。

对工业部门而言,目前制约各工业行业用水效率提高和节水潜力发挥的主要因素包括:整体技术水平不高,工艺结构落后;工业布局不合理;企业规模结构、产品结构和原料结构不合理等。通过技术选择和结构调整,可实现工业用水从微增长到零增长、再变为负增长的变化过程,实现部分高耗水行业增产不增水。因此,增产不增水应该是规范和指导工业用水可持续发展的一条基本原则。

5.2 海河流域城市给水系统水质风险控制

5.2.1 海河流域未来饮用水水质风险

根据第 4 章 4.4 节的分析结果,近年来海河流域饮用水源地水质有所改善,饮用水安全风险略有降低。根据模型估算,在水源水质较好的 2009 年,COD_{Mn}、NH_3-N 和余氯的达标率能够达到 95% 以上,但 TTHMs 的超标概率为 2%~14%,仍不能完全满足达标率高于 95% 的要求。同时,随着海河流域未来的人口增长和社会经济发展,流域的污染负荷仍有可能继续增长(见 5.4 节),再加上各种不利自然因素(如干旱等)的影响,饮用水源水质安全和饮用水安全仍然存在较大风险。

本研究调研了海河流域 21 个重点饮用水源地 2004~2009 年逐月水质状况（图 5-12），利用 IWaSS 模型模拟了相应的饮用水安全风险，并选其最大值代表海河流域未来的饮用水安全风险，结果如图 5-13 所示。

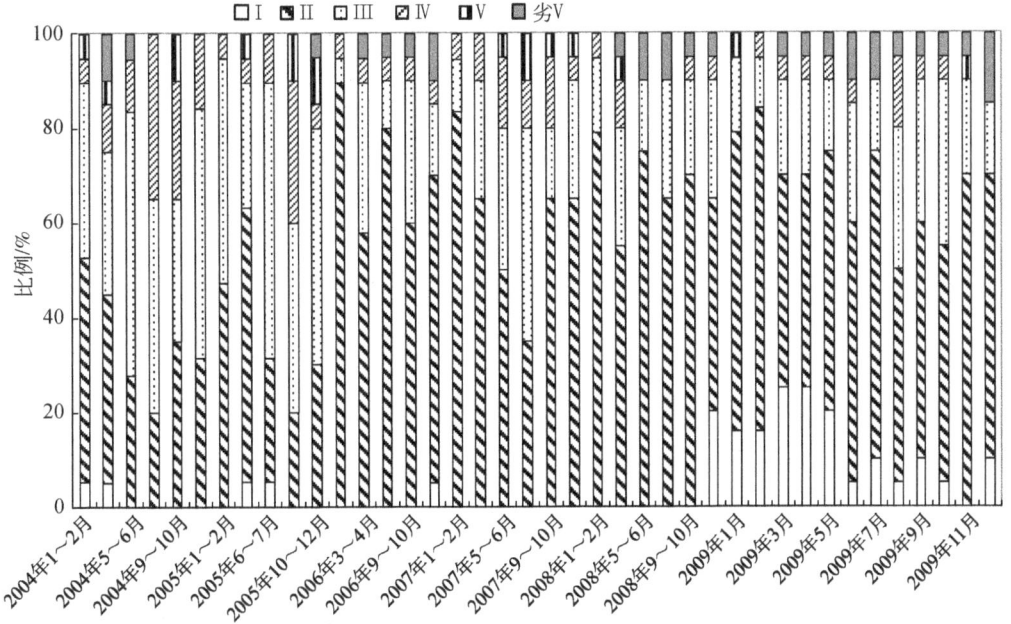

图 5-12　2004~2009 年海河流域重点饮用水源地逐月水质状况

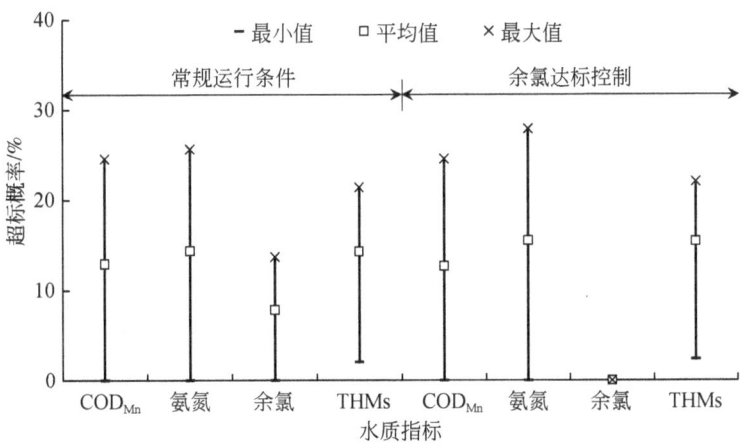

图 5-13　2004~2009 年海河流域饮用水安全风险

从图中可以看出，如果未来海河流域的饮用水安全重现近六年来的最差水平，则饮用水中 COD_{Mn}、NH_3-N 和 TTHMs 的超标概率最高可达 20% 以上，而对于那些不能对出厂水余氯进行有效控制的中小型水厂，余氯的超标概率可能高于 10%。这些水质指标的高超标风险既可能引起介水传播疾病在短期、局部地区集中暴发，也会对居民身体健康造成长期的不利影响。

5.2.2 影响饮用水水质风险的关键因素识别

为了有效地控制当前及未来可能面临的饮用水安全风险，本研究利用区域灵敏度分析方法识别水源水质和水厂参数对水质风险的贡献，从中识别影响水质安全的关键因素，并基于此筛选提高饮用水安全性的可行技术措施，具体方法见 3.4 节。

图 5-14 所示为区域灵敏度分析的结果。从图中可以看出，水源水质是决定饮用水水质风险的关键因素。对于 COD_{Mn}、NH_3-N 和余氯风险，水源水质是首要因素，而对于总 THMs 风险，水源水质是第二重要因素。因此，改善水源水质是降低水质风险的最直接、有效的措施。根据 IWaSS 模型的模拟结果，对于常规给水处理工艺，为保证 COD_{Mn} 和 NH_3-N 的达标率达到 95% 以上，应分别将饮用水源的 COD_{Mn} 和 NH_3-N 控制在 5.3mg/L 和 0.6mg/L 以下，这些要求较《地表水环境质量标准》中的Ⅲ类水标准更为严格。作为改善水源水质的替代方案，在常规处理工艺前增加生物或化学预处理工艺（如生物接触氧化、化学氧化等）去除水源水中的 COD_{Mn} 和 NH_3-N，也是降低水质风险的直接、有效的措施。

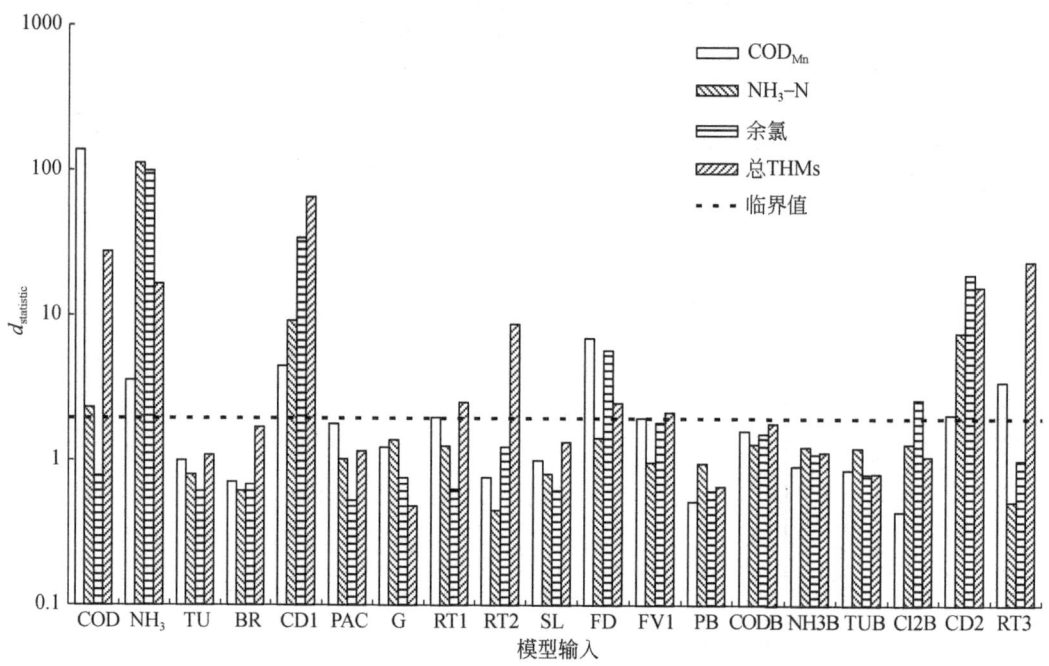

图 5-14 水源水质和水厂参数对水质风险的影响

注：横坐标模型输入中 COD、NH_3、TU 和 BR 分别表示饮用水源中 COD_{Mn}、NH_3-N、浊度和溴离子的浓度，其他模型输入见表 4-5。

同时，从图 5-14 中可以看出，预氧化、过滤和消毒也是常规处理工艺中影响饮用水质安全性的重要环节。常规处理工艺中的预氧化剂通常采用氯及其化合物，这一工艺使得氯与消毒副产物前体物的反应持续整个水处理流程，导致 THMs 等消毒副产物的产量较高，增加了饮用水安全风险。因此，可以通过改用其他预氧化剂（如高锰酸盐、臭氧等）

或其他预氧化技术（如生物接触氧化等），去除 COD_{Mn}、NH_3-N 及消毒副产物前体物等。对于常规过滤工艺，增加滤层厚度，降低滤速，可以延长处理水在滤池中的停留时间，因而可以提高水质。除延长水力停留时间之外，提高普通滤池的效率也是有效的措施，如投加助滤剂、将普通砂滤池改造成生物活性炭滤池等。消毒工艺需要同时满足水质标准中微生物指标和消毒副产物指标的要求，但传统氯消毒工艺通常产生较多的消毒副产物。因此，可以通过优化投氯量、投氯点及接触时间等改进传统氯消毒工艺，或者采用其他消毒技术（如氯胺消毒、游离氯和氯胺联合消毒、紫外消毒等）等方式提高饮用水安全性。

5.2.3 饮用水水质风险控制策略的效果

考虑到 IWaSS 是基于常规给水处理工艺构建的，所以本研究仅以改善水源水质和强化滤池的生物去除功能两种饮用水水质风险控制策略为例，评估它们的风险控制效果。

改善水源水质是提高饮用水质安全性最直接、有效的措施，其效果优于调控水厂运行参数。如图 5-15 所示，当海河流域饮用水源水质全部达到Ⅱ类和Ⅰ类水质时，常规处理

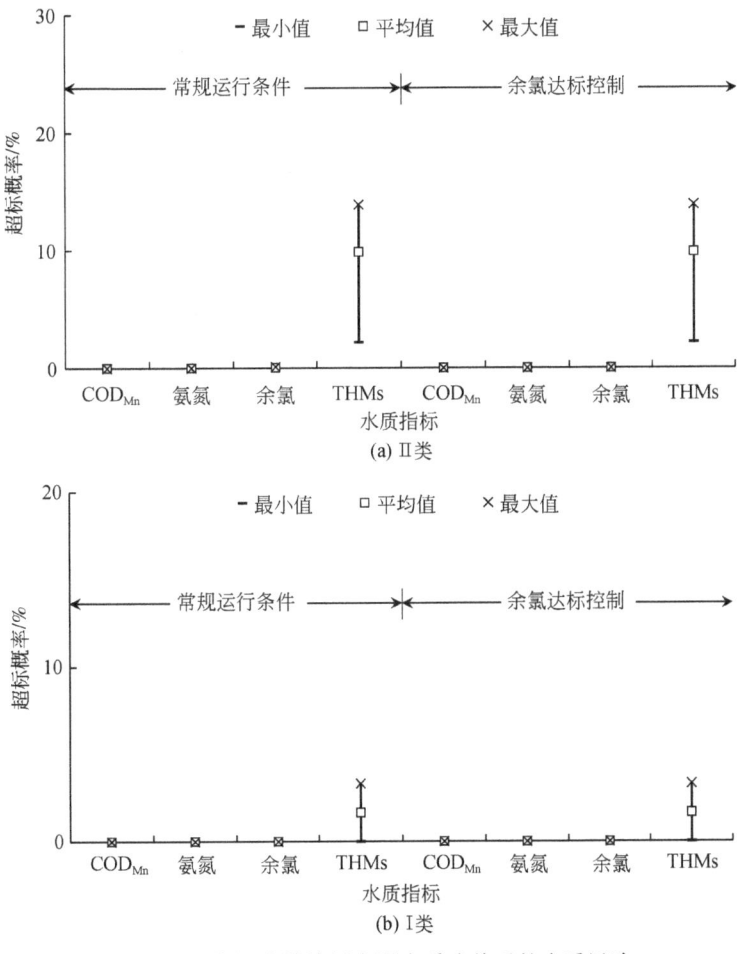

图 5-15　海河流域饮用水源水质改善后的水质风险

工艺可以保证COD_{Mn}、NH_3-N 和余氯全部达标，TTHMs 的达标率可分别提高到 85% 和 95% 以上。因此，即使水源水质达到Ⅱ类标准，饮用水中的 THMs 风险仍然较高，需要通过其他措施（如改进消毒工艺等）进一步降低水质风险。

图 5-16 所示为强化滤池的生物去除功能对水质风险的影响。从图中可以看出，强化滤池的生物去除功能可以显著降低 COD_{Mn} 的风险，但对其他水质指标的风险影响较小，远不及改善水源水质的效果。因此，通过常规给水处理工艺运行的调整和优化对于改善饮用水水质的空间较为有限，需要对常规工艺进行结构上的革新，如增加预处理或深度处理工艺等。

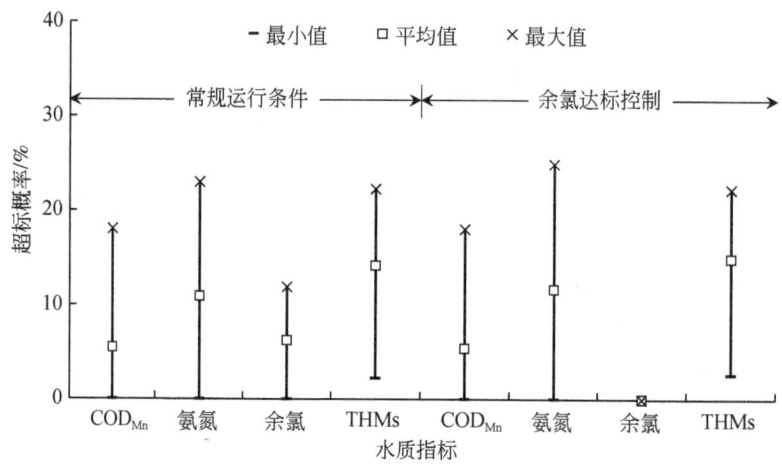

图 5-16 强化滤池的生物去除功能对水质风险的影响

5.3 海河流域城市水资源利用效率评价

5.3.1 各项评价指标和权重确定

根据海河流域城市数据的可得性，城市水资源用水效率评价所选的具体评价指标和对应的权重如表 5-1 所示。用水效率指数可以由这 4 个一级指标的综合加权平均得到。

$$\delta = \sum_{i=1}^{n} W_i \delta_i \quad (5-1)$$

式中，δ 为用水效率指数；W_i 为第 i 个指标的权重；δ_i 为第 i 个指标的取值。

表 5-1 用水效率评价指标组成

一级指标	二级指标	二级指标权重	一级指标权重
万元 GDP 用水量	万元 GDP 用水量/m^3		0.4208

续表

一级指标	二级指标	二级指标权重	一级指标权重
生活用水效率	用水量/[m³/(人·a)]	0.15	0.2428
	可支配收入/[元/(人·a)]	0.15	
	节水器具普及率/%	0.45	
	水价/(元/m³)	0.25	
工业用水效率	万元增加值（产值）用水量/m³	0.40	0.1891
	工业用水复用率/%	0.25	
	第三产业比例/%	0.35	
生态环境用水效率	节水灌溉率/%	0.30	0.1473
	节水灌溉器具普及率/%	0.70	

5.3.1.1 万元 GDP 用水量

本研究的万元 GDP 用水量仅包括城区，仅涉及生活用水和工业用水，因此结果会略小于全市范围内的数值。万元 GDP 用水量的值越小，相应的用水效率就会越高。万元 GDP 用水量的效率指数 δ_{GDP} 可以由表 5-2 得到。表 5-3 列出了海河流域 26 个城市万元 GDP 用水量的具体数值及万元 GDP 用水量效率指数的计算结果。

表 5-2　万元 GDP 用水量效率指数的取值表函数

序号	万元 GDP 用水量/m³	δ_{GDP} 取值
1	>45	0.2
2	40~45	0.3
3	30~40	0.4
4	25~30	0.6
5	15~25	0.8
6	<15	1.0

表 5-3　万元 GDP 用水量效率指数计算表

序号	城市	万元 GDP 用水量/m³	δ_{GDP}	序号	城市	万元 GDP 用水量/m³	δ_{GDP}
1	天津	14.65	1.0	14	朔州	29.00	0.6
2	唐山	14.74	1.0	15	大同	30.80	0.4
3	北京	15.49	0.8	16	保定	31.44	0.4
4	德州	16.86	0.8	17	阳泉	34.64	0.4
5	滨州	18.43	0.8	18	新乡	36.22	0.4
6	廊坊	19.71	0.8	19	张家口	38.69	0.4
7	濮阳	21.46	0.8	20	邢台	41.67	0.3
8	沧州	21.96	0.8	21	承德	44.64	0.3
9	衡水	23.12	0.8	22	焦作	44.85	0.3
10	聊城	23.99	0.8	23	忻州	46.90	0.2
11	石家庄	24.02	0.8	24	邯郸	47.22	0.2
12	秦皇岛	27.47	0.6	25	长治	48.30	0.2
13	鹤壁	28.64	0.6	26	安阳	49.92	0.2

5.3.1.2 生活用水效率

生活用水效率指数 $\delta_{生活}$ 可以由下式计算得到：

$$\delta_{生活} = \frac{1}{5}\sum_{i=1}^{n} w_i \varphi_i \qquad (5-2)$$

式中，$\delta_{生活}$ 为生活用水效率；w_i 为第 i 个指标的权重；φ_i 为第 i 个指标的对应值。

本研究选取的生活用水效率评价指标及其赋值标准如表 5-4 所示，包括人均用水量、人均工资、节水器具普及率和水价四项指标。表 5-5 列出了海河流域 26 个城市生活用水效率评价指标的具体数值及生活用水效率指数的计算结果。

表 5-4 生活用水效率评价相关指标取值

指标代码	指标内容	赋值 5	4	3	2	1
φ_1	用水量/[m³/(人·a)]	<20	20~30	30~40	40~50	>50
φ_2	人均工资/(万元/a)	>4.0	3.0~4.0	2.0~3.0	1.5~2.0	<1.5
φ_3	节水器具普及率/%	>70	50~70	30~50	20~30	<20
φ_4	折算后的水价/(元/m³)	>3.5	2.5~3.5	2.0~2.5	1.5~2.0	<1.5

表 5-5 生活用水效率指数

序号	城市	$V_人$	S_a	$\gamma_{普及}$	$R_现$	$R_折$	φ_1	φ_2	φ_3	φ_4	$\delta_{生活}$
1	北京	32.17	47 132	83	3.70	1.57	3	5	5	2	0.79
2	天津	25.99	35 355	82	3.40	1.92	4	4	5	2	0.79
3	保定	28.25	19 872	56	3.50	3.52	4	2	4	5	0.79
4	邯郸	27.69	20 825	45	3.65	3.51	4	3	3	5	0.73
5	新乡	27.34	16 167	45	3.05	3.77	4	2	3	5	0.70
6	石家庄	28.12	22 852	40	3.13	2.74	4	3	3	4	0.68
7	廊坊	41.99	26 077	55	3.00	2.30	2	3	4	3	0.66
8	邢台	26.16	22 003	37	2.45	2.23	4	3	3	3	0.63
9	鹤壁	39.90	18 119	40	2.40	2.65	3	2	3	4	0.62
10	焦作	20.13	19 444	34	2.10	2.16	4	2	3	3	0.60
11	长治	45.08	18 907	45	2.40	2.54	2	2	3	4	0.59
12	秦皇岛	27.14	25 347	31	2.50	1.97	4	3	3	2	0.58
13	安阳	25.39	22 015	45	2.10	1.91	4	3	3	2	0.58
14	德州	35.90	17 970	33	2.00	2.23	3	2	3	3	0.57
15	聊城	37.13	19 365	34	2.30	2.38	3	2	3	3	0.57
16	滨州	33.45	19 312	39	2.20	2.28	3	2	3	3	0.57
17	濮阳	37.49	22 865	23	2.90	2.54	3	3	2	4	0.56

续表

序号	城市	$V_人$	Sa	$\gamma_{普及}$	$R_{现}$	$R_{折}$	φ_1	φ_2	φ_3	φ_4	$\delta_{生活}$
18	沧州	29.01	17 385	24	2.80	3.22	4	2	2	4	0.56
19	大同	31.91	23 706	32	2.20	1.86	3	3	3	2	0.55
20	阳泉	39.06	26 416	36	2.00	1.51	3	3	3	2	0.55
21	忻州	37.98	14 800	35	1.70	2.30	3	1	3	3	0.54
22	衡水	33.87	18 753	30	2.60	2.77	3	2	2	4	0.53
23	张家口	26.63	31 480	30	2.50	1.59	4	4	2	2	0.52
24	承德	50.00	21 438	22	2.30	2.15	2	3	2	3	0.48
25	唐山	50.26	25 427	38	1.80	1.42	1	3	3	1	0.44
26	朔州	70.45	27 809	45	2.00	1.44	1	3	3	1	0.44

注：$V_人$，用水量 [m³/(人·a)]；Sa，人均工资（万元/a）；$\gamma_{普及}$，节水器具普及率（%）；$R_{现}$，水价（元/m³）；$R_{折}$，折算后的水价（元/m³）；$\varphi_1 \sim \varphi_4$，与上相同；$\delta_{生活}$，生活用水效率指数。

5.3.1.3 工业用水效率

工业用水效率评价指标包括万元产值用水量、工业用水复用率和第三产业比例，各个指标的赋值标准如表5-6所示。参照生活用水效率指数的计算方法，得到工业用水效率指数的计算公式如下：

$$\delta_{工业} = \sum_{i=1}^{n} w_i \mu_i \tag{5-3}$$

式中，$\delta_{工业}$ 为工业用水效率指数；w_i 为第 i 个指标的权重；μ_i 为第 i 个指标的对应值。根据表5-1，万元GDP用水量、工业用水复用率和第三产业比例的权重值分别为0.40、0.25和0.35。表5-7列出了海河流域26个城市工业用水效率评价指标的具体数值及工业用水效率指数的计算结果。

表5-6 工业用水效率评价相关指标取值

万元产值用水量/m³	μ_1	工业用水复用率/%	μ_2	第三产业比例/%	μ_3
<1.5	1.0	<30	0.3	<25	0.3
1.5~2.5	0.7	30~60	0.4	25~35	0.4
2.5~4.0	0.6	60~80	0.5	35~40	0.5
4.0~8.0	0.3	80~95	0.7	40~55	0.7
>8.0	0.2	>95	0.9	>55	0.9

表5-7 工业用水效率指数

序号	城市	V_{PV}	$\theta_重$	$r_{三产}$	μ_1	μ_2	μ_3	$\delta_{工业}$
1	沧州	1.40	98.40	49.31	1.00	0.90	0.70	0.87
2	秦皇岛	2.14	97.21	62.13	0.70	0.90	0.90	0.82

续表

序号	城市	V_{PV}	$\theta_重$	$r_{三产}$	μ_1	μ_2	μ_3	$\delta_{工业}$
3	唐山	1.22	97.78	36.07	1.00	0.90	0.50	0.80
4	北京	2.73	98.90	72.43	0.60	0.90	0.90	0.78
5	天津	2.08	97.01	40.81	0.70	0.90	0.70	0.75
6	忻州	1.48	10.31	48.87	1.00	0.30	0.70	0.72
7	衡水	1.18	76.30	38.20	1.00	0.50	0.50	0.70
8	滨州	1.07	45.00	35.51	1.00	0.40	0.50	0.68
9	保定	3.47	94.60	54.08	0.60	0.70	0.70	0.66
10	德州	1.15	9.06	39.69	1.00	0.30	0.50	0.65
11	廊坊	1.52	65.00	44.57	0.70	0.50	0.70	0.65
12	石家庄	2.16	93.05	37.68	0.70	0.70	0.50	0.63
13	邢台	3.44	96.73	34.21	0.60	0.90	0.40	0.61
14	聊城	1.80	57.00	38.23	0.70	0.40	0.50	0.56
15	阳泉	19.46	97.02	40.24	0.20	0.90	0.70	0.55
16	焦作	2.66	67.76	38.63	0.50	0.50	0.50	0.54
17	濮阳	1.75	68.00	23.64	0.70	0.50	0.30	0.51
18	大同	11.78	91.90	43.53	0.20	0.70	0.70	0.50
19	新乡	5.05	70.27	44.88	0.30	0.50	0.70	0.49
20	长治	4.61	73.47	48.22	0.30	0.50	0.50	0.49
21	鹤壁	7.41	96.74	33.15	0.30	0.90	0.40	0.49
22	朔州	17.28	95.39	25.83	0.20	0.90	0.40	0.45
23	安阳	5.73	82.35	29.95	0.30	0.70	0.40	0.44
24	邯郸	4.77	84.13	32.34	0.30	0.70	0.40	0.44
25	张家口	8.90	70.71	37.54	0.20	0.50	0.40	0.38
26	承德	16.34	12.77	33.15	0.20	0.30	0.40	0.30

注：V_{PV}，万元产值用水量（m³）；$\theta_重$，工业用水复用率（%）；$r_{三产}$，第三产业比例（%）；$\delta_{工业}$，生产用水效率指数。

5.3.1.4 生态和环境用水效率

生态环境用水效率评价包括两个指标，分别是节水灌溉率和节水灌溉器具普及率，相应的权重分别是 0.3 和 0.7，各个指标的赋值标准如表 5-8 所示。参照生活和生产用水效率指数的计算方法，得到生态和环境用水效率指数的计算公式如下：

$$\delta_{生态} = \sum_{i=1}^{n} w_i e_i \quad (5-4)$$

式中，$\delta_{生态}$ 为生态和环境用水效率；w_i 为第 i 个指标的权重；e_i 为第 i 个指标的对应值。表 5-9 列出了海河流域 26 个城市生态和环境用水效率评价指标的具体数值及生态和环境用水效率指数的计算结果。

表 5-8 生态和环境用水效率评价相关指标取值

节水灌溉率/%	e_1	节水灌溉器具普及率/%	e_2
<15	0.2	<30	0.3
15~25	0.3	30~40	0.4
25~40	0.6	40~60	0.5
40~80	0.7	60~80	0.7
>80	0.9	>90	0.9

表 5-9 生态和环境用水效率指数

序号	城市	节水灌溉率/%	节水灌溉器具普及率/%	e_1	e_2	$\delta_{生态}$
1	天津	83	85.1	0.9	0.9	0.90
2	北京	81	90.2	0.9	0.9	0.90
3	保定	73	80.3	0.7	0.9	0.84
4	唐山	43	60.1	0.7	0.7	0.70
5	秦皇岛	53	66.9	0.7	0.7	0.70
6	廊坊	45	68.9	0.7	0.7	0.70
7	安阳	60	72.2	0.7	0.7	0.70
8	德州	31	59.3	0.6	0.7	0.67
9	石家庄	32	59.2	0.6	0.7	0.67
10	聊城	40	49.5	0.7	0.5	0.56
11	邯郸	41	52.7	0.7	0.5	0.56
12	焦作	35	41.3	0.6	0.5	0.53
13	衡水	37	42.5	0.6	0.5	0.53
14	濮阳	32	43.8	0.6	0.5	0.53
15	鹤壁	37	44.3	0.6	0.5	0.53
16	邢台	32	45.8	0.6	0.5	0.53
17	朔州	29	49.6	0.6	0.5	0.53
18	长治	32	34.3	0.6	0.4	0.46
19	承德	36	37.2	0.6	0.4	0.46
20	忻州	22	43.2	0.3	0.5	0.44
21	张家口	23	45.7	0.3	0.5	0.44
22	沧州	23	45.6	0.3	0.5	0.44
23	大同	24	45.5	0.3	0.5	0.44
24	滨州	20	46.4	0.3	0.5	0.44
25	阳泉	15	33.9	0.3	0.4	0.37
26	新乡	13	32.2	0.2	0.4	0.34

5.3.2 城市综合用水效率评价

根据表 5-1 中用水效率 4 个指标的权重，结合上述计算结果，根据式（5-1）计算得到海河流域 26 个城市的用水效率指数如表 5-10 所示。从表中的评价结果可以看出，海河流域城市水资源利用效率之间仍存在较大差异，北京、天津、石家庄、唐山等规模较大城市的用水效率已处于国内较领先的水平。对比 4 个用水效率指标可以进一步发现，流域内各个城市的生活用水效率差异较小，工业用水及生态和环境用水是造成城市间用水效率差异的主要原因。

表 5-10 用水效率指数计算表

序号	城市	δ_{GDP}	$\delta_{生活}$	$\delta_{工业}$	$\delta_{生态}$	δ
1	天津	1.0	0.79	0.75	0.90	0.89
2	北京	0.8	0.79	0.78	0.90	0.81
3	唐山	1.0	0.44	0.80	0.70	0.78
4	廊坊	0.8	0.66	0.65	0.70	0.72
5	石家庄	0.8	0.68	0.63	0.67	0.72
6	沧州	0.8	0.56	0.87	0.44	0.70
7	德州	0.8	0.57	0.65	0.67	0.70
8	衡水	0.8	0.53	0.70	0.53	0.68
9	滨州	0.8	0.57	0.68	0.44	0.67
10	聊城	0.8	0.57	0.56	0.56	0.66
11	秦皇岛	0.6	0.58	0.82	0.70	0.65
12	濮阳	0.8	0.56	0.51	0.53	0.65
13	保定	0.4	0.79	0.66	0.84	0.61
14	鹤壁	0.6	0.62	0.49	0.53	0.57
15	朔州	0.6	0.44	0.45	0.53	0.52
16	新乡	0.4	0.70	0.49	0.34	0.48
17	邢台	0.3	0.63	0.61	0.53	0.47
18	大同	0.4	0.55	0.50	0.44	0.46
19	阳泉	0.4	0.55	0.55	0.37	0.46
20	焦作	0.3	0.60	0.54	0.53	0.45
21	张家口	0.4	0.52	0.38	0.44	0.43
22	邯郸	0.2	0.73	0.44	0.56	0.43
23	忻州	0.2	0.54	0.72	0.44	0.42
24	安阳	0.2	0.58	0.44	0.70	0.41
25	长治	0.2	0.59	0.49	0.46	0.39
26	承德	0.3	0.48	0.30	0.46	0.37

5.4 海河流域城市污染负荷总量控制对策

如图 5-17 所示，海河流域水资源公报数据显示，近十年来海河流域约半数水体的水质劣于地表水环境质量 V 类。恶劣的地表水水质使得海河流域水资源利用效率降低，安全风险增大。如何改善海河流域水环境质量成为实现海河流域自然与社会二元水循环解耦及水资源高效利用过程中必须回答的问题之一。

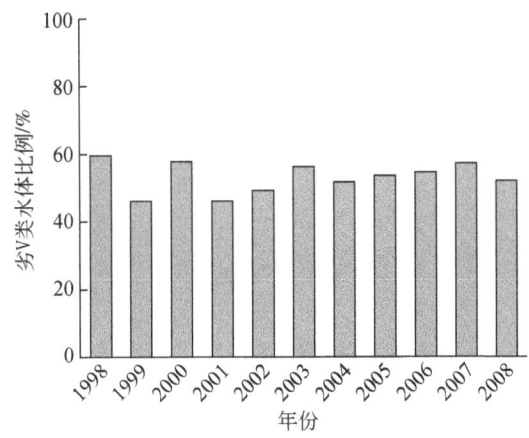

图 5-17　海河流域水质劣于地表水环境质量 V 类的水体比例

流域的水环境质量关系到流域内城市的水源地安全及城市水环境质量，直接影响城市的可持续发展进程。与此同时，作为流域中自然与社会二元水循环的重要节点，城市对流域水环境质量存在着直接且重要的影响。对于海河流域来说，城镇生活污水是其主要污染源之一，1998 年排入海河流域水体的污水中 34.9% 来自于城镇生活，1998~2008 的 10 年间，该比例不断提高。如图 5-18 所示，到 2008 年，城镇生活污水的排放量占整个流域接纳污水量的 45.4%。因此，通过对流域内城市污染负荷排放的调控来改善海河流域水环境质量是非常必要的手段。此外，城市排水设施的普及和雨水最佳管理措施（best management practice，BMP）、低影响开发（low impact development，LID）等城市径流控制措施的成熟等诸多因素使得流域内城市污染负荷的控制相对于流域内农业面源污染的控制相对简单、有效且可行（杨新民等，1997；Butcher，2003）。因此，控制城市污染负荷排放将是流域污染负荷削减的首选对策。

为了实现通过调控城市污染负荷排放改善海河流域水环境质量的目标，本研究对海河流域城市区域污染负荷排放的现状及未来变化进行了估算，其中污染负荷既考虑城市生活点源即城市生活污水的排放负荷，也考虑城市面源污染即城市降雨径流的排放负荷。由此，识别海河流域城市污染负荷排放的削减路径，并以海河流域典型的新兴城市区域大兴新城为例，在城市尺度上通过合理选择城市污水系统的模式，探讨实现城市污染负荷排放的削减路径。

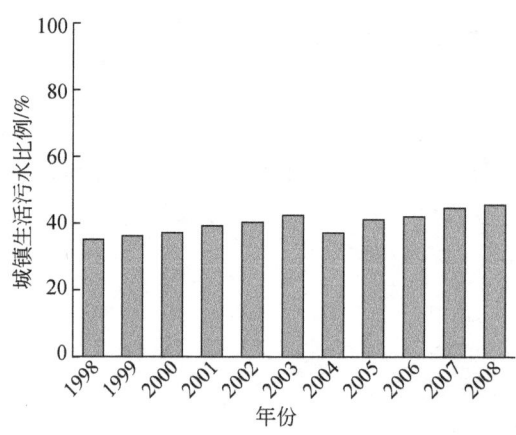

图 5-18 海河流域接纳污水中城镇生活污水的比例

5.4.1 城市污染负荷排放的估算方法

(1) 城市生活点源污染负荷排放的估算方法

城市生活点源污染负荷的排放量 L_{pd} 取决于进入城市生活污水中的污染物产生量 L_g、污水处理设施的普及率 r_i 及污水处理设施的污染物去除能力 η_i，如式（5-5）所示。

$$L_{pd} = f(L_g, r_i, \eta_i) = L_g \cdot (1 - r_i) + L_g \cdot r_i \cdot (1 - \eta_i) \tag{5-5}$$

式中，城市生活污水中污染物的产生量 L_g 由描述城市社会经济特征的城市人口数及描述城市污染产生特征的污染物人均排放当量决定；污水处理设施的普及率 r_i 表征了城市区域市政建设的完善程度，属于城市的设施属性数据；污水处理设施的污染物去除能力 η_i 则取决于城市所选择的污水系统模式及污水处理技术，反映了城市的技术应用水平。由此可见，城市生活点源污染负荷的排放量从社会、设施及技术等方面刻画了城市节点社会水循环对流域水环境质量的影响。

考虑到新型城市污水系统的兴起及应用，本研究在城市生活点源污染负荷排放计算的过程中，除了考虑传统城市污水处理系统外，还考虑了污水回用及污水源分离模式城市污水处理系统对城市生活点源污染负荷排放量的影响。对于某一种污染物来说，城市生活点源污染负荷排放量 L_{pd} 的具体计算公式如式（5-6）所示：

$$L_{pd} = \text{pop} \cdot l_g \cdot \left\{ (1-r_i) + r_i \cdot \left[(1-r_s) \cdot (1-\eta_T) \cdot \left(1 - \frac{r_r}{1-r_s}\right) + r_s \cdot (1-\eta_S) \right] \right\} \tag{5-6}$$

式中，r_s 是城市中污水源分离模式污水处理系统使用的比例；r_r 是城市污水再生利用的比例；pop 是城市人口数；l_g 是污染物的人均排放当量；η_T 是传统污水处理系统的污染物去除能力；η_S 是源分离污水处理系统的污染物去除能力。

污水处理系统的污染物去除能力取决于系统所采用的污水处理技术。式（5-7）与式（5-8）分别给出了传统污水处理系统污染物去除能力 η_T 与源分离污水处理系统污染物去

除能力 η_S 的计算公式。

$$\eta_T = 1 - r_1 \cdot (1 - \eta_1) - r_2 \cdot (1 - \eta_1) \cdot (1 - \eta_2) \\ - r_3 \cdot (1 - \eta_1) \cdot (1 - \eta_2) \cdot (1 - \eta_3) \tag{5-7}$$

$$\eta_S = 1 - (1 - \eta_{\text{grey}}) \cdot (\alpha_{\text{grey}} + \alpha_{\text{yellow}} \cdot \beta_{\text{yellow}} + \alpha_{\text{brown}} \cdot \beta_{\text{brown}}) \tag{5-8}$$

式中，r_1、r_2 及 r_3 分别是城市污水一级、二级及深度处理的比例；η_1、η_2 及 η_3 分别是城市污水一级、二级及深度处理技术对污染物的去除能力；η_{grey} 是灰水处理技术对污染物的去除能力；α_{grey}、α_{yellow} 和 α_{brown} 分别是灰水、黄水及褐水中污染物的分配比例；β_{yellow} 和 β_{brown} 分别是进入灰水系统的黄水及褐水的比例。

在整个计算的过程中，城市人口数 pop 与污染物人均排放当量 l_g 是城市特征输入变量；城市中污水源分离使用的比例 r_s，污水再生利用的比例 r_r，城市污水一级、二级及深度处理的比例 r_1、r_2、r_3 均为调控输入变量。通过这些输入变量的改变，可以对城市生活点源污染负荷的排放量进行调控。城市污水一级、二级及深度处理技术对污染物的去除能力 η_1、η_2 及 η_3，灰水处理技术对污染物的去除能力 η_{grey}，灰水、黄水及褐水中污染物的分配比例 α_{grey}、α_{yellow} 和 α_{brown}，进入灰水系统的黄水及褐水比例 β_{yellow} 和 β_{brown} 均为参数。

（2）城市面源污染负荷排放的估算方法

本研究采用场次降雨径流污染物平均浓度（event mean concentration，EMC）对城市面源污染负荷的排放量进行估算，因此，由城市降雨径流冲刷形成的城市面源污染负荷排放量 L_{npd} 是城市面积 Area、城市径流系数 coef、场次降雨径流污染物平均浓度 EMC、城市年均降雨量 Rain 及径流污染控制措施的实施比例 r_c 与控制效率 η_c 的函数，如式（5-9）所示。

$$L_{\text{npd}} = f(\text{Area}, \text{coef}, \text{EMC}, \text{Rain}, r_c, \eta_c) \tag{5-9}$$

本研究在计算过程中，将城市面积根据产流下垫面的不同分为三部分，即屋顶、路面及绿地面积，并且考虑径流污染控制的两类 4 种措施，分别为 2 种源头控制措施（铺设透水路面和建设绿屋顶）及 2 种末端控制措施（建设雨水湿地和设置雨水砂滤池）。

基于上述计算情景的设计，城市面源污染负荷排放量的计算公式如式（5-10）所示：

$$L_{\text{npd}} = \text{Rain} \cdot [\text{Area}_{\text{green}} \cdot \text{coef}_{\text{green}} \cdot \text{EMC}_{\text{green}} \\ + \text{Area}_{\text{roof}} \cdot \text{coef}_{\text{roof}} \cdot \text{EMC}_{\text{roof}} \cdot (1 - r_{\text{roof}} \cdot \eta_{\text{roof}}) \\ + \text{Area}_{\text{road}} \cdot \text{coef}_{\text{road}} \cdot \text{EMC}_{\text{road}} \cdot (1 - r_{\text{road}} \cdot \eta_{\text{road}})] \cdot (1 - r_{\text{wet}} \cdot \eta_{\text{wet}} - r_{\text{sand}} \cdot \eta_{\text{sand}}) \tag{5-10}$$

式中，表征城市特征的输入变量包括：城市的绿地、屋顶及路面面积 $\text{Area}_{\text{green}}$、$\text{Area}_{\text{roof}}$ 和 $\text{Area}_{\text{road}}$，城市的年均降雨量 Rain。描述城市面源污染负荷排放调控的输入变量包括：透水路面的铺设率 r_{road}、绿屋顶的建设率 r_{roof}、降雨径流通过雨水湿地的处理比例 r_{wet}、降雨径流通过砂滤池处理的比例 r_{sand}。计算参数包括：绿地、屋顶及路面的径流系数 $\text{coef}_{\text{green}}$、$\text{coef}_{\text{roof}}$ 与 $\text{coef}_{\text{road}}$，绿地、屋顶及路面的场次降雨径流污染物平均浓度 $\text{EMC}_{\text{green}}$、$\text{EMC}_{\text{roof}}$ 与 EMC_{road}，透水路面的污染物去除能力 η_{road}，绿屋顶的污染物去除能力 η_{roof}，雨水湿地的污染物去除能力 η_{wet}，砂滤池的污染物去除能力 η_{sand} 等。

5.4.2 海河流域城市污染负荷排放量的计算及调控路径识别

5.4.2.1 城市污染负荷排放量计算及调控路径识别的方法框架

海河流域城市污染负荷排放量计算及调控路径识别的方法框架如图 5-19 所示。首先，通过数据及文献调研，确定城市污染负荷计算过程中所需要的输入与参数，即海河流域所有地级市及县级市城市特征输入变量的现状值、污染负荷调控输入变量的现状值及计算过程中所需的参数及其范围。其次，利用上述城市生活点源及面源污染负荷排放的估算方法，计算海河流域城市污染负荷排放的现状值。再次，通过情景预测确定计算城市特征输入变量的未来值，通过调控情景设置确定污染负荷调控输入变量的未来变化范围，进而确定未来不同调控情景下海河流域城市的污染负荷排放量。最后，利用设定的城市污染负荷排放调控目标及上述计算得到的未来不同调控情景下海河流域城市的污染负荷排放量，确定海河流域城市污染负荷排放削减的调控路径。

考虑到城市污染负荷估算过程中参数的不确定性，在整个计算的过程中，均对参数进行随机采样，以提高计算结果的可靠性。

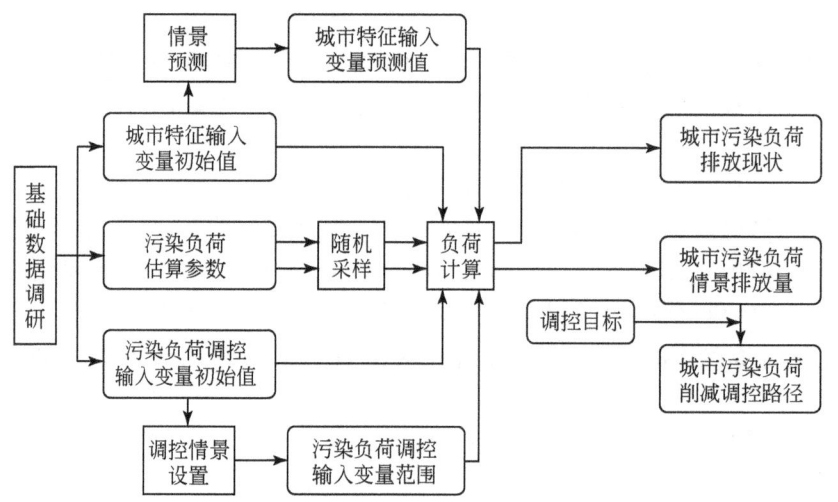

图 5-19 城市污染负荷排放量计算及调控路径识别的方法框架

5.4.2.2 海河流域城市污染负荷排放量的计算

本节分别对海河流域现状（2008 年）及未来（2020 年与 2030 年）城市 COD、TN 及 TP 的排放负荷进行计算，计算情景的具体设计如表 5-11 所示。从表中可以看出，2020 年与 2030 年两个未来计算情景是在保持现有城市污染负荷控制技术下的外推情景，并不改变现有海河流域城市的污水处理与降雨径流控制模式，不升级现有的污水处理技术，仅根据现有发展趋势普及城市污水处理。通过对 2020 年与 2030 年两个未来情景的计算，可以识别出海河流域采用现有城市生活点源与面源污染控制策略能否有效应对未来城市人口增长、城市空间扩张而带来的流域水环境压力。

表 5-11　海河流域城市污染负荷排放量计算情景

	输入变量	2008 年	2020 年	2030 年
城市特征输入变量	城市人口数 pop	2008 年统计值	根据全国城市人口增长速率的预测值	
	污染物人均排放当量 lg	COD：基于各城市环境统计年鉴的计算值 TN：文献值 TP：文献值		
	城市绿地面积 $Area_{green}$	2008 年统计值	根据各城市人均绿地率的计算值	
	城市屋顶面积 $Area_{roof}$	2008 年统计值	拟合各城市"人口数量–屋顶面积" 历史数据的外推值	
	城市路面面积 $Area_{road}$	2008 年统计值	拟合各城市"人口数量–路面面积" 历史数据的外推值	
	城市年均降雨量 Rain	多年平均值		
污染调控输入变量	城市污水源分离的比例 r_s	0	0（保持现有污水处理模式）	
	城市污水再生利用比例 r_r	2008 年统计值	2008 年统计值（保持现有污水回用能力）	
	城市污水一级处理比例 r_1	0	0	
	城市污水二级处理比例 r_2	2008 年统计值	拟合各城市污水处理率历史数据的外推值	
	城市污水深度处理比例 r_3	0	0（保持现有污水处理能力）	
	透水路面铺设率 r_{road}	0 （数据缺失假设值）	0（保持现有降雨径流处理能力）	
	绿屋顶建设率 r_{roof}			
	降雨径流湿地处理比例 r_{wet}			
	降雨径流砂滤处理比例 r_{sand}			

图 5-20 对比了上述三种情景下海河流域城市生活点源污染负荷排放量的计算结果。从图中可以看出，在现有的城市生活点源污染控制策略下，未来海河流域城市生活点源排放的 COD 负荷量将降低，2020 年与 2030 年的 COD 年排放量将分别为 2008 年排放量的 72% 和 77%。然而，现有的城市生活点源污染控制策略并不能有效地控制 TN 和 TP 的排放。2020 年，海河流域城市生活点源排放的 TN 负荷量与 2008 年的排放量相当，TP 负荷量是 2008 年的 1.05 倍，到 2030 年，TN 和 TP 的排放量将分别达到 2008 年的 1.1 倍和 1.2 倍。由此可见，目前以城市污水二级处理为主体的海河流域城市生活点源污染控制策略能够有效地控制海河流域城市的有机污染，但对于氮、磷来说，由于污水二级处理技术对营养物质去除能力有限，即使海河流域城市污水处理的普及率不断提高，氮、磷污染也无法得到有效控制。因此，海河流域现有的城市生活点源污染控制策略不能抵御由于流域城市人口快速增长而引发的水环境营养物质污染压力。

海河流域城市面源污染负荷排放量的计算结果如图 5-21 所示。对于海河流域的城市来说，如果在未来仍旧保持现有的城市面源污染控制策略，即不对降雨径流进行源头或末端处理，海河流域城市化率的提高将使该区域城市面源污染负荷的排放量呈近于直线增长的趋势，2020 年海河流域城市面源的污染负荷排放量将为 2008 年的 1.17 倍，2030 年则为 2008 年的 1.28 倍。

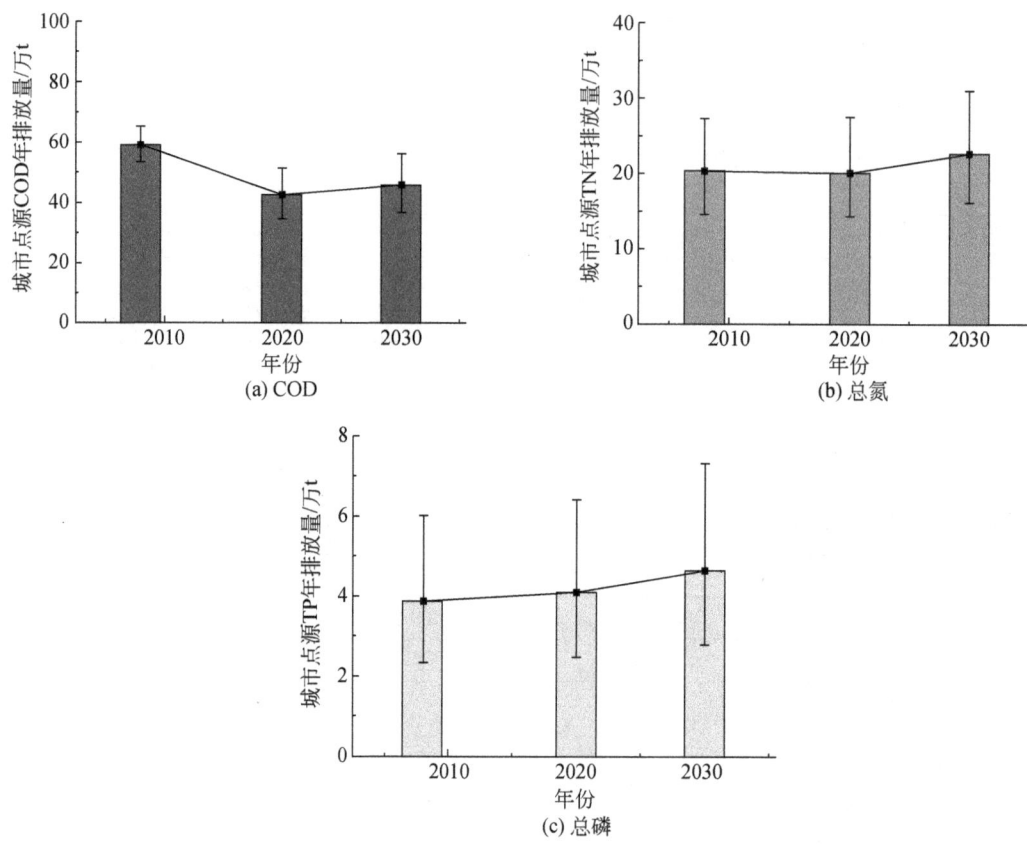

图 5-20　海河流域城市生活点源污染负荷估算结果

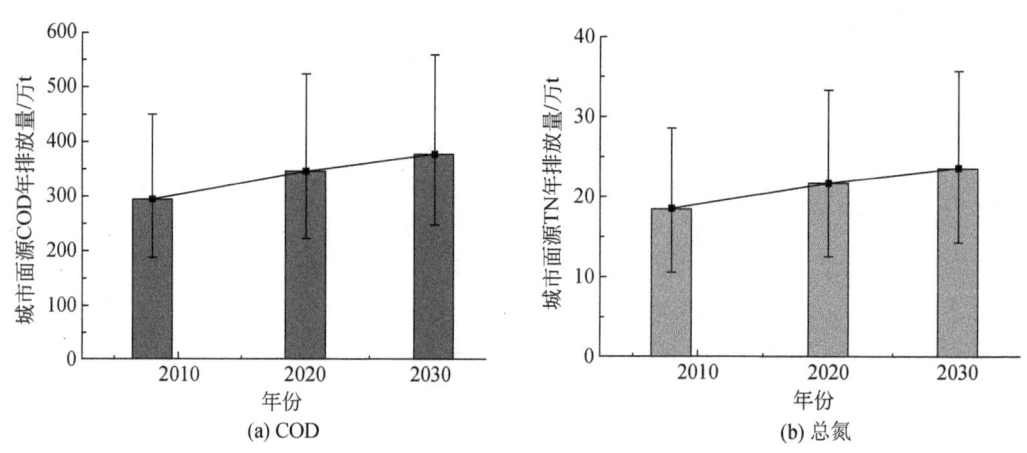

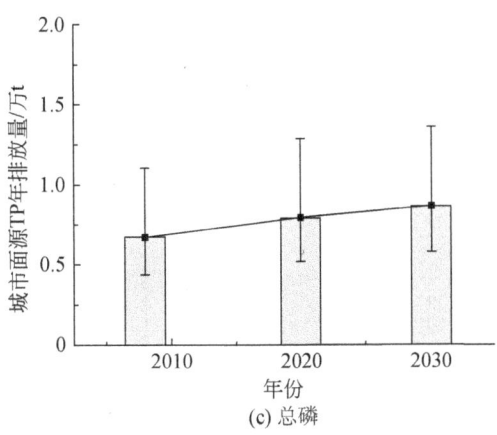

(c) 总磷

图 5-21 海河流域城市面源污染负荷估算结果

将上述计算得到的城市生活点源污染负荷排放量与城市面源污染负荷排放量进行叠加，可以得到海河流域城市污染负荷的排放情况，如图 5-22 所示。海河流域城市 2020 年 COD、TN 和 TP 的年排放量分别为 2008 年排放水平的 1.10 倍、1.07 倍与 1.08 倍，2030 年 COD、TN 和 TP 的排放量分别达到 2008 年的 1.20 倍、1.89 倍与 1.21 倍。在海河流域现有的城市污染负荷排放控制策略下，不论是有机污染物，还是营养物质氮、磷，未来海河流域城市污染负荷的排放量都将不断提高，海河流域的水污染形势将日益严峻，水环境质量不断恶化。

从海河流域城市污染负荷的组成结构来看，80% 以上的 COD 排放来自于降雨径流产生的城市面源，80% 以上的 TP 排放来自于城市生活污水产生的生活点源，而对于 TN 来说，城市生活点源与城市面源的贡献率相当。由此可见，对于不同的污染物质，海河流域城市污染负荷削减的方式也将有所区别。对于有机污染物来说，有效地控制城市径流污染将是削减其排放量的主要手段；对于磷来说，升级现有的污水处理技术或者选择新型模式的污水处理系统将是其有效控制的关键；而有效的城市生活点源与面源污染控制策略都可以降低海河流域城市向流域水体排放的氮负荷量。

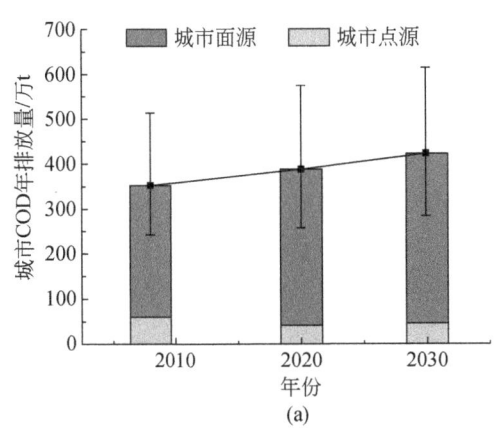

(a)

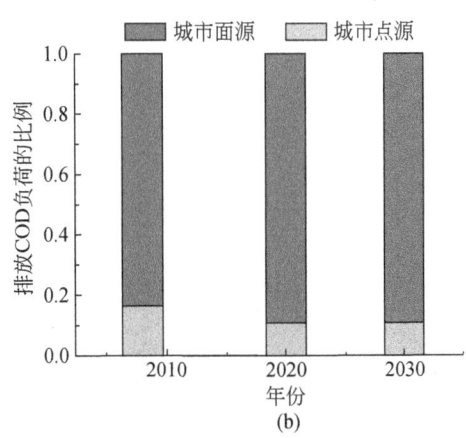

(b)

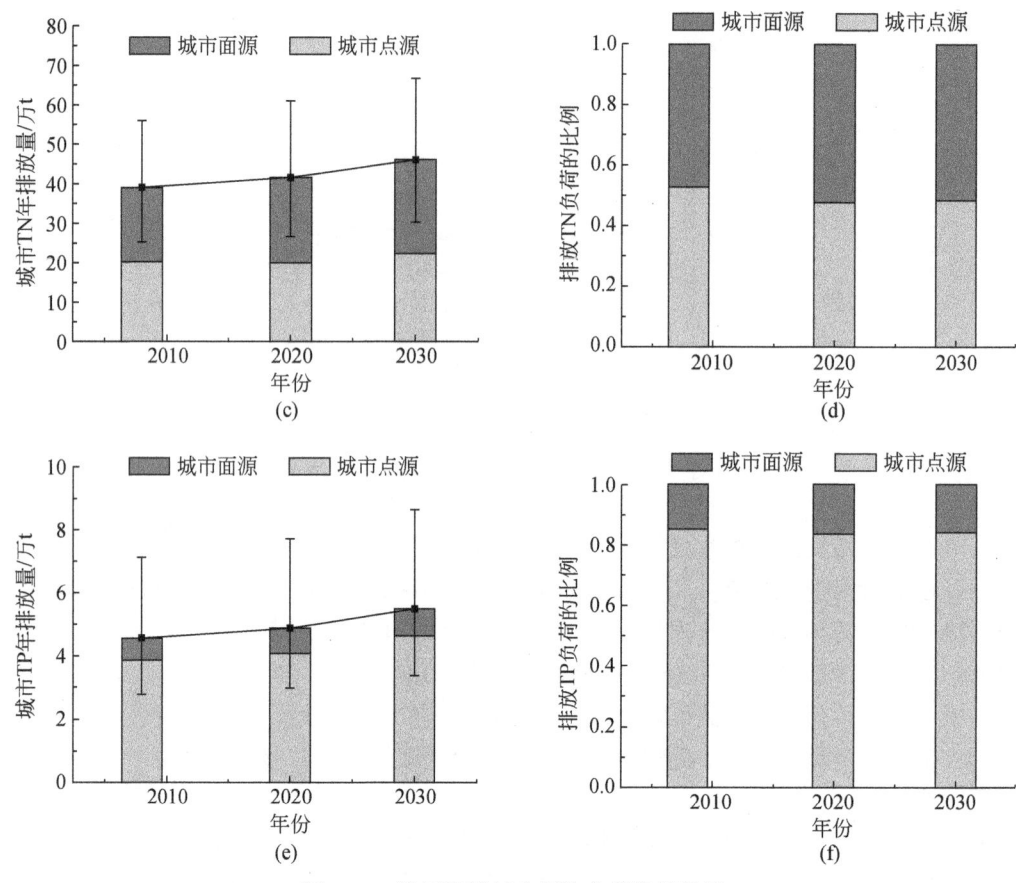

图 5-22 海河流域城市污染负荷估算结果

5.4.2.3 海河流域城市污染负荷排放调控路径的识别

从海河流域城市污染负荷排放量的上述计算结果可以看出，面对未来日益增长的城市人口与逐步扩大的城市区域，流域内城市污染负荷排放量逐年增长，海河流域水质将进一步恶化。而海河流域现有的城市污染负荷排放控制策略不能够有效改善流域的水环境质量，缓解流域城市化进程中的环境压力，处于失效状态。因此，有必要为海河流域城市建立新的、有效的城市污染负荷排放控制策略与调控路径。

考虑到流域内旱季及雨季的差异性，本研究分别针对城市生活点源和城市面源开展相对独立的污染负荷排放调控路径识别。城市生活点源的调控主要针对城市的污水处理系统，通过对系统的技术升级或者模式革新来削减城市生活点源的污染负荷排放量，改善海河流域旱季的水环境质量。城市面源的调控主要是指城市降雨径流的源头及末端处理，通过采用不同的径流控制措施，减少降雨期间径流产生的污染负荷量，与生活点源调控措施一并保障流域内雨季的水体水质。

(1) 城市生活点源污染负荷排放调控路径的识别

城市污水处理系统的主要调控方式包括升级现有的污水二级处理至污水深度处理，

实现污水再生利用,以及采用新型的污水源分离模式系统。考虑到海河流域城市污水处理系统的现状、城市污水系统的投资沉淀性与技术锁定性,根据三种调控方式实施的可行性,对其进行了调控优先序的设置,即首先进行污水处理技术的升级,污水深度处理的比例最大可以达到100%;其次是实施污水再生利用,考虑到海河流域城市间的用水制约性,对于流域内的每个城市来说,设定污水再生利用的比例不超过50%;最后是对系统模式进行彻底改造,由现有的传统系统升级为源分离系统,由于系统模式改造的难度较大,普及率在短期内不会太高,因此假定海河流域内每个城市的污水源分离最大比例为15%。在研究城市生活点源污染负荷排放的调控策略中,上述三种调控方式按照优先序依次使用。

以2008年为基准年,2030年为调控目标年,采用2030年与2008年海河流域城市生活点源污染负荷排放量的比值表征各种调控方式的调控能力,图5-23~图5-25分别给出了上述三种城市生活点源污染负荷排放调控方式依次实施的调控能力及其置信概率。

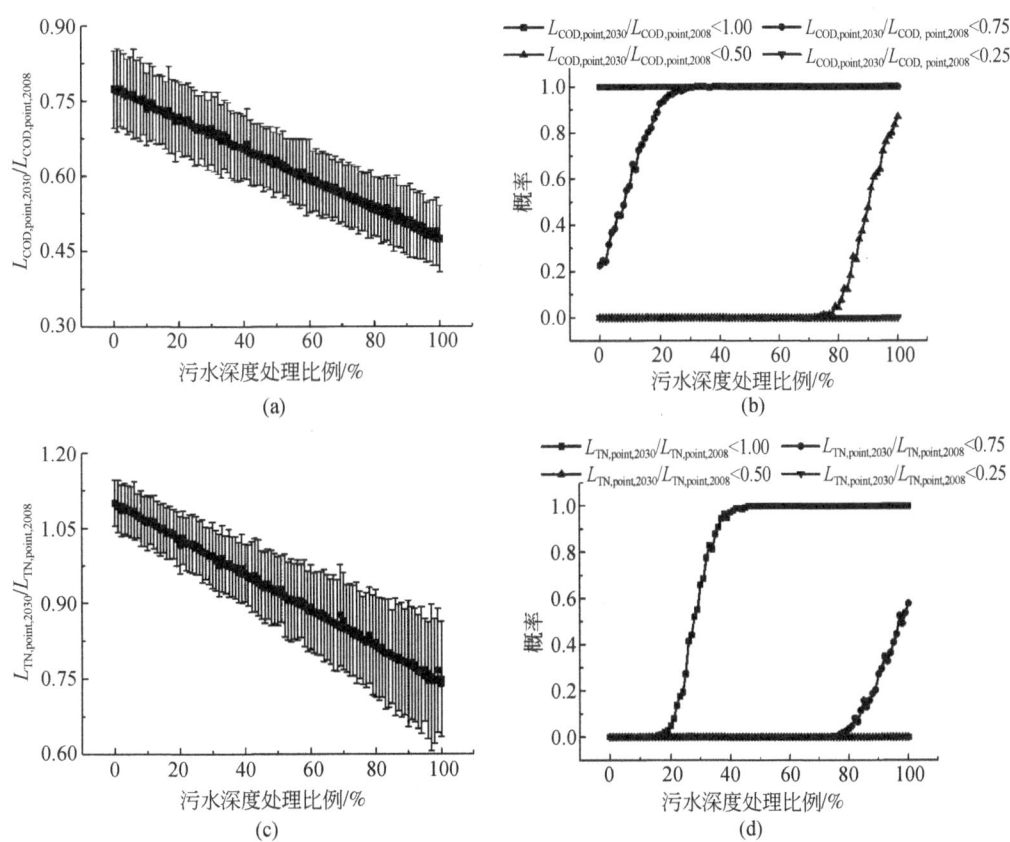

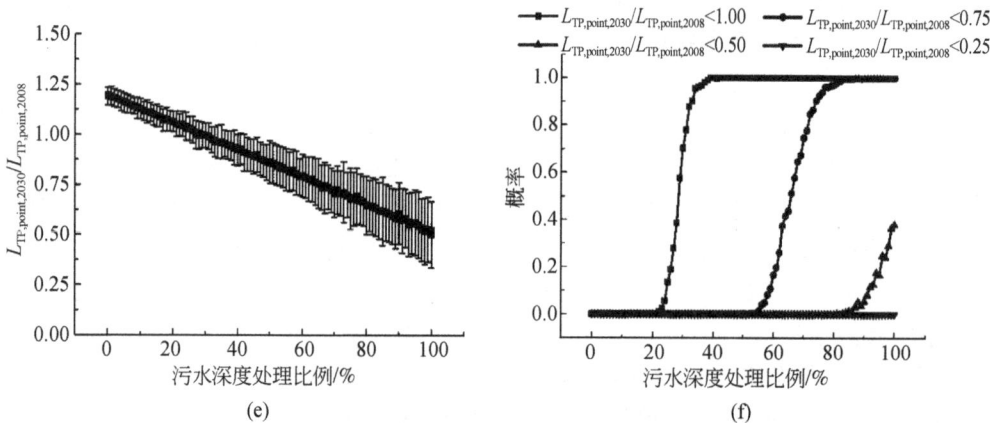

图 5-23　调控污水深度处理比例对海河流域城市生活点源污染负荷排放的影响

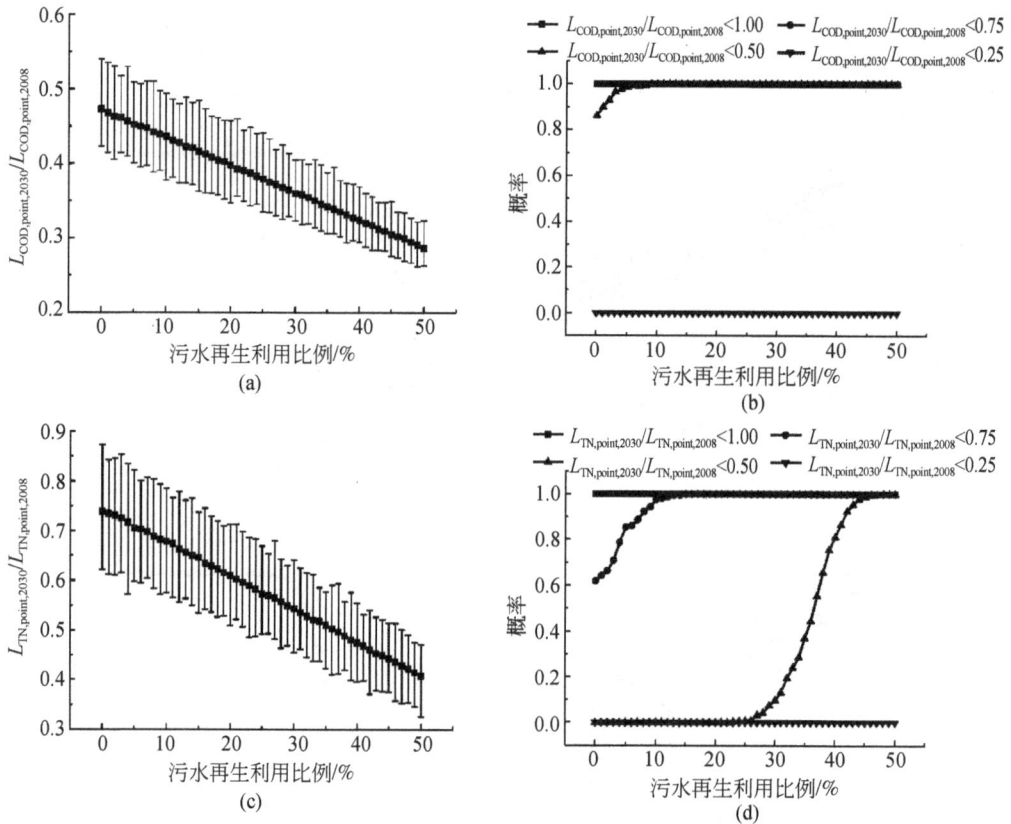

第 5 章 | 城市二元水循环系统调控机制研究

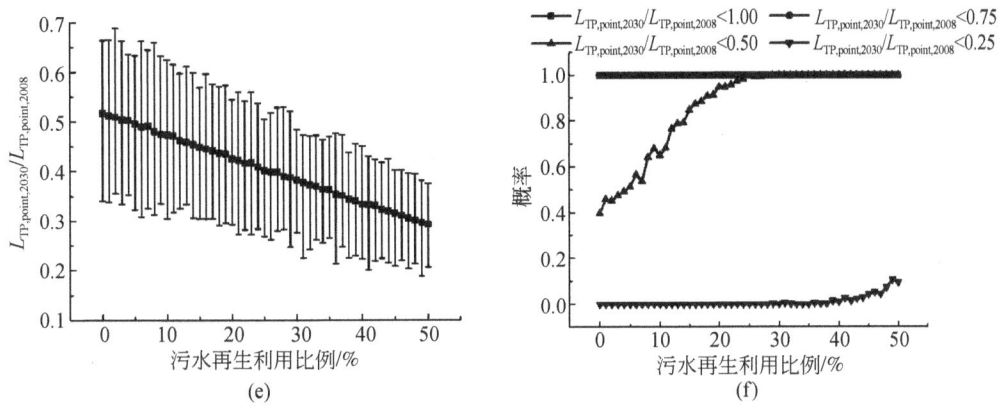

图 5-24 调控污水再生利用比例对海河流域城市生活点源污染负荷排放的影响

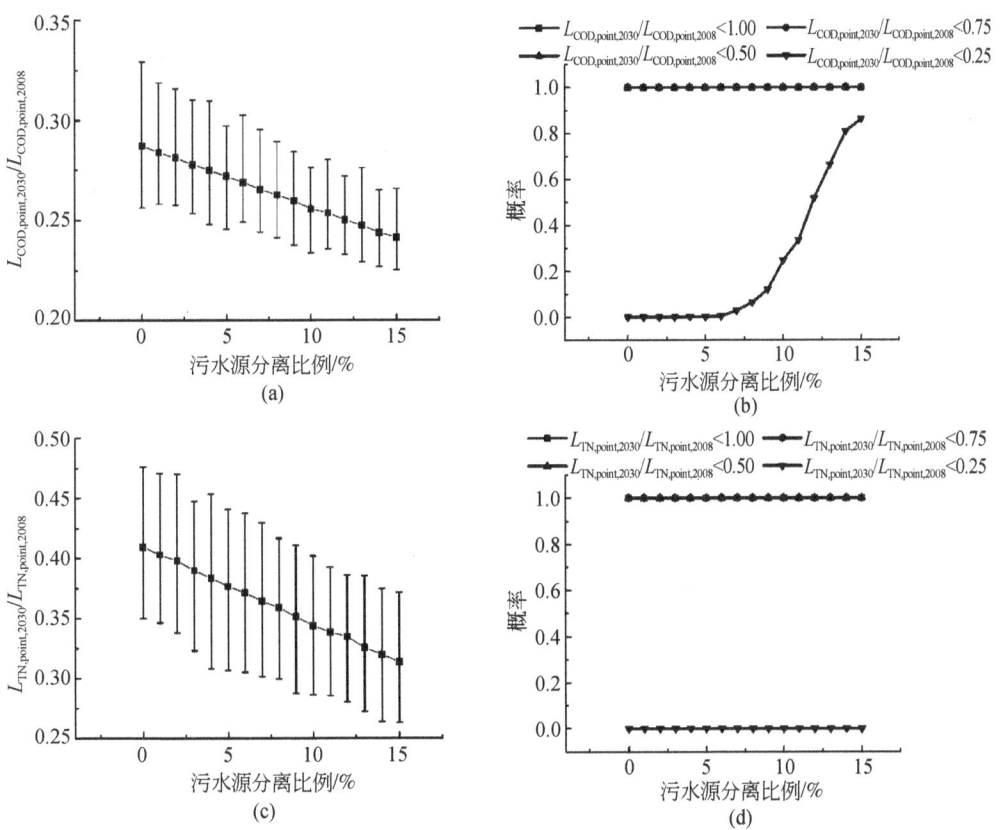

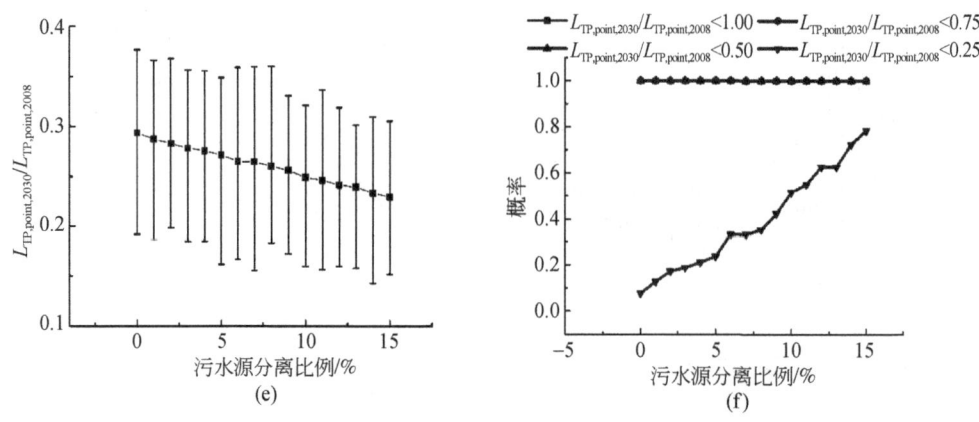

图 5-25 调控污水源分离比例对海河流域城市生活点源污染负荷排放的影响

从图 5-23 中可以看出，城市污水深度处理比例越高，升级污水处理技术对城市生活点源污染负荷排放的调控能力越强。2030 年海河流域城市污水深度处理比例如果达到 100%，从均值的角度来看，COD 的排放量将降到 2008 年排放量的 47%，TN 和 TP 的排放量也能够分别降到 2008 年排放水平的 74% 与 52%。由于负荷计算的过程中考虑到计算参数的不确定性对计算结果的影响，本研究还对计算结果的不确定性进行了分析。从概率的角度来看，如果要将 2030 年海河流域城市生活点源污染负荷排放控制在 2008 年的水平，对于 COD 来说，即使不采用污水深度处理技术也是可以达到的，但对于 TN 和 TP 来说，城市污水深度处理的比例至少需要分别达到 36% 与 33%，才可能在 90% 的置信概率下实现负荷排放量低于 2008 年的排放水平。对于其他的污染负荷削减目标（污染负荷分别比 2008 年的排放水平削减 25%、50% 及 75%），通过污水深度处理的方式进行调控的路径如表 5-12 所示。

表 5-12 不同污染负荷削减目标下污水深度处理的调控路径

污染负荷削减目标	置信概率/%	COD	TN	TP
$L_{point,load,2030} < L_{point,load,2008}$	90	—	$r_3 > 36\%$	$r_3 > 33\%$
$L_{point,load,2030} < 0.75 L_{point,load,2008}$	90	$r_3 > 20\%$	无法实现	$r_3 > 74\%$
$L_{point,load,2030} < 0.50 L_{point,load,2008}$	90	$r_3 = 100\%$	无法实现	无法实现
$L_{point,load,2030} < 0.25 L_{point,load,2008}$	90	无法实现	无法实现	无法实现

从表 5-12 可知，对于海河流域的城市来说，如果采用升级污水处理技术作为生活点源污染负荷排放的调控手段，考虑到城市污水系统设计运行的不确定性，在 90% 的置信概率下，城市污水深度处理的比例至少达到 36%，才能够使得 2030 年海河流域城市生活点源污染的排放负荷维持在 2008 年的水平，对于其他的生活点源负荷削减目标，单一通过提高污水深度处理的比例是无法在 90% 的置信概率下实现的。

图 5-24 给出了在城市污水深度处理比例达到 100% 的基础上，通过污水再生利用对海

河流域城市生活点源污染负荷排放进行调控的结果。与污水深度处理比例类似，污水再生利用比例 r_r 与调控措施的调控能力成正比。从均值的角度来看，2030年海河流域的城市如果能够实现50%的污水再生利用比例，其COD、TN及TP的排放负荷将分别降到2008年排放水平的28.7%、40.8%及29.2%。同样，从概率的角度来看，只要保证了城市污水100%的深度处理率，即使不进行污水再生利用，2030年海河流域城市污染负荷的排放量也能够控制在2008年的水平之下。如果要将2030年海河流域城市污染负荷的排放量维持在2008年排放水平的75%，对于COD和TP来说，不实施污水再生利用也同样可以实现，但对于TN而言，至少要保证有8%的污水进行再生利用，才能够在90%的置信概率下实现负荷削减。对于其他的污染负荷削减目标（污染负荷分别比2008年的排放水平削减50%及75%），通过污水再生利用的方式进行调控的路径如表5-13所示。

表5-13 不同污染负荷削减目标下污水再生利用的调控路径

污染负荷削减目标	置信概率/%	COD	TN	TP
$L_{\text{point,load},2030} < L_{\text{point,load},2008}$	90	—	—	—
$L_{\text{point,load},2030} < 0.75 L_{\text{point,load},2008}$	90	—	$r_r > 8\%$	—
$L_{\text{point,load},2030} < 0.50 L_{\text{point,load},2008}$	90	$r_r > 1\%$	$r_r > 42\%$	$r_r > 18\%$
$L_{\text{point,load},2030} < 0.25 L_{\text{point,load},2008}$	90	无法实现	无法实现	无法实现

由表5-13可知，在90%的置信概率下，海河流域城市污水深度处理比例达到100%，污水再生利用比例至少达到8%，能够使得2030年海河流域城市生活点源污染的排放负荷降低到2008年的75%；污水再生利用比例至少达到42%，能够使得2030年海河流域城市生活点源污染的排放负荷降低到2008年的50%。而对于生活点源负荷削减率75%的目标而言，即使通过实现污水全部深度处理及提高污水再生利用比例，也无法在90%的置信概率下达到。

在污水再生利用率达到50%的基础上，海河流域城市可以继续通过对城市污水处理系统进行模式改造进一步控制城市生活点源的污染负荷排放。图5-25给出了污水源分离模式城市污水系统在不同比例普及率下海河流域城市生活点源污染负荷排放的调控结果。从均值的角度来看，到2030年，如果海河流域15%的城市污水通过源分离模式污水系统进行收集和处理，海河流域城市生活点源COD、TN及TP的排放量可以分别降低到2008年排放水平的24.1%、32.0%及22.9%。从概率的角度来看，只要保证海河流域城市污水的深度处理率达到100%，再生利用率达到50%，即使不进行污水源分离模式系统的改造，2030年海河流域城市污染负荷的排放量也能够维持在2008年排放水平的0.5倍。如果将15%的海河流域城市污水通过污水源分离系统进行收集处理，则分别在86%和78%的置信概率下，2030年海河流域城市生活点源COD与TP负荷的排放量将减少到2008年排放量的25%，然而TN无法实现比2008年排放量削减75%的调控目标。

对于海河流域的城市而言，如果要在2030年的旱季维持2008年旱季的水环境质量，其城市生活点源的污染负荷排放量至少要维持在2008年的排放水平，通过上述调控路径的识别可以看出，在90%的置信概率下，流域城市污水深度处理的比例至少要达到36%。

如果要进一步改善旱季水环境质量，则需要进一步加强调控。例如，如果要在90%的置信概率下使2030年流域内城市生活点源的污染负荷排放量降低到2008年排放量的75%，则需要流域内全部生活污水进行深度处理，并且至少有8%被再生利用；如果要在同样的置信概率下使2030年流域内城市生活点源的污染负荷排放量降低到2008年排放量的50%，则需要流域内全部生活污水进行深度处理，并且至少有42%被再生利用。而对于2030年海河流域城市生活点源75%的负荷削减目标而言，即使流域内15%的城市污水通过源分离系统进行收集处理，其余城市污水全部经过深度处理，并且50%再生利用，也无法实现。

（2）城市面源污染负荷排放调控路径的识别

城市生活点源污染负荷排放调控的依据是流域城市旱季的污染控制目标，而对于雨季而言，其污染控制目标的实现，除了依靠生活点源污染负荷排放的调控外，还关系到城市面源污染负荷排放的调控。

对于城市降雨径流来说，其主要的调控方式包括源头处理与末端处理两种。本研究重点对铺设透水路面、建设绿屋顶与雨水处理三种调控措施进行调控路径的识别。与城市生活点源的调控类似，对上述三种城市面源污染调控措施也进行了调控情景的设置。考虑到上述调控措施实施的可行性与实施难度，优先序为首先将新增的建筑屋顶与路面建设为绿屋顶与透水路面；其次对雨水进行末端处理；最后改造旧建筑的屋顶为绿屋顶。在研究城市面源污染负荷排放的调控策略中，上述三种调控方式按照优先序依次使用。

同样以2008年为基准年，2030年为调控目标年，采用2030年与2008年海河流域城市面源污染负荷排放量的比值表征调控方式的调控能力，图5-26和图5-27分别给出了上述不同城市面源污染负荷排放调控方式依次实施后的调控能力及其置信概率。

对于将新增屋顶与路面建设为绿屋顶与透水路面这一调控措施而言，图5-26中径流处理比例为0处对应的数值即为其调控能力的大小。从图中可以看出，在这一调控措施下，2030年海河流域城市面源污染负荷的排放量为2008年排放量的1.12倍，并不能实现流域内城市面源污染负荷的减排。因此，必须在这一措施实施的基础上，对城市降雨径流进行末端处理。

从图5-26中可以看出，降雨径流的末端处理能够有效地控制流域内城市面源污染负荷的排放。从均值的角度来看，如果2030年海河流域城市降雨径流的末端处理率r_t达到50%，城市面源排放的COD、TN和TP将分别为2008年排放量的79%、87%和85%；如果末端处理率达到100%，2030年海河流域城市面源的COD、TN和TP排放量将降低到2008年排放量的45%、63%和58%。从概率的角度来看，在90%的置信概率下，如果要将2030年海河流域城市面源的COD、TN和TP排放量降低到2008年的排放水平，则分别需要对至少20%、28%和26%的城市降雨径流进行末端处理。对于其他的污染负荷削减目标（污染负荷分别比2008年的排放水平削减25%、50%和75%），通过降雨径流末端处理的方式进行调控的路径如表5-14所示。

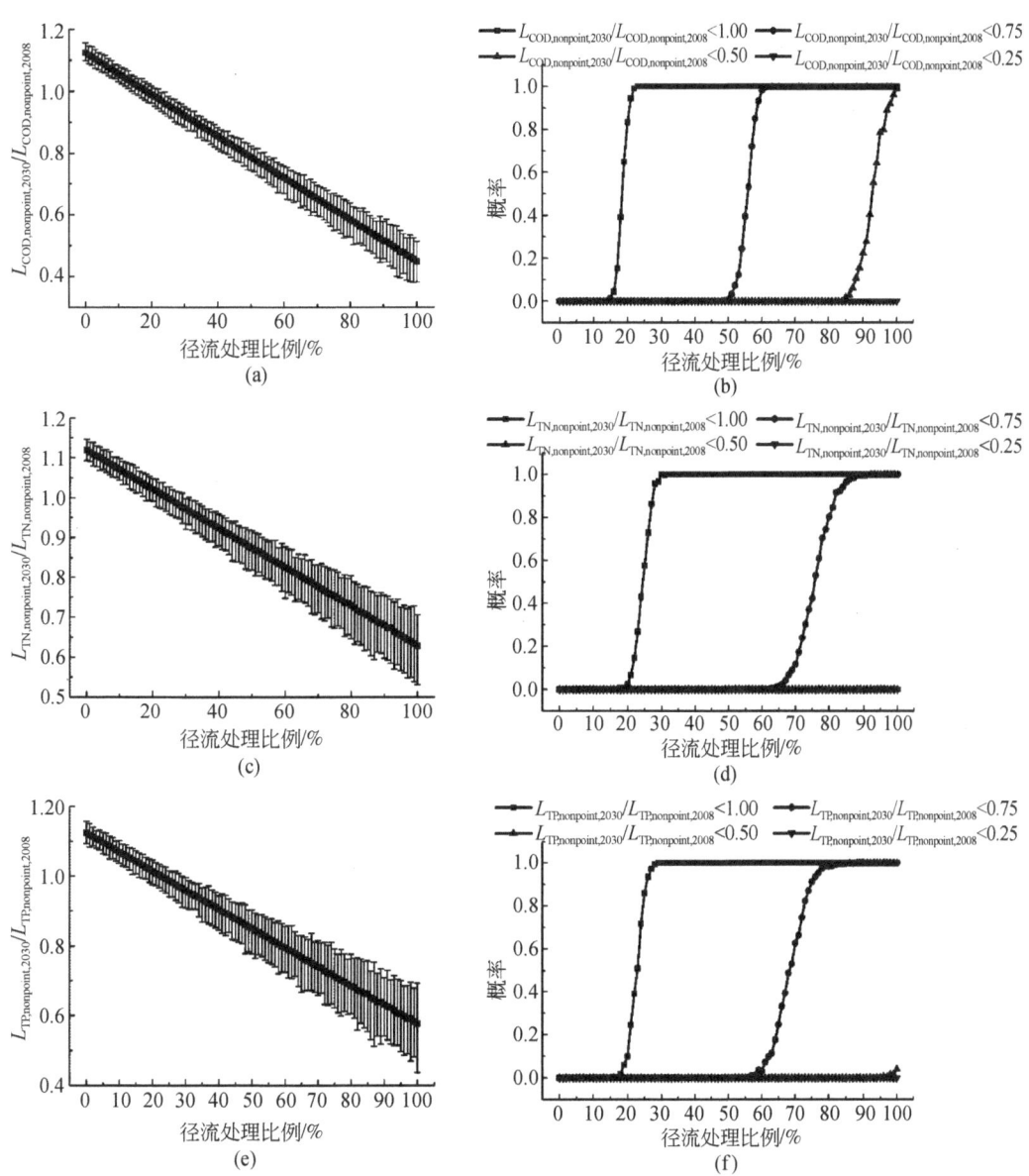

图 5-26 调控降雨径流处理比例对海河流域城市面源污染负荷排放的影响

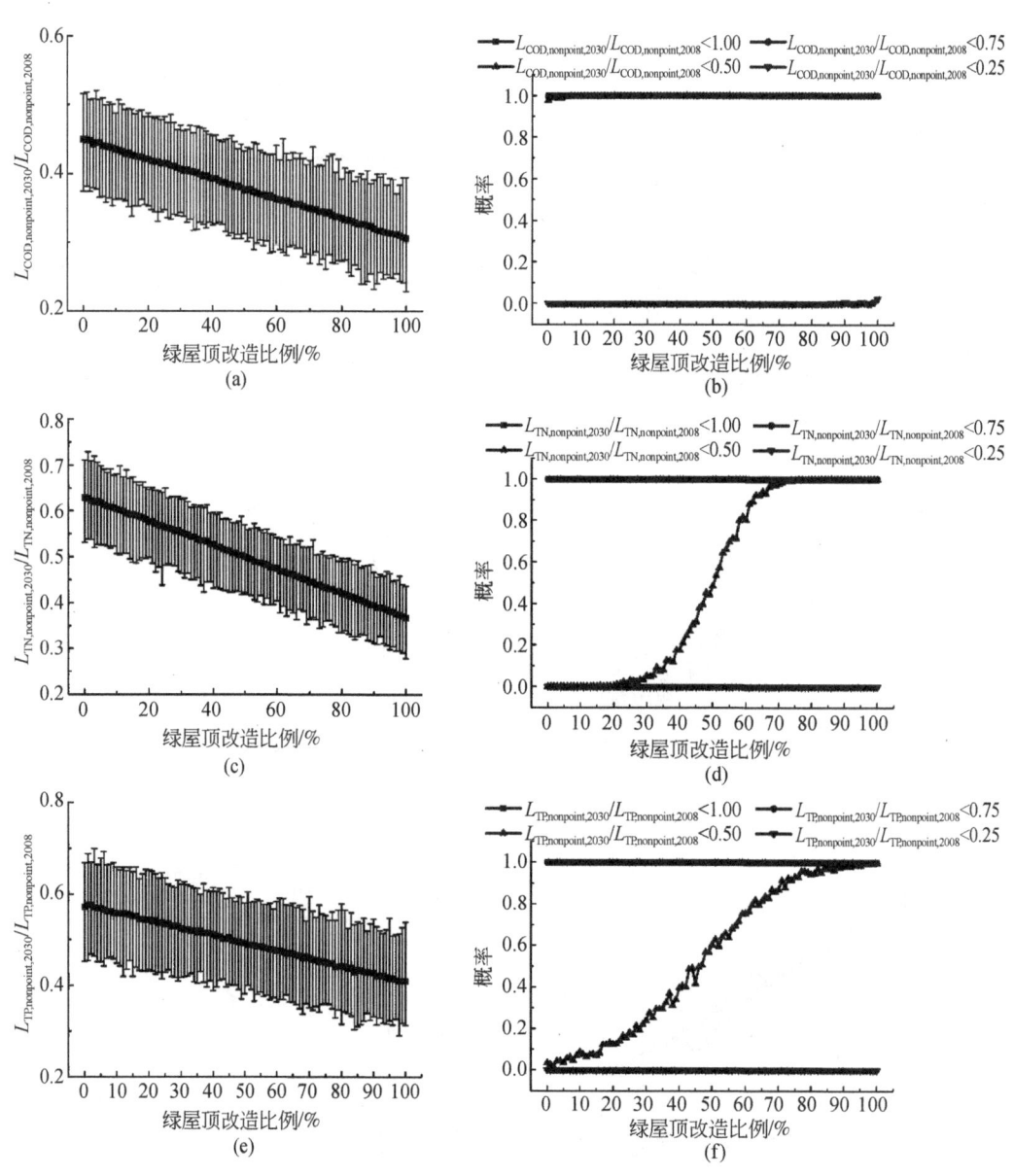

图 5-27 调控绿屋顶改造比例对海河流域城市面源污染负荷排放的影响

表 5-14 不同污染负荷削减目标下降雨径流末端处理的调控路径

污染负荷削减目标	置信概率/%	COD	TN	TP
$L_{nonpoint,load,2030} < L_{nonpoint,load,2008}$	90	$r_t > 20\%$	$r_t > 28\%$	$r_t > 26\%$
$L_{nonpoint,load,2030} < 0.75 L_{nonpoint,load,2008}$	90	$r_t > 59\%$	$r_t > 82\%$	$r_t > 75\%$
$L_{nonpoint,load,2030} < 0.50 L_{nonpoint,load,2008}$	90	$r_t > 97\%$	无法实现	无法实现
$L_{nonpoint,load,2030} < 0.25 L_{nonpoint,load,2008}$	90	无法实现	无法实现	无法实现

从表 5-14 可知，对于海河流域的城市来说，在新增屋顶及路面建设为绿屋顶与透水路面的基础上，如果采用降雨径流末端处理作为面源污染负荷排放的调控手段，考虑到处理系统设计运行的不确定性，在 90% 的置信概率下，降雨径流处理比例应至少达到 28%，才可以将 2030 年海河流域城市面源污染的排放负荷维持到 2008 年的水平；降雨径流处理比例至少达到 82%，才可以将 2030 年海河流域城市面源污染的排放负荷降低到 2008 年排放量的 75%。对于更严格的面源污染负荷削减目标（如降低至 60% 以下），仅通过径流末端处理无法在 90% 的置信概率下实现。

如果要进一步削减海河流域 2030 年城市面源的污染负荷，可以在径流全部末端处理的基础上，进一步对已有建筑的屋顶进行绿屋顶改造。图 5-27 给出了这一面源污染调控措施的调控能力。如果将 2008 年已建的建筑屋顶的 50% 改造成绿屋顶，2030 年海河流域城市面源污染的 COD、TN 和 TP 排放量将分别降低为 2008 年的 38%、50% 和 49%；如果将已建的建筑屋顶全部改造成绿屋顶，2030 年海河流域城市面源三种污染物的排放负荷将降低到 2008 年排放水平的 31%、37% 和 41%。在 90% 的置信概率下，不进行已建建筑屋顶改造，单凭径流全部末端处理即可实现 2030 年海河流域城市面源污染负荷排放量低于 2008 年排放量的 75%；如果进行至少 73% 的已建建筑屋顶改造，海河流域 2030 年城市面源的污染负荷排放量将低于 2008 年的 50%。

通过上述海河流域城市面源污染负荷排放调控路径的识别结果可以看出，在 90% 的置信概率下，如果要将 2030 年海河流域城市面源污染负荷的排放量维持在 2008 年的水平，在对新建建筑及路面实施绿屋顶及透水路面措施的基础上，还应当至少对 28% 的径流进行末端处理；如果要将 2030 年海河流域城市面源污染负荷的排放量降低到 2008 年排放量的 75%，则在对新建建筑及路面实施绿屋顶及透水路面措施的基础上，还应当至少对 82% 的径流进行末端处理；如果要将 2030 年海河流域城市面源污染负荷的排放量降低到 2008 年排放量的 50%，则需要在对新建建筑及路面实施绿屋顶及透水路面措施、全部径流进行末端处理的基础上，还应至少对 2008 年 73% 的已有建筑进行绿屋顶改造。对于 2030 年海河流域城市面源 75% 的负荷削减目标而言，即使流域内城市所有的新建建筑及路面实施绿屋顶及透水路面措施，全部径流实现末端处理，所有已有建筑进行绿屋顶改造，也无法实现。

5.4.3 城市区域污染负荷排放调控路径的选择

从上述城市污染负荷排放调控路径识别的过程与结果可以看出，对于同一个污染负荷减排目标而言，事实上存在着多个可行的调控路径，上述的各种调控路径均是调控力度最小的可行调控路径。例如，对于上述 2030 年海河流域城市生活点源排放量降低为 2008 年排放量的 75% 的减排目标而言，调控力度最小的可行调控路径是流域内所有城市污水全部进行深度处理，并且至少有 8% 被再生利用，但对于污水再生利用率高于 8% 的调控路径及采用不同比例污水源分离的调控路径来说，也均可以实现同样的减排目标。因此，对于具体的城市来说，在实现城市污染负荷排放削减目标时，需要对众多可行的调控路径进行比较和选择。

调控路径的比较和选择是一个多属性决策的过程，需要考虑调控路径的经济投资、环境影响、资源效益、技术可行性及社会效应。本节以海河流域典型新兴城市区域大兴新城为例，在城市尺度上，通过选择城市污水系统的模式，确定城市生活点源污染负荷排放的调控路径。

大兴新城位于北京南部，距离北京中心城区南三环仅 13km，是距离中心城区最近的新城，也是北京市最重要的卫星城之一。现阶段大兴新城地区污水处理率只达到 66%，区域内主要河流的水质均为劣Ⅴ类。为了改善区域水环境质量，新城规划中要求到 2020 年新城区域内的污水处理率达到 100%，再生水利用率达到 50%。根据新城规划的要求，本研究通过比较建设回用模式污水处理系统［图 5-28(a)］和建设源分离模式污水处理系统［图 5-28(b)］两条城市生活点源污染调控路径，来确定大兴新城生活点源污染负荷排放的控制策略。

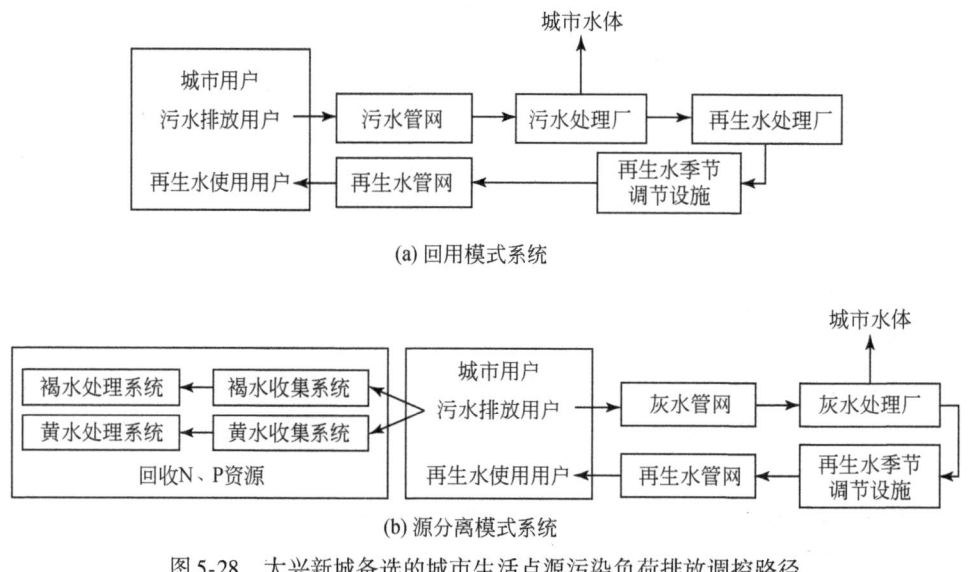

图 5-28 大兴新城备选的城市生活点源污染负荷排放调控路径

图 5-29 给出了大兴新城区域城市生活点源污染负荷排放调控路径比较的基本框架。该框架包括六个部分，即构建属性指标体系、量化属性指标、确定集结算子、确定属性指标权重、集结各属性指标及分析评估结果。首先，根据调控路径的比较原则即调控路径的可持续性，构建调控路径比选的属性指标体系如图 5-30 所示，各个比选指标的具体定义见表 5-15；其次，根据大兴新城的基本信息和相关参数信息，量化属性指标体系中的各个指标；再次，利用量化的属性指标反映的客观信息和决策者决策偏好的主观信息确定属性指标的权重；最后，利用确定的集结算子，将量化的属性指标和确定的指标权重进行集成，构建 P.I. 指数（即性能指数，performance index），表征不同调控路径的可持续性。P.I. 值越大，表示该调控路径的可持续性水平越高。利用各种调控路径的 P.I. 值，通过比较分析，可以为大兴新城推荐可持续性水平高的生活点源污染负荷

排放调控路径。考虑到调控路径的不确定性和决策者的决策偏好,本研究在量化属性指标和确定属性指标权重的过程中对属性指标值和权重值进行了概率分析,使得调控路径比选结果的可靠性更高。

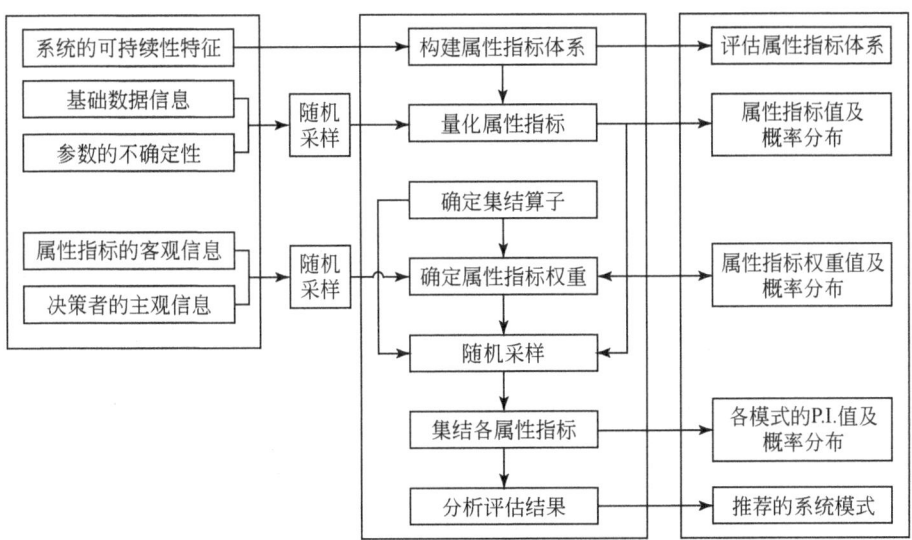

图 5-29 大兴新城生活点源污染控制调控路径比选的基本框架

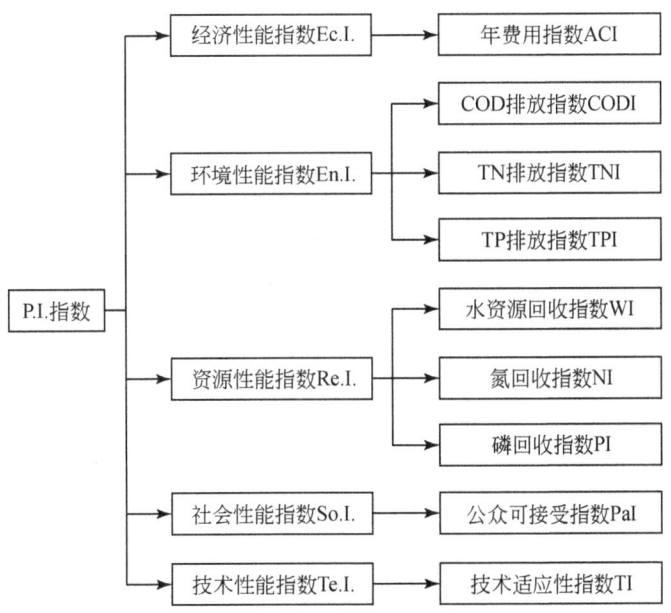

图 5-30 大兴新城生活点源污染控制调控路径比选指标体系

表 5-15　比选指标体系中二级属性指标的定义

编号（i）	属性指标	指标定义（x_i）
1	ACI	$x_1 = \dfrac{\text{系统模式年费用（AC）}}{\text{GDP 现状值（GDP}_0\text{）}}$
2	CODI	$x_2 = \dfrac{\text{系统模式 COD 年排放量（}L_{\text{COD}}\text{）}}{\text{COD 排放现状值（COD}_0\text{）}}$
3	TNI	$x_3 = \dfrac{\text{系统模式 TN 年排放量（}L_{\text{TN}}\text{）}}{\text{TN 排放现状值（TN}_0\text{）}}$
4	TPI	$x_4 = \dfrac{\text{系统模式 TP 年排放量（}L_{\text{TP}}\text{）}}{\text{TP 排放现状值（TP}_0\text{）}}$
5	WI	$x_5 = \dfrac{\text{系统模式水资源年回收量（}W\text{）}}{\text{水资源量现状值（}W_0\text{）}}$
6	NI	$x_6 = \dfrac{\text{系统模式氮年回收量（}N\text{）}}{\text{氮资源需求量现状值（}N_0\text{）}}$
7	PI	$x_7 = \dfrac{\text{系统模式磷年回收量（}P\text{）}}{\text{磷资源需求量现状值（}P_0\text{）}}$
8	PaI	$x_8 = $ 公众的可接受性（Pa）
9	TI	$x_9 = $ 技术的灵活性（T）

利用图 5-29 所示的方法框架，本研究以建设传统模式污水处理系统 T 这一调控路径为基准，以建设回用模式污水处理系统 TR 和建设源分离模式污水处理系统 SR 两个调控路径为备选，对大兴新城生活点源污染负荷排放的调控路径进行了比选，结果如图 5-31 所示。从 P.I. 值的均值统计可以看出，调控路径 T 的 P.I. 值远小于 TR 和 SR 的 P.I. 值，这表明在大兴新城采用生活点源污染负荷排放调控路径 TR 或 SR 更具有可持续性。比较调控路径 TR 与 SR 可以发现，调控路径 SR 的 P.I. 均值要略大于 TR 的 P.I. 均值，即在综合考虑经济、环境、资源、技术、社会影响等因素下，在大兴新城实施调控路径 SR 较调控路径 TR 略具可持续性优势。

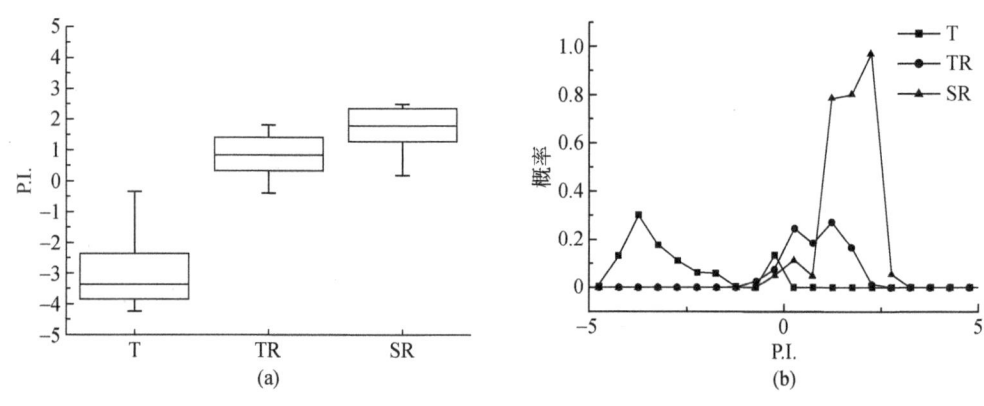

图 5-31　三种调控路径的 P.I. 值

此外，对三种调控路径 P.I. 值的概率分布进行统计，结果发现：TR 调控路径 P.I. 值大于 T 调控路径 P.I. 值的概率为 98.5%，SR 调控路径 P.I. 值大于 T 调控路径 P.I. 值的概率为 99.3%，SR 调控路径 P.I. 值大于 TR 调控路径 P.I. 值的概率为 66%。这一结果表明，在大兴新城实施城市生活点源污染排放负荷调控路径 TR 和 SR 较实施 T 调控路径具有显著的可持续性优势，置信概率可以达到 98% 以上；而对于 SR 调控路径和 TR 调控路径来说，在 66% 的置信概率下，大兴新城实施 SR 调控路径要优于 TR 调控路径，因此 SR 调控路径的可持续性优势的显著性不高。

5.5 海河流域城市排水体制的选择策略

城市排水系统的可持续性要求城市排水体制不仅能够快速排水，减少溢流，保障城市卫生条件与公众健康安全，还要求城市的排水体制能够在合理的经济性能下，有效地控制与削减城市污染负荷的排放量，应对未来气候变化对城市水基础设施和水文系统的干扰。因此，城市排水体制的选择不能仅以快速排水、减少溢流为标准，还应当关注排水体制的环境性能、经济投资及应对未来变化的脆弱性与适应性。然而，对于合流制与分流制两种目前常用的城市排水体制来说，从环境性能、经济性能及系统脆弱性上来看，各有优劣（陈吉宁和董欣，2007b），见表 5-16。由此可见，不同排水体制的性能差异及评价标准的多元化使得城市排水体制的选择过程更为复杂。

表 5-16 不同城市排水体制的定性比较

系统性能	合流制	分流制
环境性能	1）雨污水均进行处理	1）只处理污水，存在初期雨水的污染
经济性能	2）污水处理厂规模大 3）只有一套管网系统（污水管网）	2）污水处理厂规模小 3）拥有两套管网系统（雨水及污水管网）
脆弱性（降雨大于设计标准时）	4）产生溢流，雨污水混合溢流 5）对水体的冲击负荷较小	4）产生溢流，雨水溢流 5）对水体的冲击负荷较大

本研究以海河流域的典型城市为例，通过识别合流制与分流制两种排水体制环境性能及系统脆弱性的差异，并在此基础上识别海河流域城市特征与不同排水体制性能差异之间的关系，为该流域城市排水体制的选择提供决策支持。

5.5.1 不同排水体制性能差异的识别

按照两年一遇 30mm 的场次降雨，分别对海河流域 20 个城市的合流制排水系统与分流制排水系统进行规划设计，并利用多尺度城市二元水循环系统数值模拟体系中的基于 GIS 的城市排水系统和非点源污染模拟模型对规划设计的两种不同排水体制的城市排水系统进行水量水质的模拟。本研究采用城市排水系统雨期对城市 COD、TN 和 TP 负荷排放当量的削减率来表征相应排水体制的环境性能，并且为了考察排水体制的脆弱性，在模拟过程中还分别对城市排水系统在历时相同、重现期不同的场次降雨下 COD、TN 和 TP 负荷排放当量的削减率进行了模拟。

图 5-32 分别给出了在历时相同的 2 年一遇、5 年一遇、10 年一遇、20 年一遇、50 年一遇及 100 年一遇的场次降雨下，合流制系统 COD、TN 和 TP 负荷排放当量的削减率 $C_{combined}$ 与分流制系统 COD、TN 和 TP 负荷排放当量的削减率 $C_{separate}$ 的比值。从图中可以看出，对于排水系统的设计标准——两年一遇的降雨来说，海河流域 20 个城市 $C_{combined}$ 与 $C_{separate}$ 的比值均大于 1，合流制系统的污染负荷削减能力要优于分流制系统。这是因为在该设计条件下，合流制系统将城市内所有的污水与雨水都进行了处理，而分流制系统则将雨水直接排放。对于 5 年一遇的降雨，20 个城市 $C_{combined}$ 与 $C_{separate}$ 的比值均小于 1，其中只有一个城市的比值小于 0.95，其余城市的比值均大于 0.95。这一结果表明，按照 2 年一遇降雨设计的排水系统在抵御 5 年一遇的降雨时，分流制系统的污染削减能力开始优于合流制系统，但优势并不明显。除安阳市外，其余 19 个城市的合流制排水系统与分流制排水系统的污染负荷当量削减率相当，差别不足 5%。当降雨重现期增大到 10 年一遇，20 个城市中有 6 个城市的 $C_{combined}$ 与 $C_{separate}$ 比值仍大于 0.95，但已有两个城市的 $C_{combined}$ 与 $C_{separate}$ 比值开始小于 0.9，这意味着在这两个城市中，分流制排水系统的污染削减能力已经开始明显优于合流制系统。随着降雨重现期进一步增大，到 20 年一遇时，20 个城市中已有 13 个城市 $C_{combined}$ 与 $C_{separate}$ 比值小于 0.9；到 50 年一遇或 100 年一遇时，流域内的 20 个城市中，除了阳泉市与朔州市外，其余城市的分流制排水系统较合流制系统具有显著的污染削减优势。

从上述分析可以看出，随着降雨重现期的增大，在排水系统设计条件下，具有较高污染负荷当量削减率的合流制排水系统不再具有优势，分流制排水系统的污染削减能力开始优于合流制系统，并且这种优势随着降雨重现期的增大而不断显著。这表明，对于超出系统设计条件的降雨事件来说，分流制系统较合流制系统具有更强的适应性与鲁棒性。

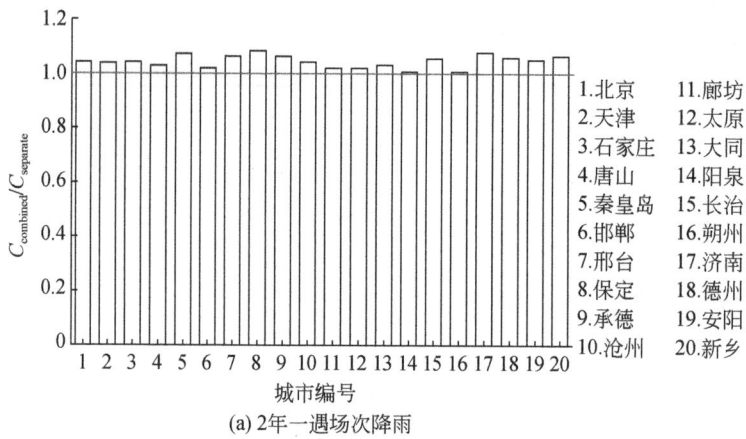

(a) 2 年一遇场次降雨

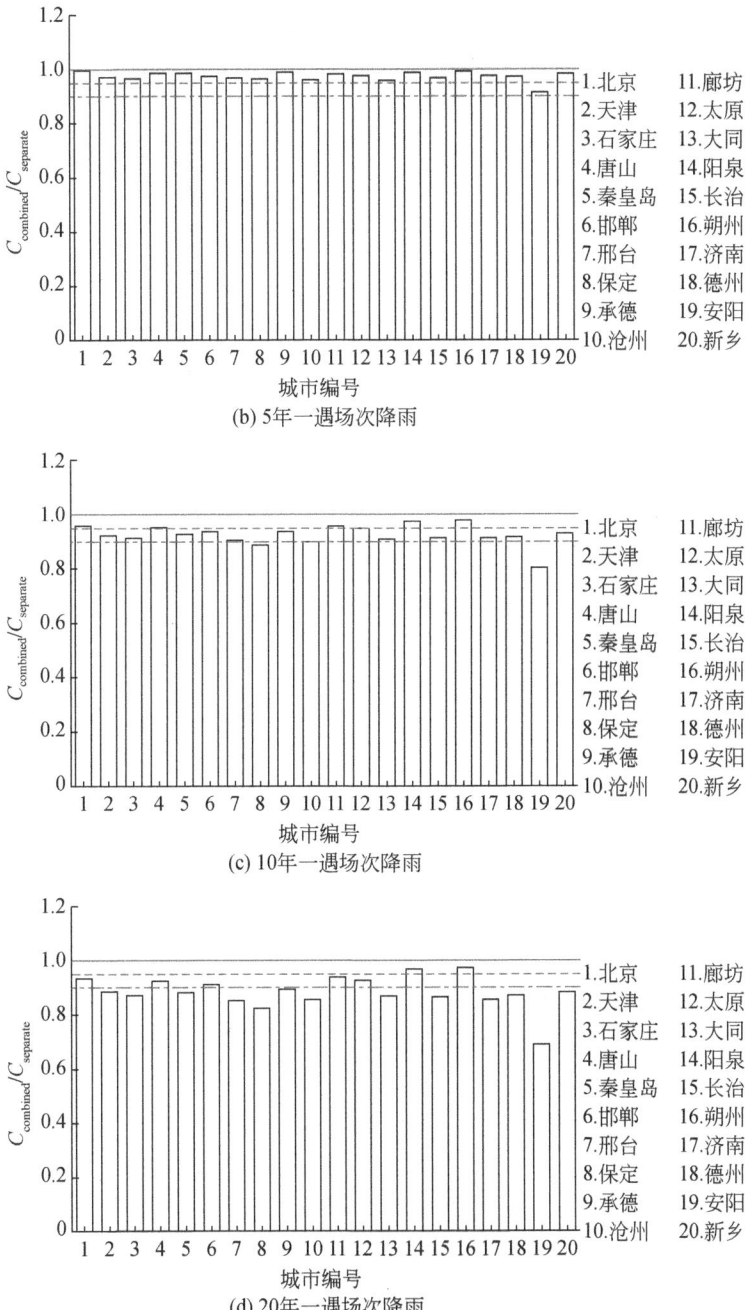

(b) 5年一遇场次降雨

(c) 10年一遇场次降雨

(d) 20年一遇场次降雨

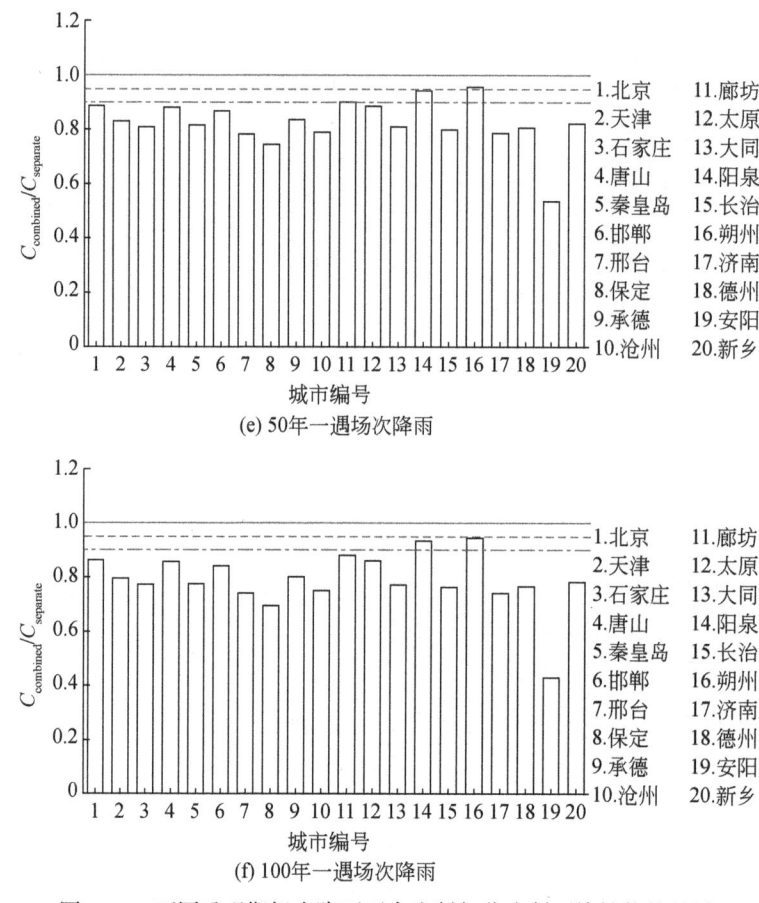

图 5-32 不同重现期场次降雨下合流制与分流制环境性能的差异

5.5.2 海河流域城市排水体制分区

图 5-33 给出了海河流域 20 个城市不同重现期场次降雨量与 $C_{combined}/C_{separate}$ 的关系，从图中可以看出，$C_{combined}$ 和 $C_{separate}$ 的比值随着场次降雨量的增大呈指数形式递减。按照式（5-11）对 20 个城市的 $C_{combined}/C_{separate}$ 值与场次降雨量 r_T 进行回归分析，结果发现，20 个城市回归分析的 R^2 值均大于 0.95，在 95% 的置信概率下，方差分析的显著性水平小于 0.05，表明利用指数关系描述 $C_{combined}/C_{separate}$ 值与场次降雨量 r_T 的关系式是有效的。

$$\ln\left(\frac{C_{combined,T}}{C_{separate,T}}\right) = -k \cdot r_T + b \tag{5-11}$$

通过回归分析，可以计算得到 20 个城市式（5-11）中的 k 值大小，如表 5-17 所示。k 值反映了合流制与分流制排水系统环境性能差异随场次降雨量变化的速率，k 值越大，表明随着场次降雨量的增大，合流制系统环境性能的优势衰减速率与分流制系统环境性能的优势显现速率越大，反之亦然。

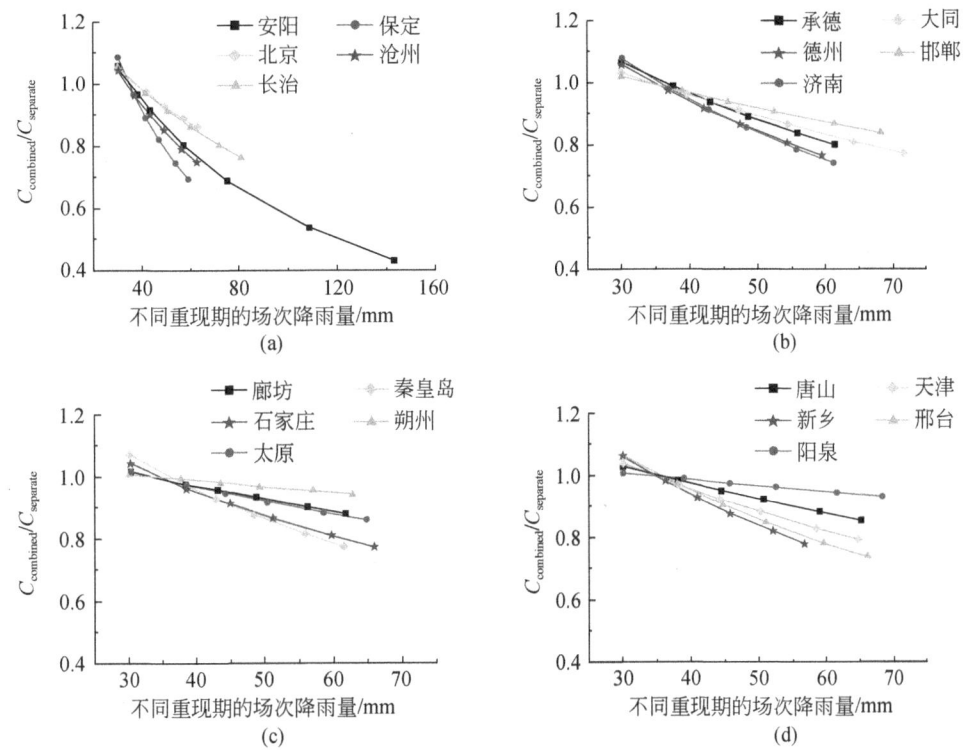

图 5-33　各城市场次降雨量与排水体制环境性能的关系

表 5-17　海河流域不同城市的 k 值

城市	k	城市	k	城市	k	城市	k
安阳	0.0078	承德	0.0091	廊坊	0.0046	唐山	0.0053
保定	0.0153	大同	0.0069	秦皇岛	0.0103	天津	0.0078
北京	0.0057	德州	0.0110	石家庄	0.0083	新乡	0.0115
沧州	0.0101	邯郸	0.0051	朔州	0.0020	邢台	0.0101
长治	0.0064	济南	0.0120	太原	0.0049	阳泉	0.0020

k 值的大小能够为城市排水体制的选择提供决策依据。对于 k 值较大的城市，建议使用分流制系统，当这类城市遇到大于设计标准的降雨时，分流制排水系统的优势凸显得更为迅速。这也意味着，在这类城市中分流制排水系统对未来气候变化而引起的城市水文系统波动具有较强的适应性与鲁棒性。对于 k 值较小的城市，当遇到大于设计标准的降雨时，合流制排水系统环境性能优势的衰弱与分流制排水系统环境性能优势的凸显均比较慢。以阳泉市为例，当遇到 20 年一遇的降雨时，$C_{\text{combined}}/C_{\text{separate}}$ 仍有 0.96；遇到 100 年一遇的降雨时，$C_{\text{combined}}/C_{\text{separate}}$ 还有 0.93，合流制系统与分流制系统在极端降雨事件下的污染削减能力差异并不大，对未来气候变化而引起的城市水文系统波动具有相当的适应性。然而，分流制系统需要建设两套排水管网，其工程投资、运行管理等均较建设一套排水管网的合流制系统不占优势，因此对于此类城市，建议使用合流制排水系统。

根据 k 值的大小，可以对上述计算涉及的 20 个城市进行分区，如图 5-34 所示。对于 k 值大于 0.006 的地区，考虑到城市排水系统对未来城市水文系统波动的适应能力，建议采用分流制排水系统。在这些城市中，采用 2 年一遇降雨设计的城市排水系统在经历 10 年一遇的降雨时，合流制系统的污染削减能力较分流制系统低 5% 以上，分流制系统的环境性能优势明显。对于 k 值小于 0.006 的地区，采用 2 年一遇降雨设计的城市排水系统在经历 10 年一遇的降雨时，合流制与分流制系统的污染削减能力差距在 5% 以内，不存在明显差异，考虑到两种排水体制的经济性能不同，建议采用合流制系统。

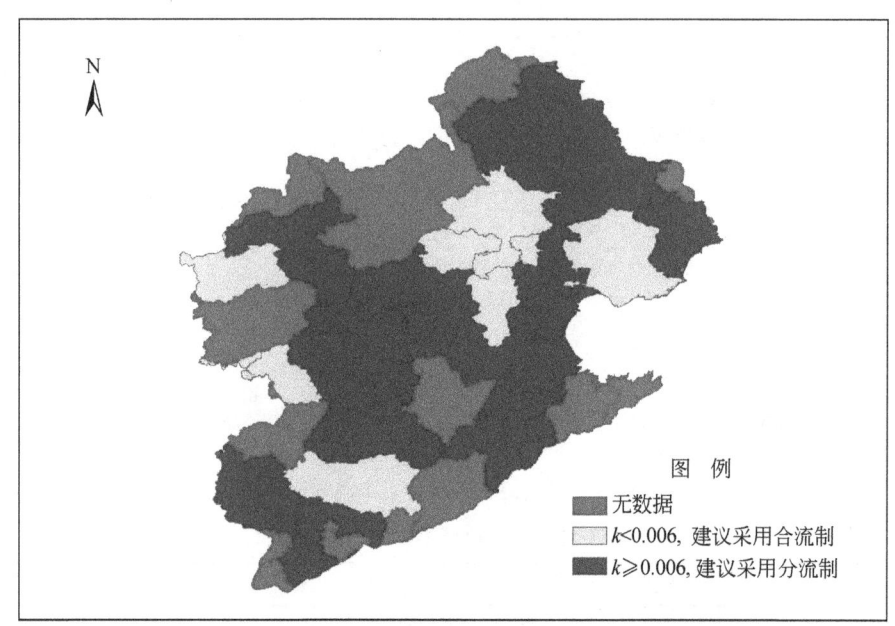

图 5-34　基于 k 值的海河流域城市排水体制分区图

5.5.3　城市特征与排水体制选择的关系

从宏观的层面来考虑，社会经济发展水平、自然禀赋、资源禀赋等城市自身的特征影响着城市排水体制的选择，因此城市排水体制选择的结果是城市自身特征的函数。

将上节计算得到的、能够为城市排水体制选择提供定量支持的 k 值与表征城市社会经济发展水平的城市人口数，表征城市自然禀赋的多年平均降雨量及表征城市资源禀赋的人均用水量进行回归分析，结果如下。

1) 城市人口对 k 值的影响不显著，而多年平均降雨量与人均用水量对 k 值的影响显著，显著性水平分别为 0.011 与 0.003。

2) 海河流域城市的多年平均降雨量 rain 及人均用水量 q 与 k 之间的函数关系如式 (5-12) 所示，回归的方差分析中 $F = 7.961$，sig. $= 0.004 < 0.05$，表明此回归有效。

$$k = 0.007 + 2.26 \times 10^{-5} \times \text{rain} - 8.6 \times 10^{-5} \times q \qquad (5\text{-}12)$$

根据式（5-12）得到的函数关系，海河流域城市可以通过描述其自然禀赋与资源禀赋的城市特征变量——城市多年平均降雨量与人均用水量对城市的 k 值进行计算，进而对排水体制的选择作出判断。这种基于函数关系的城市排水体制选择方法建立了城市特征与城市排水体制之间的定量关系，与模型模拟方法相比，大幅度地降低了城市排水体制选择的复杂度。

第 6 章　成果总结与展望

城市是人口密集、社会经济活动高度发达的区域，也是水循环受到人类活动影响较为剧烈的区域，因此在城市尺度上开展二元水循环系统演化机理与调控机制研究具有十分重要的理论和实践意义。特别是在我国，近 30 年城市化进程快速推进，并且出现了城市规模大型化和布局密集化的趋势，因此虽然城市数量和供水规模从 20 世纪 90 年代后半期开始逐渐趋于稳定，但大型城市和城市群区域的局部水资源压力骤升。随着城市化的继续发展和人口增长，我国未来 20 年仍然面临着持续增长的资源和环境压力。单一集中式、水和物质单向线性流动的传统城市水系统在一定程度上造成了资源和能源的浪费，难以满足人们对城市水系统可持续性的要求。

本研究以建立城市安全高效用水机制为目标，以识别城市二元水循环的演化机理为基础，重点回答以下三个科学问题：①城市自然水循环与社会水循环具有怎样相互影响的耦合关系？②社会经济发展（如技术进步、行为变化等）对城市二元水循环系统的长期影响是什么？③如何对城市二元水循环系统进行合理高效的调控？本研究将机理研究与模型研究相结合，通过实验监测和数据调研，建立一系列机理模型和决策模型，并选取海河流域大、中、小等不同规模的典型城市加以应用验证，提出城市安全高效用水和经济科学减污的新模式，形成了以下核心成果与结论。

6.1　基于二元循环的可持续城市水系统理论

本研究以可持续发展理论、二元水循环理论、城市综合发展理论、城市脆弱性理论为理论基础，构建了由概念、规律、方法、原则、工具共同构成的基于二元循环的可持续城市水系统理论。从体系完整性、方法先进性、工具实用性、国情适用性等角度看，该理论是对现有国内外可持续城市水系统相关理念的创新和突破，可为城市水系统的规划、设计及运行管理提供对策。

基于二元循环的可持续城市水系统理论重新界定了城市可用水资源量概念，构建了基于水质的城市水资源核算框架；引入了多尺度城市水资源利用效率评价体系与方法，在技术、单元与城市三个尺度上分别建立了水资源利用效率的评价指标体系，并提出了不同尺度间水资源利用效率的转换机制；全面解释了可持续城市水系统的内涵，识别了可持续城市水系统的主要特征，提出了可持续城市水系统的规划、设计及运行原则；开发了城市水系统数值集成模拟体系作为该理论的支撑工具，并利用模拟工具识别了城市二元水循环与水系统演变的机理和规律。

可持续城市水系统具有整体性、开放性、动态性、复杂性、综合性等特征。对城市水系统可持续性的评价应基于全成本的概念，需包含经济成本、环境性能、资源回收效益等多个方面。可持续的城市水系统在规划、设计及运行中要遵循设施风险全过程综合调控，对外部干扰最小化，经济、技术及行为解锁，水-碳-营养物质协同利用，综合效益最优等原则。

6.2 多尺度城市二元水循环系统数值模拟体系

在可持续城市水系统理论的指导下，本研究构建了一套城市二元水循环系统数值模拟体系。该模拟体系是支撑可持续城市水系统规划设计运行的核心工具。该体系的开发遵循了全过程、多尺度、多维度的原则，可以定量刻画城市系统内部各单元及其与所处流域之间的关系，从考察技术进步和社会行为变化对城市水系统的长期影响入手，可用于识别和模拟系统发展演变过程中的重要规律，并辅助决策者从城市水系统结构、组成、功能的变革中寻找相应对策。城市二元水循环系统数值模拟体系的组成如下。

1）针对城市水源子系统的基于水质的城市可用水资源量核算模型；

2）针对城市用水子系统的基于 ABSS 的城市生活用水需求预测与管理模型，以及重点工业行业用水需求预测与管理模型；

3）针对城市给水子系统的给水系水质模拟与风险评估模型；

4）针对城市排水子系统的基于 GIS 的城市排水系统和非点源污染模拟模型；

5）针对城市污水与再生水子系统的基于支付意愿的城市居民再生水需求模型、基于真实期权的再生水工程项目投资策略优化模型、城市污水系统可持续性评估模型及城市污水系统布局规划决策支持模型；

6）针对城市与所处流域之间关系的基于事件驱动的流域分布式非点源模型。

为了分析城市水系统数值模拟中的不确定性，除了常用的基于贝叶斯理论的 GLUE 算法外，还开发了基于 Sobol 序列的 GLUE 算法、基于空间信息统计学的参数空间相关性分析方法、基于图论的空间采样方法，以解决城市水系统的模拟中非常突出的空间不确定性问题。

6.3 城市二元水循环系统演化机制与规律

本研究在对城市二元水循环系统典型子系统和过程开展实地监测和调查的基础上，利用上述城市二元水循环系统数值模拟体系，系统考察了城市二元水循环和城市水系统的演变机制与规律。主要结论如下。

1）仅考虑污水再生利用，单个城市在理论极限状况下最大可用水资源量能够达到取水量的 1.87 倍。通过采用包括污水再生和雨水利用的多水源综合集成与调控优化，在北方典型缺水城市经济成本可接受范围内，经由水质再生得到的最大可用水量能达到城市从地表和地下取水量的 1.3~1.7 倍。

2）城市生活节水技术从进入市场至达到稳定占有率需要 5~10 年的时间，稳定期的长短则取决于相互竞争技术的研发速度和费用效益。参照当前各类器具的技术结构，洗衣机和便器节水技术推广及淋浴器节水技术研发是未来需水管理的重点。

3）工业技术发展水平将直接决定用水效率。按当前的技术进步特征划分，我国高耗水行业可划分为以造纸为代表的直线加速型、以钢铁和石化等为代表的直线加速向加速减缓过渡型，以及以纺织印染为代表的加速减缓型等三种主要类型。到2030年生产技术的进步为高耗水行业带来的节水潜力占总节水潜力42.8%，重复用水和非常规水资源利用占57.2%。

4）在我国给水处理工艺中占主导地位的常规给水处理系统已经不能有效应对饮用水源污染和生活饮用水卫生标准日趋严格的双重压力。即使水源水质达到《地表水环境质量标准》中Ⅲ类水标准，饮用水质仍然存在较高风险，COD_{Mn}的超标概率可能高于10%，而NH_3-N和总THMs的超标概率可能达到20%以上。

5）当前和未来我国城市发展中可能出现的住房空置、职住分离、用水技术进步等问题将影响城市给水系统的水质安全，受到影响最大的用户主要分布在管网水力停留时间高于10h的区域，如管网边缘、末梢或水力条件不利的区域。在相同条件下，人口老龄化、家庭户规模减小等变化趋势对给水系统水质安全的影响低于上述其他因素。

6）城市降雨累积径流量-累积污染负荷曲线表明，屋面和路面径流中颗粒物、有机物、营养物质、阴离子、金属离子均存在初期冲刷现象。其中，颗粒物冲刷现象最为明显，10%累积径流量包含30%~60%的颗粒物总污染负荷；对于其他污染物，10%累积径流量分别包含20%~50%的有机物总污染负荷、20%的营养物质总污染负荷、20%~30%的阴离子总污染负荷和20%~30%的金属离子总污染负荷。

7）实施强力度的工程与非工程综合控制措施可以有效降低城市非点源污染的峰值浓度及径流冲击负荷，能使城市径流COD峰值浓度降低30%左右，COD总径流负荷削减可达45%左右。

8）提高收入水平和加强对环境的关注有助于增加居民再生水支付意愿；受教育程度越高，对再生水的风险认识可能越充分，从而导致支付意愿降低。当再生水价格为自来水价格一半或相等时，再生水需求的价格弹性发生剧烈的变化，这为再生水价格的制定提供了有用的信息。

9）相比远距离调水方案，污水再生利用具有更高的成本优势，尤其在考虑到阶梯曲线效应时，优势将进一步放大。再生水的价格是影响污水再生利用经济可行性的最敏感因素，而扩大工业、居民家庭及市政杂用的再生水需求也有助于提升可行性。再生水项目投资的价值和最佳规模随着未来需求变化及其不确定性的增加而增大。

10）城市污水系统的结构与空间布局决定了系统的可持续性。在我国城市建设污水回用模式和源分离模式系统的平均全成本分别为传统模式系统的0.77倍和0.91倍，污水回用模式和源分离模式系统优于传统模式系统的概率分别为74.2%和61.8%。组团式的城市污水系统在保证系统环境性能的基础上，能有效降低污水回用模式系统的经济成本，并且提高系统再生水利用的空间匹配效率。

11）城市污水系统的理想服务规模对技术进步存在依赖性，污水再生利用的引入使得城市污水系统的理想规模出现小型化的趋势，污水回用模式下城市污水系统对应的理想服务规模可以降低为传统模式系统的 0.5 倍。

6.4 城市二元水循环系统调控机制

利用本研究建立的可持续城市水系统理论及城市二元水循环系统数值模拟体系，针对海河流域开展了城市二元水循环系统调控研究，提出了海河流域城市安全高效用水、经济科学减污的一系列对策建议。主要结论如下。

1）海河流域城市生活和工业节水潜力分析结果表明：到 2020 年和 2030 年，生活节水潜力可达到 5.67 亿 m^3 和 6.78 亿 m^3，工业节水潜力可达到 46.08 亿 m^3 和 44.53 亿 m^3。到 2020 年，依靠居民家庭用水器具效率提升可实现 65% 的生活节水潜力，到 2030 年，依靠公共用水器具效率提升可实现 59% 的生活节水潜力。要实现工业行业的节水潜力并力争增产不增水，火电、钢铁等主要耗水行业应重点发展火电空冷、清洁煤发电、近终形连铸连轧和直接还原铁等代表性技术。

2）海河流域城市给水系统水质风险控制研究表明：对采用常规给水处理工艺的水厂，要保证 COD_{Mn} 和 NH_3-N 达标率高于 95%，必须将饮用水源的 COD_{Mn} 和 NH_3-N 控制在 5.3mg/L 和 0.6mg/L 以下，该标准严于现有饮用水源地标准的要求。水源超标时，必须通过在常规工艺中增加新的处理单元或者处理环节才能实现安全供水，主要可采用增加预氧化、强化过滤工艺、改进消毒工艺等手段。

3）海河流域城市水污染物排放总量控制对策研究结果表明：维持当前的污染控制技术水平，到 2020 年，海河流域城市生活点源与降雨径流排放的 COD、TN、TP 总量分别为 2008 年的 1.10 倍、1.07 倍、1.08 倍，到 2030 年则为 2008 年的 1.20 倍、1.89 倍、1.21 倍。到 2030 年，如果将生活源污染物量控制在 2008 年的排放水平，要求流域内 36% 的城市污水实现深度处理；如果生活源污染物量在 2008 年的基础上再削减 25%，要求流域内所有城市污水实现深度处理并至少有 8% 的污水被回用。到 2030 年，如果将城市降雨径流污染控制在 2008 年的排放水平，要求在新建建筑采用绿屋顶且实施透水路面的基础上对 28% 以上的径流进行末端处理；如果将城市降雨径流污染在 2008 年的基础上再削减 25%，要求在新建建筑采用绿屋顶且实施透水路面的基础上对 82% 以上的径流进行末端处理。

4）海河流域城市排水体制选择策略研究结果表明：按照 2 年一遇的设计规范，在 5 年一遇的降雨强度下，海河流域绝大多数城市采用分流制并不会比采用合流制在污染负荷削减方面具有明显优势。仅考虑污染削减性能的话，海河流域城市排水体制选择的关键参考变量为多年平均降雨量和人均用水量，城市规模对体制选择的影响不显著。仅考虑污染削减效应时，建议在阳泉、朔州、廊坊、邯郸等地使用合流制排水系统，在新乡、保定、安阳、德州等地使用分流制排水系统。

6.5 对未来研究工作的建议

城市二元水循环系统是一个开放的大系统，随着社会经济条件和全球自然环境的变化，它也在不断面临新的需求和挑战，这就需要进一步从广度和深度上拓展本研究的内容和成果。结合本研究中存在的局限，对未来研究工作提出以下几点建议。

1）随着全球气候变化受到越来越多关注及气候变化对城市水系统影响的日益凸现，近些年针对气候变化对城市水系统影响及其适应的研究开始增多，而我国在这方面的研究偏少。对于我国而言，研究如何在城市化、人口增长等造成的城市水系统压力的基础上进一步应对气候变化带来的增量影响更具理论和现实意义。另外，城市水系统也是一个能源消耗和温室气体排放部门，因此在应对气候变化影响的同时，也需要研究城市水系统能源消耗和温室气体排放的规律及调控措施。

2）本研究的对象主要是城市二元水循环系统，在一些研究环节虽然考虑到城市所在流域，但总体上对流域与城市二元水循环系统之间耦合机制的研究不够深入。今后可以进一步从机理上研究城市发展带来的土地利用及其空间格局变化对流域水循环的影响，以及这一影响对城市水系统的反作用，从而构建相应的集成模拟工具。由于气候变化对流域和城市二元水循环均会产生影响，并且作用机制可能不完全相同，因此在气候变化背景下开展此项研究更有意义。

3）本研究开发的城市二元水循环系统数值模拟体系主要服务于城市水系统的规划和设计，虽然部分模型工具可以实现运行层次的调控决策支持，但是与城市水系统实际运行管理的需求相比还存在差距，需要进一步开展研究。特别是需要研究城市水系统如何高效、安全运行，如降低能耗、物耗和温室气体排放，提高水质安全水平，增强系统抗冲击能力，以及提高突发事件甄别和应对能力等。

参 考 文 献

北京市南水北调工程建设委员会办公室.2008.北京市南水北调配套工程总体规划.北京：中国水利水电出版社.
陈国光.2005.解读建设部《城市供水水质标准》.净水技术，24（4）：59-62.
陈吉宁.2005.城市水系统的综合管理：机遇与挑战.中国建设信息，13：34-38.
陈吉宁，董欣.2007a.城市水系统规划的发展与挑战.给水排水，33（9）：1-2.
陈吉宁，董欣.2007b.关于城市排水体制的综述和比较//会议组.全国城镇排水管网及污水处理厂技术改造运营高级研讨会论文集.杭州：全国城镇排水管网及污水处理厂技术改造运营高级研讨会.
陈吉宁，傅涛.2009.基于水质的水资源模型与水质经济学初探.中国人口·资源与环境，19（6）：44-48.
陈玉成，李章平，李章成，等.2004.城市地表径流污染及其全过程削减.水土保持学报，18（3）：133-136.
褚俊英，陈吉宁.2009.中国城市节水与污水再生利用的潜力评估与政策框架.北京：科学出版社.
戴一奇，胡冠章，陈卫.1995.图论与代数结构.北京：清华大学出版社.
董欣.2004.污水回用及污水源分离对城市给排水系统影响的研究.北京：清华大学学士学位论文.
董欣.2009.可持续性城市污水处理系统规划方法研究及工具开发.北京：清华大学博士学位论文.
方美琪，张树人.2011.复杂系统建模与仿真（第二版）.北京：中国人民大学出版社.
何炜琪.2008.事件驱动的分布式非点源模型的参数不确定性分析研究.北京：清华大学博士学位论文.
黄鲁成，李欣，吴菲菲.2010.技术未来分析理论方法与应用.北京：科学出版社.
李养龙，金林.1996.城市降雨径流水质污染分析.城市环境与城市生态，9（1）：55-58.
任致远.2010.试论我国大城市与中小城市发展走势.城市发展研究，17（9）：1-7.
石纯一，张伟.2007.基于Agent的计算.北京：清华大学出版社.
孙傅，陈吉宁，曾思育.2008.基于EPANET-MSX的多组分给水管网水质模型的开发与应用.环境科学，29（12）：3360-3367.
王浩，王建华，秦大庸，等.2006.基于二元水循环模式的水资源评价理论方法.水利学报，37（12）：1496-1502.
王占生.2005.对建设部《城市供水水质标准》的认识和体会.给水排水，31（6）：1-3.
王占生，张晓健.2001.对生活饮用水水质标准修订的体会.给水排水，27（9）：4-5.
魏宏森.1995.系统论：系统科学哲学.北京：清华大学出版社.
夏绍玮.1995.系统工程概论.北京：清华大学出版社.
谢政，戴丽.2003.组合图论.长沙：国防科技大学出版社.
薛燕，杨启涛，刘晨阳.2006.北京市城区雨洪利用及调度分析.北京水务，（6）：15-17.
杨新民，沈冰，王文焰.1997.降雨径流污染及其控制述评.土壤侵蚀与水土保持学报，3（3）：58-62.
张大伟.2006.流域非点源污染模拟与控制决策支持系统的开发与应用.北京：清华大学博士学位论文.
张帆.1998.环境与自然资源经济学.上海：上海人民出版社.
赵冬泉.2009.城市非点源污染与控制策略的模拟研究.北京：清华大学博士学位论文.
郑金华.2007.多目标进化算法及其应用.北京：科学出版社.
中国工程院，环境保护部.2011.中国环境宏观战略研究：主要环境领域保护战略卷（上）.北京：中国环境科学出版社.

住房和城乡建设部. 2009. 中国城市建设统计年鉴 2008. 北京：中国计划出版社.

左建兵, 刘昌明, 郑红星, 等. 2008. 北京市城区雨水利用及对策. 资源科学, 30（7）：990-998.

《中国城市发展报告》编委会. 2009. 中国城市发展报告 2008. 北京：中国城市出版社.

Anderson J, Iyaduri R. 2003. Integrated urban water planning: big picture planning is good for the wallet and the envionment. Water Science and Technology, 47（7-8）：19-23.

Beck M B. 1987. Water quality modeling: a review of the analysis of uncertainty. Water Resources Research, 23（8）：1393-1442.

Bell W, Stokes L, Gavan L J, et al. 1995. Assessment of the pollutant removal efficiencies of Delaware sand filter BMPs. Alexandria: Department of Transportation and Environmental Services.

Beven K, Binley A. 1992. The future of distributed models: model calibration and uncertainty prediction. Hydrological Processes, 6（3）：279-298.

Borsuk M E, Stow C A. 2000. Bayesian parameter estimation in a mixed-order model of BOD decay. Water Research, 34（6）：1830-1836.

Brown T C, Brown D, Binkely D. 1993. Law and programs for controlling nonpoint source pollution in forest areas. Water Resources Bulletin, 29（1）：1-13.

Bruvold W H. 1992. Public evaluation of municipal water reuse alternatives. Water Science and Technology, 26（7-8）：1537-1543.

Bulter D, Davies J W. 2004. Urban Drainage (2nd edition). New York: Spon Press.

Butcher J B. 2003. Buildup, washoff, and event mean concentration. Journal of the American Water Association, 39（6）：1521-1528.

Chang E E, Chiang P C, Chao S H, et al. 1999. Development and implementation of source water quality standards in Taiwan, ROC. Chemosphere, 39（8）：1317-1332.

Deb K. 1999. Multi-objective genetic algorithms: problem difficulties and construction of test problems. Evolutionary Computation, 7（3）：205-230.

Diemer R B, Olson J H. 2002. A moment methodology for coagulation and breakage problems: part 1-analytical solution of the steady-state population balance. Chemical Engineering Science, 57（12）：2193-2209.

Dilks D W, Canale R P, Meier P G. 1992. Development of Bayesian Monte Carlo techniques for water quality model uncertainty. Ecological Modelling, 62（1-3）：149-162.

Dixit A K, Pindyck R S. 1994. Investment Under Uncertainty. Princeton: Princeton University Press.

Elliott A H, Trowsdale S A. 2007. A review of models for low impact urban storm water drainage. Environmental Modelling and Software, 22（3）：394-405.

Flesch J C, Spicer P T, Pratsinis S E. 1999. Laminar and turbulent shear-induced flocculation of fractal aggregates. AICHE Journal, 45（5）：1114-1124.

Golfinopoulos S K, Arhonditsis G B. 2002. Quantitative assessment of trihalomethane formation using simulations of reaction kinetics. Water Research, 36（11）：2856-2868.

Green D, Jacowitz K E, Kahneman D, et al. 1998. Referendum contingent valuation, anchoring, and willingness to pay for public goods. Resource and Energy Economics, 20（2）：85-116.

Hanley N, Shogren J F, White B. 1997. Environmental Economics in Theory and Practice. Oxford: Oxford University Press.

Hermanowicz S W, Sanchez D E, Coe J. 2001. Prospects, problems and pitfalls of urban water reuse: a case study. Water Science and Technology, 43（10）：9-16.

Juuti P S, Katko T S. 2005. Approach and methodology//Juuti P S, Katko T S. Water, Time and European Cities: History Matters for the Future. Tampere: Tampere University Press.

Mills R A, Asano T. 1996. A retrospective assessment of water reclamation projects. Water Science and Technology, 33 (10-11): 59-70.

Nas T F. 1996. Cost-Benefit Analysis: Theory and Application. Thousand Oaks: SAGE Publication, Inc.

Peterson E W, Wicks C M. 2006. Assessing the importance of conduit geometry and physical parameters in karst systems using the storm water management model (SWMM). Journal of Hydrology, 329 (1-2): 294-305.

Prihandrijanti M, Malisie A, Otterpohl R. 2008. Cost-benefit analysis for centralized and decentralized wastewater treatment system//Al Baz I, Otterpohl R, Wendland C. Efficient Management of Wastewater. Berlin: Springer.

Rossman L A. 2000. EPANET 2 Users Manual. Cincinnati: National Risk Management Research Laboratory.

Rossman L A. 2004. Stormwater Management Model User's Manual, Version 5.0. EPA/600/R-05/040. Cincinnati: US Environmental Protection Agency.

Shang F, Uber J G, Rossman L A. 2008. EPANET Multi-species Extension User's Manual. Cincinnati: National Risk Management Research Laboratory.

Smullen J T, Shalllcross A L, Cave K A. 1999. Updating the U.S. nationwide urban runoff quality data base. Water Science Technology, 39 (12): 9-16.

Spear R C, Hornberger G M. 1980. Eutrophication in Peel Inlet (II): identification of critical uncertainties via generalised sensitivity analysis. Water Research, 14 (1): 43-49.

Spicer P T, Pratsinis S E. 1996. Coagulation and fragmentation: universal steady-state particle-size distribution. AICHE Journal, 42 (6): 1612-1620.

Srinivasan R, Engel B A. 1994. A spatial decision support system for assessing agricultural nonpoint source pollution. Journal of the American Water Resources Association, 30 (3): 441-452.

Sun F, Chen J, Tong Q, et al. 2009. Development and identification of an integrated waterworks model for trihalomethanes simulation. Science of the Total Environment, 407 (6): 2077-2086.

The Low Impact Development Design Group. 2005. Storm Water Management Model (SWMM) Analysis Report Metro West. Rockville: The Low Impact Development Design Group.

USEPA (US Environmental Protection Agency). 2002. The clean water and drinking water infrastructure gap analysis. EPA-816-R-02-020. Washington D.C.: Office of Water.

USEPA (US Environmental Protection Agency). 2006. National Primary Drinking Water Regulations: Stage 2 Disinfectants and Disinfection Byproducts Rule. Washington D.C.: USEPA.

van Roon M. 2005. Emerging approaches to urban ecosystem management: the potential of low impact urban design and development principles. Journal of Environmental Assessment Policy and Management, 7 (1): 125-148.

WHO (World Health Organization). 1994. Financial Management of Water Supply and Sanitation: A Handbook. Geneva: WHO.

WHO (World Health Organization). 2011. Guidelines for Drinking-Water Quality, Fourth Edition. Geneva: WHO.

Wistrom A, Farrell J. 1998. Simulation and system identification of dynamic models for flocculation control. Science and Technology, 37 (12): 181-192.

Zhang J, Li X. 2003. Modeling particle-size distribution dynamics in a flocculation system. AICHE Journal, 49 (7): 1870-1882.

索　引

B

不确定性	20，45，66，105，140
布局规划	61，112

C

参数率定	46
成本效益分析	59
城市水系统	3，7
城市水资源	3，8，24，73，130
初期冲刷效应	91
处理工艺	20，43，74，82，128
脆弱性	8，20，157

D

地表径流	9，49，65，94
地表水	9，24，73
地下水	9，24，74
多尺度	11，21，24，164

E

二元水循环	24，73，118

F

非点源污染	20，45，94，157
非理性决策	34
非线性水库模型	49
非支配排序	63
分布式	65
分散式	18
风险评估	43

G

给水系统	24，43，82，126
工业用水	11，36，123

关键控制点	20，43
管网溢流	5，20
规模效应	4，37，115

H

海河流域	84，118，126，130，137，157
后验分布	66
环境成本	60，107
环境意识	53，99

J

集成模型	21，43
集中式	19，61，83，115
技术变化	3，16，35，77，87
技术进步	18，37，78，87，114，120
技术普及率	38
技术寿命期	38
家庭户规模	87
建模方法	24，28，43，45，59，61
降雨径流	47，91，137
节水器具	15，29，77，119，132
节水潜力	37，81，118
经济成本	11，24，59，73，105
就地式	19
决策支持	21，59，61，112，157

K

可持续城市水系统	7，16，164
可持续性	4，16，59，105，154
可用水资源量	9，24，73
空间布局	19，61，105，112
空间采样	71
空间相关性	69

L

理性决策	33

连续方程	49
灵敏度分析	45，67，110，128

M

曼宁方程	49
蒙特卡罗	47，68，71
模型概化	24，46
目标函数	26，47，61，68

P

排水体制	94，157
排水系统	24，45，157

Q

气候变化	20，157，168
区域灵敏度分析	45，67，128

R

人口规模	89，118
人口年龄结构	88

S

社会水循环	7，24，164
生活用水	9，28，118
圣维南方程	49
寿命期	20，55，60，114
寿命期成本	61，114
数值模拟	9，21，24，165
水质安全	83，87，126，166
水质模拟	43，165
水资源利用效率	11，130，164
水资源评价	8
锁定效应	3

T

调控路径	140，153
投资规模	57，104
投资时机	58，105

W

污染负荷	61，91，113，137
污水回用	54，105，138
污水系统	19，59，105

X

下垫面	20，91，139
先验分布	67
消毒副产物	83，128
需求函数	52，99

Y

饮用水	20，82，126
饮用水源	43，82，126
营养物质	2，91，105，141
用水器具	14，28，77，118
用水效率	12，28，78，118
用水需求	10，28，75，120
雨水利用	10，24，73
雨污分流	4
雨污合流	4
源分离	18，105，138
约束条件	26，62，76
运行参数	45，84

Z

再生水	7，24，50，98
真实期权	53
支付意愿	50，98
职住分离	87
终端用水分析	28
资源效益	60，108
自然水循环	7，45，66
综合效益	21，59，114，126
总量控制	98，137
组团式	19，61，105
最佳管理措施	94，137

其他

ABSS	21,28
ArcGIS	46
EPANET	45,88
EPANET-MSX	45
GIS	21,45,157,165
GLUE	47,67,165
HSY	47,67
Sobol 序列	68,165
SWMM	46
THMs	82,128,166